高等职业教育"十二五"规划教材

钎 焊 技 术

许芙蓉　张胜男　主编

中国石化出版社

内 容 提 要

本书主要介绍钎焊的原理、钎焊材料、钎焊方法、钎焊生产过程及各种常用金属材料的钎焊工艺。全书共分11章:第1章介绍了钎焊定义、原理、分类及应用等内容;第2章和第3章介绍了钎料和钎剂的种类、特点及应用等内容;第4章至第8章介绍了各种常用钎焊方法、钎焊接头设计及生产过程;第9章介绍了各种常用金属材料的钎焊工艺;第10章和第11章介绍了钎焊接头的质量检验方法和钎焊工程应用实例。每一章均附有习题。本书在内容编排上,突出应用性和实践性,注重对学生实际能力的培养。

本书可作为高等职业院校、高等专科学校、成人高校、民办高校及本科院校的二级职业技术学院焊接及相关专业的教材,也可作为五年制高职、中职相关专业及企业培训教材,亦可供相关专业技术人员阅读参考。

图书在版编目(CIP)数据

钎焊技术 / 许芙蓉,张胜男主编 . —北京:中国
石化出版社,2015.1
高等职业教育"十二五"规划教材
ISBN 978-7-5114-3053-3

Ⅰ.①钎… Ⅱ.①许… ②张… Ⅲ.①钎焊-高等
职业教育-教材 Ⅳ.①TG454

中国版本图书馆 CIP 数据核字(2014)第 277634 号

中国石化出版社出版发行
地址:北京市东城区安定门外大街 58 号
邮编:100011   电话:(010)84271850
读者服务部电话:(010)84289974
http://www.sinopec-press.com
E-mail:press@sinopec.com
北京科信印刷有限公司印刷
全国各地新华书店经销
*
787×1092 毫米 16 开本 11.75 印张 294 千字
2015 年 1 月第 1 版   2015 年 1 月第 1 次印刷
定价:25.00 元

前　言

本书是高等职业教育"十二五"规划教材，是根据最新高等职业教育人才培养目标以及焊接专业教学要求而编写的。编写本书遵循的原则是适应当前对人才的需要，强化工程实践能力的培养，提高学生的应用能力和综合素质。

本书对钎焊基本原理、材料、工艺方法及常用金属材料的钎焊工艺特点作了全面介绍。依据钎焊的工作过程进行编写，首先介绍钎焊定义、原理、分类及应用；其次介绍钎焊焊前准备相关内容，包括钎料、钎焊去膜方法及钎焊接头设计；再次介绍钎焊过程和钎焊方法，包括钎焊生产过程、火焰钎焊、炉中钎焊、感应钎焊及其他常用钎焊方法、各种常用金属材料的钎焊工艺；最后介绍钎焊接头的质量检验等知识，同时配有大量有价值的钎焊工程应用实例。全书在内容编排上，注重理论与实践相结合，突出基础训练和操作技能的培养，内容丰富，重点突出。

本书从高等职业教育的特点出发，以"应用"为主旨和特征构建内容，突出应用性、实践性的原则，在阐述问题时力求深入浅出，揭示其机理和规律性，可作为高等职业院校、高等专科学校、成人高校、民办高校及本科院校的二级职业技术学院焊接及相关专业的教材，也可作为五年制高职、中职相关专业及企业培训教材，亦可供相关专业技术人员阅读参考。

本书由兰州石化职业技术学院许芙蓉、张胜男担任主编，蔡建刚主审。全书共分为11章，张胜男编写绪论、第1章、第2章、第6章、第7章和第9章的9.3、9.4、9.5小节；许芙蓉编写第3章、第4章、第5章、第8章和第9章的其余小节；中石油第二建设公司赵文斌编写第10章和第11章。

本书在编审过程中得到许多兄弟院校有关同志的大力支持，在此向他们表示衷心的感谢。此外，编写时参阅了大量的参考文献，也在此向原作（编）者表示感谢。

由于编者水平有限，书中不妥之处在所难免，恳请读者批评指正。

编　者

目　录

绪　论

一、钎焊技术的重要性及应用

钎焊是人类最早使用的连接方法之一，它是采用比母材熔点低的金属材料作钎料，将焊件和钎料加热到高于钎料熔点、低于母材熔点的温度，利用液态钎料润湿母材，填充接头间隙并与母材相互扩散实现连接焊件的方法。早在几千年前，人类就开始使用钎焊来连接金器首饰以及一些日常用品，它是现代焊接技术的三大主要组成部分之一。

钎焊虽是一门古老的技艺，但是，在很长的历史时期中，钎焊技术并没有得到大的发展。进入 20 世纪后，它的发展也远远落后于熔焊技术。20 世纪 30 年代以来，在冶金和化工技术发展的基础上，钎焊技术才有了较快的发展，从作坊匠人的技艺成长为工业生产技术。尤其是第二次世界大战后，由于航空、航天、核能、电子等新技术的飞速发展，新材料、新结构形式的采用，对连接技术提出了更高的要求，钎焊技术因此受到更大的重视，开始以前所未有的速度发展起来，出现了许多新的钎焊方法，钎料品种日益增多，因此，钎焊的应用范围日益扩大。例如，钎焊已广泛用于制造机械加工用的各种刀具，特别是硬质合金刀具；钻探、采掘用的钻具；各种导管和容器；汽车、拖拉机的水箱；各种用途的不同材料、不同结构形式的换热器；电机部件以及汽轮机的叶片和拉筋的连接等。在轻工业生产中，从医疗器械、乐器到家用电器、炊具、自行车，都大量采用了钎焊技术。一台彩色电视机上就有几百个钎焊点。自行车架，就是一个全钎焊结构。对于电子工业和仪表制造业，在很大范围内钎焊是唯一可行的连接方法，如在元器件生产中大量涉及金属与陶瓷、玻璃等非金属的连接问题，而在布线连接中必须防止加热对元器件的损害，这些都有赖于钎焊技术。至于在航空、航天和核能工业等尖端技术部门，钎焊技术发挥了更大的作用。例如，航空燃气涡轮发动机的大量重要部件，诸如涡轮导向器、压气机静子、导向叶片、扩散器、蜂窝夹层密封圈等都是用钎焊方法制造的。飞行马赫数大于 2.5 的飞机，由于蒙皮要承受与空气摩擦引起的高温，越来越多地采用不锈钢、钛合金或超级合金的钎焊蜂窝壁板。据统计，在某型火箭上钎缝总长超过 3000m。在核电站和船舶核动力装置中，燃料元件定位架、换热器、中子探测器等重要部件也常采用钎焊结构。

二、钎焊技术的特点

钎焊技术之所以在各工业部门得到越来越多的应用，是由于它与熔焊和压焊相比具有一些独特的优点，即：

（1）钎焊加热温度一般远低于母材的熔点，因而对母材的物理化学性能通常没有明显的不利影响，施工性能良好。

（2）钎焊温度低、可对焊件整体均匀加热，引起的应力和变形小，容易保证焊件的尺寸精度，可进行精密连接。

（3）具有对焊件整体加热的可能性，使钎焊可以用于结构复杂、开敞性差的焊件，并可一次完成多缝多零件的连接，容易实现异种金属、金属与非金属材料的连接。

1

（4）对热源要求较低，工艺过程较简单，容易实现机械化和自动化。

因此，有不少用其他焊接方法难以甚至无法进行连接的结构，采用钎焊却可以解决。而且，在不少情况下，钎焊能保证焊件具有更高的可靠性。

但是，这决不意味着钎焊可以取代熔焊和压焊技术。与它们相比，钎焊也有不足之处。例如，钎焊接头的强度一般比较低、耐热能力较差；较多采用搭接接头形式，增加了母材消耗和结构重量。因此，必须根据产品的材料、工作条件和结构特点，选用合理的连接方法。钎焊较适宜于连接精密、微型、复杂、多钎缝、异类材料的焊件。

三、本课程的性质、任务和要求

本课程应使学生掌握钎焊的基本原理及其接头的形成过程、钎焊工艺、钎焊方法及钎焊整个生产过程等基本理论、基本知识和实验技能，从而使学生具有从事该方面工艺工作的基本能力。它是焊接专业理论性和实践性较强的一门专业课。

学生在学完本课程后，应能达到以下要求：

（1）掌握钎焊方法的定义、基本加工原理、特点、分类及其应用。

（2）了解钎料的相关知识。

（3）熟悉钎焊的去膜方法、接头设计及生产过程。

（4）明确各种常用钎焊方法的特点、工艺、设备及应用，并具有根据实际需要选择合适钎焊方法的能力。

（5）熟悉各种常用金属材料的钎焊性和钎焊工艺，能进行简单材料的钎焊操作。

（6）深入了解钎焊接头的常见缺陷及防止方法，能对已完成的钎焊接头进行质量检验。

（7）具有从事钎焊工艺工作的基本能力。

第1章　钎焊基础知识

为了在钎焊过程中得到性能优良的接头，钎焊以前，部件必须被彻底清理，在含有氧的环境中钎焊，必须使用钎剂或靠控制气氛进行保护；钎焊过程中，必须保证液态钎料能充分地流入并致密地填满全部钎缝间隙，同时又与母材很好地相互作用。显然，钎焊可分为三个基本过程：一是钎剂的熔化及填缝过程，即预置的钎剂在加热熔化后流入母材间隙，并与母材表面氧化物发生物理化学作用，从而去除氧化膜，清洁母材表面，为钎料填缝创造条件；二是钎料的熔化及填满钎缝的过程，即随着加热温度的继续升高，钎料开始熔化并润湿、铺展，同时排除钎剂残渣；三是钎料与母材相互作用的过程，即在熔化的钎料作用下，小部分母材溶解于钎料，同时钎料扩散进入到母材当中，在固液界面还会发生一些复杂的化学反应。当钎料填满间隙，经过一定时间保温后就开始冷却、凝固形成钎焊接头，完成整个钎焊过程。钎焊过程如图1-1所示。在不用钎剂的场合，如真空钎焊和保护气氛钎焊，当然就没有钎剂填缝过程。

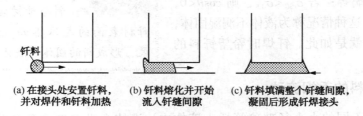

(a) 在接头处安置钎料，　(b) 钎料熔化并开始　(c) 钎料填满整个钎缝间隙，
　　并对焊件和钎料加热　　　流入钎缝间隙　　　　凝固后形成钎焊接头

图1-1　钎焊过程示意图

并不是任何熔化的钎剂或钎料都能顺利地填入任何焊件间的间隙中去的。也就是说，填缝必须具备一定的条件。由于熔化的钎剂和钎料均系液体，所以液体对固体的润湿以及钎缝间隙的毛细作用是熔化钎剂或钎料填缝的基本条件。本章主要讨论液态钎料的润湿和填缝过程，以及钎料与母材的相互作用。

1.1　钎焊加工原理

1.1.1　钎料的润湿与铺展

钎焊时，熔化的钎料与固态母材接触，液态钎料必须很好地润湿母材表面才能填满钎

3

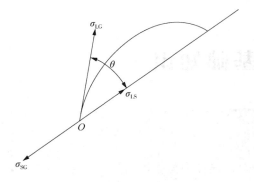

图1-2 气-液-固界面示意图

缝。简单地说，润湿性就是液态钎料对母材浸润和附着的能力。理想状态下，在固体、液体、蒸气相之间没有化学反应，并且重力因素被忽略（相当于小的液滴），从物理化学得知，将某液滴置于固体表面，若液滴和固体界面的变化能使液-固体系自由能降低，则液滴将沿固体表面自动流开铺平，呈图1-2所示的状态，这种现象称为铺展。铺展终了时，在O点处这几个力应该平衡，即

$$\sigma_{SG} = \sigma_{LS} + \sigma_{LG}\cos\theta$$

$$\cos\theta = \frac{\sigma_{SG} - \sigma_{LS}}{\sigma_{LG}} \qquad (1-1)$$

式中　θ——平衡状态下的润湿角，（°）；

σ_{SG}——固-气界面间的表面张力，N/m；

σ_{LG}——液-气界面间的表面张力，N/m；

σ_{LS}——液-固界面间的表面张力，N/m。

通常将$\cos\theta$作为描述液体润湿能力的润湿系数。θ的大小是液体对固体润湿程度的量度。润湿与不润湿的分界线是$\theta = 90°$，当$\theta < 90°$时发生润湿，而$\theta > 90°$时不发生润湿。这两种状态的极限情况是：$\theta = 0°$，称为完全润湿；$\theta = 180°$，称为完全不润湿。

由式(1-1)可见，润湿角θ的大小与各表面张力的数值有关。θ角大于还是小于90°，应根据σ_{SG}与σ_{LS}的大小而定。若$\sigma_{SG} > \sigma_{LS}$，则$\cos\theta > 0$，即$0° < \theta < 90°$，此时我们认为液体能润湿固体，如水对于玻璃等；若$\sigma_{SG} < \sigma_{LS}$，则$\cos\theta < 0$，即$90° < \theta < 180°$，这种情况称为液体不润湿固体，如水银在玻璃上就是如此。钎焊时希望钎料的润湿角小于20°。

小知识

所谓润湿，是指由固-液相界面取代固-气相界面，从而使体系自由能降低的过程。也就是液态钎料与母材接触时，钎料将母材表面的气体排开，沿母材表面铺展，形成新的固体与液体界面的过程。

1.1.2　钎料的毛细流动

把两根粗细不同的小直径玻璃管插入液体中，液体会沿着玻璃管自动上升到高于液面的一定高度，但也可能下降到低于液面的一定高度，直径越小的管子液体上升或下降的高度越高，这种现象称为毛细作用，如图1-3所示。钎焊时，对液态钎料的要求除了要沿固态母材表面自由铺展外，还要能够填满钎缝的全部间隙。通常钎缝间隙很小，如同毛细管，钎料是依靠毛细作用在钎缝间隙内流动的。因此，钎料能否填满钎缝取决于它在母材间隙中的毛细流动特性。

液体在玻璃管中上升或下降的高度可由下式确定：

小知识

毛细现象在自然界、科学技术和日常生活中都起着重要作用。大量多孔性的固体材料在与液体接触时即出现毛细现象。纸张、纺织品、粉笔等物体能够吸水就是由于水能够润湿这些多孔性物质产生毛细现象。人们在工程技术中，常常利用毛细现象使润滑油通过孔隙进入机器部件中去润滑机器。

$$h = \frac{2\sigma_{LG}\cos\theta}{a\rho g} = \frac{2(\sigma_{SG} - \sigma_{LS})}{a\rho g} \qquad (1-2)$$

式中 a——玻璃管直径，钎焊时即为钎缝间隙，mm；

ρ——液体的密度，kg/L；

g——重力加速度，$9.8m/s^2$。

当 h 为正值时，表示液体在玻璃管内上升；当 h 为负值时，表示液体玻璃管内下降。由式(1-2)可以看出：

(1) 当 $\theta < 90°$、$\cos\theta > 0$ 时，$h > 0$，液体沿玻璃管上升；当 $\theta > 90°$、$\cos\theta < 0$ 时，$h < 0$，液体沿玻璃管下降。因此，钎料填充间隙的好坏取决于它对母材的润湿性。钎焊时只有在液态钎料能充分润湿母材的条件下，钎料才能填满钎缝。

(2) 液体沿玻璃管上升的高度 h 与玻璃管直径 a 成反比，随着玻璃管直径的减小，液体的上升高度增大。即钎焊时钎缝间隙越小，毛细管作用越强，填缝也越充分。但并不是说间隙越小越好，因为钎焊时焊件金属受热膨胀，如果间隙过小，反而使填缝困难。因此，钎焊时为使液态钎料能填满钎缝间隙，必须在接头设计和装配时保证合理的小间隙。若钎料是预先安放在钎缝间隙内的[见图 1-4(a)]，润湿性和毛细作用仍有重要意义。当润湿性良好时，钎料填满间隙并在钎缝四周形成圆滑的钎角[见图 1-4(b)]；若润湿性不好，钎缝填充不良，外部不能形成良好的钎角；在不润湿的情况下，液态钎料甚至会流出间隙，聚集成球状钎料珠[见图 1-4(c)]。

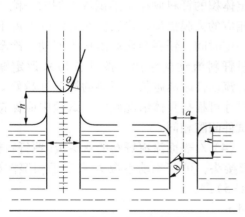

图 1-3 在玻璃管内液体的毛细作用

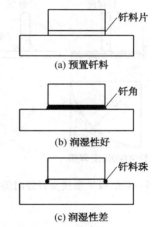

图 1-4 钎料预先安置在间隙内的润湿情况

液态钎料在毛细作用下的流动速度，可用下式表示：

$$v = \frac{\sigma_{LG}\cos\theta}{4\eta h} \qquad (1-3)$$

式中 η——液体的黏度，Pa·s。

从式(1-3)可以看出：

(1) 润湿角越小，即 $\cos\theta$ 越大，流动速度就越大。所以，从迅速填满间隙考虑，也以钎料润湿性好为佳。

(2) 流动速度 v 与液体的黏度成反比，液体的黏度 η 越大，流速越慢。

(3) 流动速度 v 又与 h 成反比，即液体在间隙内刚上升时流动快，以后随 h 增大而逐渐变慢。因此，为了使钎料能填满全部间隙，应有足够的钎焊加热保温时间。

需要指出的是，上述规律是在液体与固体间没有相互作用的条件下得到的，而在实际钎焊过程中，液态钎料与母材或多或少地存在相互扩散，致使液态钎料的成分、密度、黏度和熔点等发生变化，从而使毛细填缝现象复杂化。甚至出现这种情况：在母材表面铺展得很好的液态钎料竟不能流入间隙，这往往是由于钎料在毛细间隙外时就已被母材饱和而失去了流动能力。

1.2 钎料润湿性评定方法及影响因素

1.2.1 钎料润湿性的评定

钎料对母材的润湿性是钎料的重要工艺性能指标，因此常常需要予以评定。目前尚无法从理论上完全确定润湿性的好坏，只能借助试验方法来评定。用得较多的是下述几种方法：

（1）利用钎料的润湿角评定钎料的润湿性。将一定体积的钎料放在母材上，采取相应的去膜措施，在规定的温度下保持一定时间。冷凝后截取钎料的横截面，测出钎料的润湿角，以其大小来评定润湿性的好坏。θ 角越小，润湿性越好。

（2）利用钎料的铺展面积评定钎料的润湿性。试验方法同上，但以测出的钎料铺展面积的大小作为评定的尺度。铺展面积越大，钎料的润湿性越好。

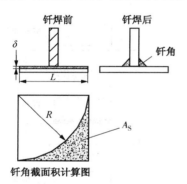

图 1-5 双层板 T 形接头钎焊时的流动系数

（3）利用 T 形试件评定钎料的润湿性。取一定体积的钎料放在 T 形试件一端的一侧，采取相应的去膜措施，将试件在规定的温度下保持一定时间，钎料熔化后沿接头流动。冷凝后测量钎料流动的距离，按其长短来评定润湿性。流动性距离越长，钎料的润湿性越好。试件尺寸可根据具体情况确定，试验中应保持各个试件间隙相同。

（4）对表面涂覆钎料的双层板（覆钎料板）T 形接头，可用流动系数 K 来表示润湿性（见图 1-5）：

$$K = \frac{V_f}{V} = \frac{A_s n}{l\delta} \tag{1-4}$$

式中　V_f——单位长度的钎缝钎角的总体积，mm³；

　　　V——单位长度双层板上的钎料总体积，mm³；

　　　A_s——钎角的截面积 $= (1-\frac{1}{4}\pi)R^2 = 0.125R^2$，mm²；

　　　n——钎角数；

　　　l——覆钎料板的宽度，mm；

　　　δ——钎料层的厚度，mm。

流动系数大者表示钎角半径 R 大，润湿性好。

以上评定润湿性的方法所得出的数据与试验条件有密切关系，只有相对比较的意义，因此应根据具体条件选用。

1.2.2 影响钎料润湿性的因素

由式(1-1)可以看出,钎料对母材的润湿性取决于具体条件下三相间的相互作用,但不论情况如何,σ_{SG} 增大、σ_{LG} 或 σ_{LS} 减小,都能使 $\cos\theta$ 增大,θ 角减小,即能改善液态钎料对母材的润湿性。从物理概念上说,σ_{LG} 减小,意味着液体内部原子对表面原子的吸引力减弱,液体原子容易克服本身的引力趋向液体表面,使表面积扩大,钎料容易铺展;σ_{LS} 减小,表明固体对液体原子的吸引力增大,使液体内层的原子容易被拉向固体-液体界面,即容易铺展。上述分析给改善钎料对母材的润湿性指出了方向。

表1-1~表1-3分别提供了主要的纯液态金属在其熔点时的表面张力 σ_{LG}、某些固态金属的表面张力 σ_{SG} 和一些金属系统的表面张力的数据。除液态纯金属的表面张力数据比较齐备外,后二项数据目前为数很少。至于通常均为多元合金的钎料,上述各项数据更为稀少,因此,无法借助式(1-1)来指导生产实践。

表1-1　一些液态金属的表面张力

金属	$\sigma_{LG}/(N/m)$	金属	$\sigma_{LG}/(N/m)$	金属	$\sigma_{LG}/(N/m)$	金属	$\sigma_{LG}/(N/m)$
Ag	0.93	Cr	1.59	Mn	1.75	Sb	0.38
Al	0.91	Cu	1.35	Mo	2.10	Si	0.86
Au	1.13	Fe	1.84	Na	0.19	Sn	0.55
Ba	0.33	Ca	0.70	Nb	2.15	Ta	2.40
Be	1.15	Ge	0.60	Nd	0.68	Ti	1.40
Bi	0.39	Hf	1.46	Ni	1.81	V	1.75
Cd	0.56	In	0.56	Pb	0.48	W	2.30
Ce	0.68	Li	0.40	Pd	1.60	Zn	0.81
Co	1.87	Mg	0.57	Rh	2.10	Zr	1.40

表1-2　一些固态金属的表面张力

金属	温度 $t/℃$	$\sigma_{SG}/(N/m)$	金属	温度 $t/℃$	$\sigma_{SG}/(N/m)$
Fe	20	4.0	Mg	20	0.70
	1400	2.1	W	20	6.81
Cu	1050	1.43	Zn	20	0.86
Al	20	1.91			

表1-3　一些金属系统的表面张力

系统	温度 $t/℃$	$\sigma_{SG}/(N/m)$	$\sigma_{LG}/(N/m)$	$\sigma_{LS}/(N/m)$
Al-Sn	350	1.01	0.60	0.28
Al-Sn	600	1.01	0.56	0.25
Cu-Ag	850	1.67	0.94	0.28
Fe-Cu	1100	1.99	1.12	0.44
Fe-Ag	1125	1.99	0.91	>3.40
Cu-Pb	800	1.67	0.41	0.52

大量研究表明,影响钎料润湿性的因素主要包括以下方面。

1. 钎料和母材的成分

钎料和母材的成分对润湿性的影响很大。由于不同的材料具有不同的表面自由能,所以当钎料和母材成分变化时，其表面张力值必然发生变化，这将直接影响到钎料对母材的润湿和铺展。一般来说，如钎料与母材在液态和固态均不相互作用，则它们之间的润湿性很差；若钎料能与母材相互溶解或形成化合物，则液态钎料能较好地润湿母材。例如 Fe-Ag 系，1125℃时液态银与固态铁间的表面张力大于 3.40N/m（见表 1-3），致使 $\cos\theta$ 为负值，$\theta >$ 90°，故不发生润湿。就物理概念来讲，银和铁在固、液态下均不相互作用，故银在铁上的润湿性极差。属于此种情况的还有 Fe-Bi、Fe-Cd、Fe-Pb 等系统。然而，在 1000~1200℃时银稍溶于镍（$\omega_{Ag} = 3\% \sim 4\%$），银对镍的润湿性比起它对铁的润湿性来说就有所改善；779℃时银在铜中的溶解度为 $\omega_{Ag} = 8\%$，因而银在铜上的润湿性极好。这种关系也反映在表面张力的数值上，例如，液态银与铁的表面张力极大（3.40N/m，见表 1-3），而与铜的表面张力则不大（0.28N/m，见表 1-3），故在铜表面的润湿性增加。所以，同样以银为钎料，对于不同的母材，随着它们之间相互作用的加强，液-固表面张力减小，润湿性提高。

当母材为合金时也有相似的情况。例如，银在 1Cr18Ni9Ti 不锈钢和 GH30 镍基合金上的铺展面积如图 1-6 所示。它表明，在相同温度下，银对镍基合金的润湿性比对铁基合金的润湿性好得多。

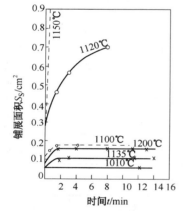

图 1-6　银在不锈钢和镍基合金上的润湿性
——在不锈钢上；……在镍基合金上

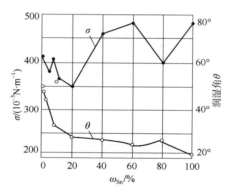

图 1-7　锡铅钎料的表面张力和它在钢上的润湿角与钎料成分的关系

对同一母材，如果改变钎料成分，也会产生同样的结果。例如，用铜或银来钎焊钢时，因液态铜与铁的表面张力比液态银与铁的表面张力小得多（见表 1-3），所以铜对钢的润湿性更好。但应指出，并不总是要靠根本变换钎料成分才能取得改善润湿性的效果。图 1-7 为锡铅钎料的表面张力和它在钢上的润湿角与钎料成分的关系。纯铅与钢基本上不形成共同相，故铅对钢润湿性很差，但铅中加入能与钢形成共同相的锡后，在钢上的润湿角减小。这主要是依靠加锡使液态钎料与钢的表面张力 σ_{LS} 得以减小所致。含锡量越多，润湿性越好。图 1-8 为银钯钎料在镍铬合金上的润湿角与钎料含钯量的关系曲线。随着含钯量的提高，润湿角大大减小。这是因为钯与镍能形成固溶体的缘故。上述例子说明，对于那些与母材无相互作用因而润湿性差的钎料，凭借在钎料中加入能与母材形成共同相的合金元素，可以改善它对母材的润湿性。

为了考察合金元素对提高钎料润湿性的作用强弱，进行了以下试验：在银铜共晶钎料中加入不同数量的钯、锰、镍、硅、锡、锌等元素，考察钎料对钢的润湿性的变化。试验结果见图 1-9。

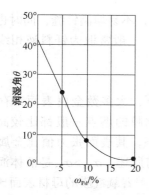

图 1-8　润湿角与银钎料含钯量的关系

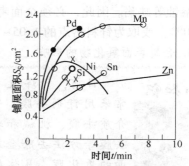

图 1-9　合金元素对银铜共晶钎料在钢上的铺展面积的影响

由图 1-9 可见，上述元素对钎料润湿性的影响具有不同的特点：锌、锡、硅虽可提高钎料的润湿性，但作用较弱；钯、锰则作用很强，添加少量即可得到明显效果；镍含量少时与钯、锰效果相近，但超过一定数量后反使润湿性变坏。从它们对钎料表面张力 σ_{LG} 的影响分析，银铜共晶 1000℃ 时表面张力约为 0.97N/m，各元素在其熔点温度的表面张力值见表 1-1，锌、锡、硅均低于此值，钯、锰、镍则大大高于此值。即加入前三种元素可能使钎料表面张力减小，而加入后三者反而会使之增大。因此，元素对钎料表面张力的影响不是判断它们对钎料润湿性影响的决定因素。由这些元素与铁的相互作用证明：锌、锡、硅均与铁形成金属间化合物；钯、锰、镍与铁形成无限固溶体。由此看来，合金元素改善钎料润湿性的作用，主要取决于它们对液态钎料与母材表面张力 σ_{LS} 的影响。合金元素与母材存在相互作用时均能使此力减小，但对与母材形成金属间化合物的元素，其减小表面张力的作用有限，故虽有助于提高钎料润湿性，但作用较弱；能与母材无限固溶的合金元素可显著地减小此表面张力，从而使钎料润湿性得到明显的改善。至于含镍量高时对钎料润湿性的不利影响是由于它可使钎料熔点提高造成的。

2. 温度的影响

液体的表面张力 σ 与温度 T 呈下述关系：

$$\sigma A_m^{2/3} = K(T_0 - T - \tau)　　　　　　(1-5)$$

式中　A_m——1mol 液体分子的表面积，mm^2；

　　　K——常数；

　　　T_0——表面张力为零时的临界温度，℃；

　　　τ——温度常数。

由式（1-5）可知，随着温度的升高，液体的表面张力不断减小。一般来说，钎焊温度的提高有助于提高钎料对母材的润湿性。图 1-10 是锡铅钎料的表面张力与温度的关系。可见，随着温度的升高，锡铅钎料的表面张力降低，钎料的润湿性得以提高。

但是，并非加热温度越高越好。如果钎焊温度过高，可能造成母材晶粒过分长大，以及过热、过烧等问题。而且钎料的润湿性太强，

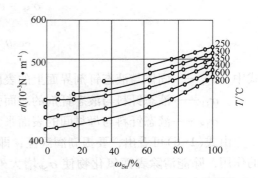

图 1-10　Sn-Pb 钎料的表面张力与温度的关系

9

往往会造成钎料过分流失，即钎料流散到不需要钎焊的地方去，不易填满钎缝，同时也容易造成溶蚀等缺陷。因此，必须全面考虑钎焊加热温度的影响。一般常取为钎料液相线以上20~40℃，或取为钎料熔点的1.05~1.15倍。

3. 金属表面氧化物的影响

小知识

目前，钎焊技术中常采用钎剂去膜、气体介质去膜、机械和物理去膜等方法去除金属表面的氧化膜。具体的操作过程将在本教材第3章中进行详细的阐述。

在常规条件下，大多数金属表面都存在着一层氧化膜。氧化膜的熔点一般都比较高，在钎焊温度下为固态，其表面张力值比金属本身的要低得多。如前所述，$\sigma_{SG} > \sigma_{LS}$是液体润湿固体的基本条件，覆盖着氧气膜的母材表面比起无氧化膜的洁净表面来，表面张力显著减小，钎焊时将导致$\sigma_{SG} < \sigma_{LS}$，所以会产生不润湿现象，表现为液态钎料凝聚成球状，不铺展。表1-4列出了某些金属氧化物的表面张力，对照表1-2可以明显看出这种差别。所以，在钎焊过程中必须采取适当的措施来清除钎料和母材表面的氧化物，以改善钎料对母材的润湿。

表1-4 某些金属氧化物的表面张力

氧化物	Fe_2O_3	CuO	Al_2O_3
$\sigma_{SG}/(N/m)$	0.35	0.76	0.56

4. 钎剂的影响

钎焊时使用钎剂可以清除钎料和母材的表面氧化膜，改善润湿。当钎料和钎焊金属表面覆盖了一层熔化的钎剂后，它们之间的表面张力将发生变化，如图1-11所示。

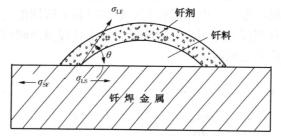

图1-11 使用钎剂时母材表面上的液态钎料所受的表面张力

液态钎料终止铺展时的平衡方程为：

$$\sigma_{SF} = \sigma_{LS} + \sigma_{LF}\cos\theta$$

$$\cos\theta = \frac{\sigma_{SF} - \sigma_{LS}}{\sigma_{LF}} \tag{1-6}$$

式中 σ_{SF}——固体与液态钎剂界面上的表面张力，N/m；

σ_{LF}——液态钎料与液态钎剂的表面张力，N/m；

σ_{LS}——液态钎料与母材间的表面张力，N/m。

由式(1-6)可看出，要提高润湿性，即减小θ角，必须增大σ_{SF}或减小σ_{LF}及σ_{LS}。钎剂的作用，除能清除表面氧化物使σ_{SF}增大外，另一重要作用即是减小液态钎料的表面张力σ_{LF}。例如，用锡铅钎料钎焊时常用的一种钎剂是氯化锌水溶液。

锡铅钎料同氯化锌界面的表面张力就比钎料本身的表面张力小得多(见图1-12),即$\sigma_{LF}<\sigma_{LG}$,因而有助于提高润湿性。因此,选用适当的钎剂有助于保证钎料对母材的润湿。

5. 母材表面状态的影响

母材的表面粗糙度在许多情况下会影响到钎料对它的润湿。曾做过如下的试验:把铜和LF21铝合金的圆片分成四等份,分别用下列方法之一清理表面:抛光、钢刷刷、砂纸打光和化学清洗。然后在铜片中心放上体积为 $0.5cm^3$ 的锡铅钎料 H1SnPb58-2;在铝合金片的中心放上同体积的 Sn-20Zn 钎料。加上钎剂后在炉中加热到各自的钎焊温度,保温 5min。试件冷却后,分别测出钎料在扇形块上的铺展面积。结果表明,钎料在钢刷刷过的铜扇形块上的铺展面积最大,而在抛光的铜扇形块上铺展面积最小。但在铝合金的各扇形块上钎料的铺展面积几乎相同。Ag-20Pd-5Mn 钎料在不锈钢上的铺展与锡铅钎料在铜上的铺展有类似的现象(见图1-13)。在酸洗过的表面上铺展面积大,在抛光表面上铺展最小。

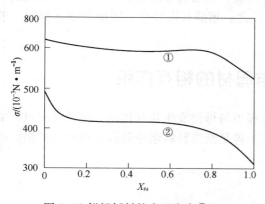

图 1-12 锡铅钎料的表面张力①及
它同氯化锌接触时的界面张力②(400℃)

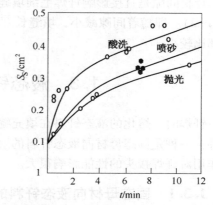

图 1-13　表面处理对 Ag-20Pd-5Mn 钎料在
不锈钢上铺展面积的影响(1095℃)

由此可见,母材的表面粗糙度对与它相互作用弱的钎料(如 H1SnPb58-2、Ag-20Pd-5Mn)的润湿性有明显的影响。这是因为较粗糙表面上的纵横交错的细槽,对液态钎料起了特殊的毛细作用,促进了钎料沿母材表面的铺展,改善了润湿。但是,表面粗糙度的特殊毛细作用在液态钎料同母材相互作用较强烈的情况下不能表现出来(如 Sn-20Zn 钎料与铝合金),因为这些细槽迅速被液态钎料溶解而不复存在。

6. 表面活性物质的影响

由物理化学得知,溶液中表面张力小的组分将聚集在溶液表面层呈现正吸附,使溶液的表面自由能降低。凡是能使溶液表面张力显著减小因而发生正吸附的物质,称为表面活性物质。因此,当液态钎料中加有它的表面活性物质时,它的表面张力将明显减小,母材的润湿性因而得到改善。表1-5列举了钎料中应用表面活性物质的某些实例。表面活性物质的这种有益作用已在生产中加以利用。

表 1-5　钎料中的表面活性物质

钎料成分	表面活性物质	表面活性物质含量 $\omega/\%$	母　材
Cu	P	0.04~0.08	钢
Cu	Ag	<0.6	钢

钎料成分	表面活性物质	表面活性物质含量 $\omega/\%$	母　材
Cu−37Zn	Si	<0.5	钢
Ag−28.5Cu	Si	<0.5	钼、钨
Ag	Cu_3P	<0.02	钢
Ag	Pd	1~5	钢
Ag	Ba	1	钢
Ag	Li	1	钢
Sn	Ni	0.1	铜
Al−11.3Si	Sb、Ba、Br、Bi	0.1~2	铝

7. 母材间隙

母材间隙是直接影响钎焊毛细填缝的重要因素。毛细填缝的长度与间隙大小成反比,见式(1-2)。即随着间隙减小,填缝长度增加;反之,填缝长度减小。因此毛细钎焊时一般间隙都比较小。

1.3　液态钎料与母材的相互作用

钎焊时,熔化的液态钎料在填充缝隙的过程中与母材发生相互作用,这种作用可归纳为两种:一种是固态母材向液态钎料的溶解;另一种是液态钎料组分向固态母材的扩散。这两种作用对钎焊接头的性能影响很大。

1.3.1　固态母材向液态钎料的溶解

钎焊时一般都发生母材向液态钎料的溶解过程。例如,在铜散热器浸入液态锡钎料中进行钎焊时发现,随着钎焊次数增多及钎焊温度升高,液态钎料中的含铜量增加。又如,用铜钎料钎焊钢时,在 1150℃ 保温 2min 后,钎缝中的钎料含铁量由零增加到 4.7%。母材向钎料的适量溶解,可使钎料成分合金化,有利于提高接头强度。但是,母材的过度溶解会使液态钎料的熔点和黏度提高、流动性变坏,往往导致不能填满钎缝间隙。同时也可能使母材表面出现溶蚀缺陷[见图 1-14(a)],即加钎料处或钎角处的母材因过分溶解而产生凹陷。严重时甚至出现溶穿[见图 1-14(b)]。所以,必须控制钎料成分、钎焊的温度、加热时间、间隙大小与钎料填充量,从而达到控制焊件金属溶解量的目的,防止上述缺陷的产生。

(a) **溶蚀**

(b) **溶穿**

图 1-14　溶蚀缺陷

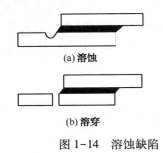

小知识

溶蚀是钎焊的一种特殊缺陷,它是固态母材向液态钎料过度溶解所造成的。溶蚀缺陷一般发生在钎料安置处,它的存在将降低钎焊接头性能,对薄板结构或表面质量要求很高的零件,更不允许出现溶蚀缺陷。

母材在液态钎料中的溶解量可用下式表示：

$$G = \rho_y C_y \frac{V_y}{S}\left(1 - e^{-\frac{aSt}{V_y}}\right)$$　　　　　　　　（1-7）

式中　　G——单位面积母材的溶解量，g/mm^2；

　　　　ρ_y——液态钎料的密度，kg/L；

　　　　C_y——母材在液态钎料中的极限溶解度，g/L；

　　　　V_y——钎料的体积，mm^3；

　　　　a——母材的原子在液态钎料中的溶解系数；

　　　　S——液、固相的接触面积，mm^2；

　　　　t——接触时间，min。

由式（1-7）可见：随着液态钎料数量的增多、钎焊温度的提高、钎焊保温时间的延长以及母材在钎料中的极限溶解度的增大，母材在液态钎料中的溶解量都将增多。

下面对某些影响因素进行具体分析。

1. 溶解量同状态图的关系

母材向钎料的溶解同它们之间的状态图密切相关。例如，对 Ag-Fe、Pb-Cu 系来说，由于在固、液态下都不相互作用，所以不发生铁向银、铜向铅的溶解。

若母材 A 和钎料 B 在液态下能互溶，并形成如图 1-15 所示状态图，则在温度 T 下钎焊时，A 在 B 中的溶解量取决于 A 在 B 中的极限溶解度（线段 L），极限溶解度越大，溶解量也越多。共晶点 E 的位置对 A 的溶解量有很大影响：E 点越靠近 A，则液相线 DE 越倾斜，L_1 线段将越长，A 的溶解量越小。但若用共晶成分的 A-B 合金钎料钎焊 A，则在钎焊温度 T 时，A 在共晶钎料中的溶解量取决于线段 $L-L_1$ 的长度，且共晶点 E 越靠近 A，$L-L_1$ 线段越短，A 的溶解量也越小。因此为了减少母材的溶解，可在钎料中加入母材组分。例如，用铝硅钎料（Al-11.7Si、Al-10Si、Al-7.5Si）钎焊铝时，钎料中的含铝量越多，铝向钎料中的溶解越少，如图 1-16 所示。

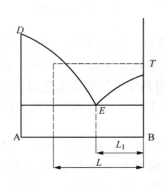

图 1-15　A、B 形成简单共晶的状态图

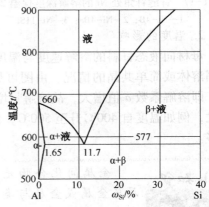

图 1-16　Al-Si 状态图

若 A、B 不但在液态下能互溶，在固态下也能局部互溶，则 A 在 B 中的溶解量除受 A 在 B 中的极限溶解度影响外，还受 B 在 A 中的极限溶解度所影响。图 1-17 是以 Ni-4B、Ni-4Be 和 Ni-11Si 作钎料，在 1200℃ 钎焊镍时钎缝钎角处 Ni 的溶解深度。可以看出，镍向 Ni-4B 钎料中溶解最多，而向 Ni-11Si 钎料中溶解最少。为了便于分析，我们把 Ni-B、

13

Ni-Be、Ni-Si 状态图的富镍部分示意地归纳于图 1-18 中。由图可知，1200℃时镍在硅、铍、硼中的溶解度分别约为 90.5%、95.5%、96.5%；硅、铍、硼在镍中的溶解度分别约为 7.5%、2.5%、<0.5%（均为质最分数）。因此，镍在 Ni-11Si 钎料中溶解少，一是由于镍在硅中溶解度较小，二是由于硅在镍中的溶解度较大所致。然而，镍与硼之间的相互溶解度恰好与之相反，所以镍在 Ni-4B 钎料中溶解也最多。钎料组分在母材中的溶解度对母材的溶解量的影响是基于：溶解过程首先是钎料组分向母材扩散，达到饱和溶解度后，母材才向钎料中溶解。因此，若钎料组分在母材中溶解度大，如硅在镍中，则达到饱和所需时间长，消耗的钎料量也多，母材的溶解就少；反之，溶解就多。故如以 B 为钎料钎焊 A，在 A 中加入一些钎料元素 B，则 B 向 A 扩散达到饱和溶解度的时间缩短，A 向 B 的溶解增多。

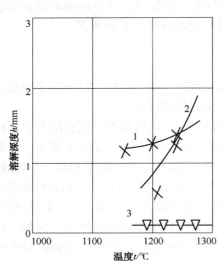

图 1-17　钎缝钎角处 Ni 的溶解深度保温 20min
1—Ni-4B；2—Ni-4Be；3—Ni-11Si

图 1-18　Ni-B、Ni-Be 和 Ni-Si 状态图的
富镍部分示意图

2. 温度的影响

母材向液态钎料的溶解速度与温度的关系如图 1-19 所示。图 1-19（a）是母材与钎料形成固溶体或简单共晶的情况。由图可见，随着温度升高，溶解速度增大，反映在式（1-7）中，即溶解系数 a 值增大，故溶解量增多；其次，母材在钎料中的溶解度也随温度的提高而增大，例如温度自 400℃升至 500℃，铝在锌中的溶解度从 14% 升高到 26%，因而溶解量也增多。

小知识

金属间化合物是金属与金属或金属与类金属之间所形成的化合物，是由两个或多个金属组元按比例组成的具有不同于其组成元素的长程有序晶体结构和金属基本特性的化合物。

若钎焊时母材与钎料在交界面上形成金属间化合物层，则溶解速度与温度呈现图 1-19（b）所示的关系，如铜在锡中的溶解速度（见图 1-20）。其特点是在某一温度区间溶解速度变慢。原因是在此温度区间，在界面上开始形成金属间化合物，化合物层的出现，阻碍了母材向钎料的扩散，使溶解速度降低。

为了防止母材溶解过多，钎焊温度不宜过高。

14

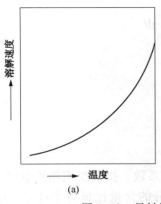 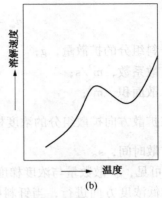

图 1-19 母材的溶解速度与温度的关系

3. 加热保温时间的影响

母材在液态钎料中的扩散深度 x 与时间 t 呈下列关系：

$$x = \sqrt{2D_T t} \qquad\qquad (1-8)$$

式中 D_T——温度 T 时的扩散系数，m^2/s。

固态金属在液相中的扩散系数约在 $10^{-5} cm^2/s$ 数量级，而它们在固体中的扩散系数约在 $10^{-8} \sim 10^{-9} cm^2/s$ 数量级。所以母材在液态钎料中的扩散速度比钎料向母材的扩散速度大得多。在液态钎料量很多的情况下，随着钎焊时间增长，母材的溶解量增多（见图 1-21）。所以在钎焊过程中应合理控制加热保温时间不宜过长，否则容易因母材溶解过量而发生溶蚀甚至溶穿等现象。

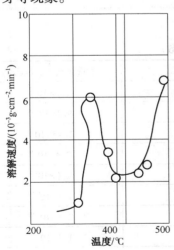

图 1-20 铜在锡中的溶解速度曲线

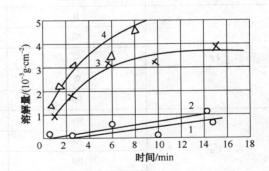

图 1-21 铜在液态锌中的溶解情况
1—440℃；2—480℃；3—580℃；4—620℃

以上分析表明，母材的溶解同钎料成分和钎焊工艺参数密切有关，合理选择钎焊材料和工艺参数，有助于控制母材的溶解。

1.3.2 液态钎料向固态母材的扩散

钎焊时钎料组分向母材的扩散数量可按扩散定律确定：

$$d_m = -DS \frac{dc}{dx} dt \qquad (1-9)$$

式中　d_m——钎料组分的扩散量，g；

　　　D——扩散系数，m^2/s；

　　　S——扩散面积，m^2；

　　　$\frac{dc}{dx}$——在扩散方向扩散组分的浓度梯度；

　　　dt——扩散时间，s。

　　由式(1-9)可见，扩散数量与浓度梯度、扩散系数、扩散面积和扩散时间有关。扩散一般均自高浓度向低浓度方向进行，当钎料中某组分的含量比母材中高时，由于存在浓度梯度，就会发生该组分向母材的扩散。浓度梯度越大，扩散量将越多。元素扩散量同扩散系数有关，扩散系数越大，扩散量也越多。扩散系数 D 可由下式求得：

$$D = D_0 e^{-\frac{Q}{RT}} \qquad (1-10)$$

式中　D_0——扩散常数，主要取决于晶体点阵类型，m^2/s；

　　　R——气体常数，$J/(mol \cdot K)$；

　　　T——进行扩散时的热力学温度，K；

　　　Q——扩散激活能，J。

小知识　扩散现象是指物质分子从高浓度区域向低浓度区域转移，直到均匀分布的现象。扩散速率与物质的浓度梯度成正比。扩散是由于分子热运动而产生的质量迁移现象，主要是由于密度差引起的。

　　对扩散系数影响最大的是温度，温度升高将使扩散系数增大。钎焊时的高温给扩散过程的进行创造了有利条件。表1-6列举了一些元素的扩散系数。

表1-6　一些常见元素的扩散系数

基体金属	扩散元素	温度 $t/℃$	扩散系数 $D/(cm^2/s)$
Fe	B	950	2.6×10^{-7}
	Ni	1200	9.3×10^{-11}
	Si	1150	1.45×10^{-8}
	W	1280	2.4×10^{-9}
	Sn	1000	2.0×10^{-9}
Cu	Mn	850	1.3×10^{-10}
	Ni	950	2.1×10^{-10}
	Pd	860	1.3×10^{-10}
	Zn	880	5.6×10^{-10}
Ni	Cu	890	$(1.9 \sim 2.4) \times 10^{-10}$
Al	Cu	497	2.52×10^{-10}
	Si	500	9.85×10^{-10}
	Zn	507	2.04×10^{-10}

　　扩散系数与晶体结构有关，点阵紧密度较小的晶体结构，扩散原子有较大的活动性，其扩散系数就比较大。如元素在体心立方点阵中的扩散系数比在面心立方点阵中的大，就是这

个原因所致。

扩散原子的直径对扩散系数也有影响。表 1-7 列举了几种元素 285℃时在铅中的扩散系数。由表可见，扩散原子直径越小，扩散系数越大。

表 1-7 几种元素 285℃时在铅中的扩散系数

扩散元素	原子半径 r/Å	扩散系数 D/（cm^2/s）
Ag	1.44	$9.1×10^{-8}$
Cd	1.52	$2.0×10^{-9}$
Sb	1.61	$6.4×10^{-10}$
Sn	1.68	$1.6×10^{-10}$

第三元素的存在对元素的扩散系数具有各不相同的影响：对扩散元素亲和力比基体金属大的第三元素可能使扩散系数减小；而对扩散元素的亲和力比基体金属小的第三元素则可能使扩散系数变大。

用铜钎焊铁时，会发生液态铜向铁中扩散的情况。图 1-22 是 1100℃时以铜钎焊铁时铜在铁中的分布。随着保温时间延长，不但铜的扩散深度增大，扩散层的含铜量也增高。

上述扩散现象均为体积扩散。如果扩散入母材的钎料组分浓度在饱和溶解度内，则形成固溶体组织，对接头性能没有不良影响。若冷却时扩散区发生相变，则组织将产生相应的变化。

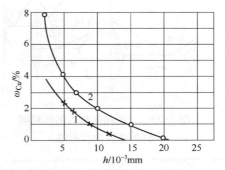

图 1-22 铜钎焊铁时铜在扩散区中的分布
1—保温 1min；2—保温 60min

在钎焊过程中有时发现钎料或其组分向母材晶间渗入的现象，这种现象以下列形式出现：

（1）钎料及其组元在固态下向母材晶界扩散；

（2）钎料及其组元向母材晶界渗入，同时形成易熔组织。

钎料及其组元向母材晶界渗入，往往使钎焊接头的强度、塑性及其他性能变坏。尤其是在钎焊薄件时，晶间渗入可能贯穿整个焊件厚度，使接头变脆。因此，应尽量避免接头中产生晶间渗入。

在液态钎料向母材晶间扩散渗入的同时，母材晶界上的某些元素，或者从晶内向晶界扩散的某些元素会加剧晶间渗入过程。例如，钢的晶间渗入随钢含碳量的增加而加剧。这是因为铜向碳钢晶界渗入的同时，形成了 Fe-Cu-C 三元共晶，从而在晶界出现了更多的液相。

晶间渗入现象又可从状态图来进行分析。表 1-8 列出了几种钎焊接头晶界渗入的实例。

表 1-8 几种钎焊接头晶界渗入的实例

母材	钎料	系统	状态图	钎料在母材中的溶解度 ω/%	晶间渗入情况
Zn	Sn	Zn-Sn	图 1-23（a）	~0.1	中等
Bi	Sn	Bi-Sn	图 1-23（a）	~0.1	中等
Ni	Ni-4B	Ni-B	图 1-23（b）	0	强烈
Ni	Ni-4Be	Ni-Be	图 1-23（b）	2.7	中等
Cu	Cu-8P	Cu-P	图 1-23（b）	1.75	中等

从表 1-8 中的实例可以看出，钎料和母材均具有图 1-23（a）或图 1-23（b）所示的状态图，

它们都有一个低熔共晶体。因此,晶间渗入是这样产生的:在液态钎料同母材接触中,钎料组分向母材中扩散,由于晶界上空隙较多,扩散速度比较大,结果在晶界上形成了钎料组分同母材的共晶体,它的熔点低于钎焊温度,因此在晶界上形成一层液体层,这就是晶间渗入。

晶界上共晶体的形成又与钎料组分在母材中的溶解度有关。因为钎料组分向母材晶间扩散时先形成固溶体,只在达到它在母材中的饱和溶解度后才形成共晶体。因此,钎料组分在母材中的溶解度越大,晶间渗入的可能性越小。表1-8的数据表明了这种关系。

1.3.3 钎缝成分和组织的不均匀性

由于钎料和母材的相互作用,钎缝的成分和组织同钎料原有成分和组织差别较大,它往往是不均匀的。钎焊接头基本上由三个区域组成(见图1-24):母材上靠近界面的扩散区、钎缝界面区和钎缝中心区。

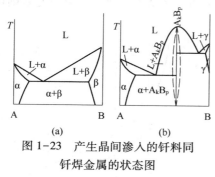

图1-23 产生晶间渗入的钎料同
钎焊金属的状态图

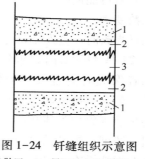

图1-24 钎缝组织示意图
1—扩散区;2—界面区;3—钎缝中心区

用镍铬硅硼钎料钎焊不锈钢小间隙钎缝时,钎料本身虽为包晶组织,但钎缝却由固溶体组成。

扩散区组织是钎料组分向母材扩散形成的。界面区组织是母材向钎料溶解、冷却后形成的,它可能是固溶体或金属间化合物,该区对钎焊接头的性能影响很大。

钎缝中心区由于母材的溶解和钎料组分的扩散以及结晶时的偏析,其组织也不同于钎料的原始组织。钎缝间隙大时,该区组织同钎料原始组织较接近;间隙小时,则二者差别可能极大。

1.4 钎焊方法的分类及应用

按照不同的特征和标准,钎焊方法有以下几种分类方式:

(1)按照所采用钎料熔点的高低可将钎焊分为两类,钎料熔点低于450℃时称为软钎焊,高于450℃时称为硬钎焊。

(2)按照钎焊温度的高低可分为高温钎焊、中温钎焊和低温钎焊,温度的划分是相对于母材熔点而言。例如,对钢件来说,加热温度高于800℃称为高温钎焊,加热温度在550~800℃之间称为中温钎焊,加热温度低于550℃称为低温钎焊;但对于铝合金来说,加热温度高于450℃称为高温钎焊,加热温度在300~450℃之间称为中温钎焊,加热温度低于300℃称为低温钎焊。

(3)按照热源种类和加热方法的不同可分为火焰钎焊、炉中钎焊、感应钎焊、电阻钎焊、浸沾钎焊、气相钎焊、烙铁钎焊及超声波钎焊等。

（4）按照去除母材表面氧化膜的方式可分为钎剂钎焊、无钎剂钎焊、自钎剂钎焊、气体保护钎焊及真空钎焊等。

（5）按照接头形成的特点可分为毛细钎焊和非毛细钎焊。液态钎料依靠毛细作用填入钎缝的情况称为毛细钎焊；毛细作用在钎焊接头形成过程中不起主要作用的称为非毛细钎焊。接触反应钎焊和扩散钎焊是最典型的非毛细钎焊。

（6）按照被连接的母材或钎料的不同，可分为铝钎焊、不锈钢钎焊、钛合金钎焊、高温合金钎焊、陶瓷钎焊、复合材料钎焊及银钎焊、铜钎焊等。

通常的钎焊方法分类、原理及应用见表1-9。

表1-9 常用钎焊方法分类、原理及应用

钎焊方法	分　类		原　理	应　用
火焰钎焊	氧乙炔焰		用可燃气体和氧气(或压缩空气)加热至钎焊温度来实现钎焊	主要用于钢的高温钎焊或厚大件钎焊
	压缩空气雾化汽油火焰、氧液化石油火焰、氧天然气火焰等		用混合燃烧的火焰加热至钎焊温度来实现钎焊，火焰钎焊可分为火焰硬钎焊和火焰软钎焊	适用于铜以及低温钎料的硬钎焊，也可用于铝的火焰钎焊及薄壁小件的钎焊
炉中钎焊	空气炉中钎焊		把装配好的焊件放入一般工业电炉中加热至钎焊温度来实现钎焊	多用于钎焊铝、铜、铁及其合金
	保护气氛炉中钎焊	还原性气氛炉中钎焊	加有钎料的焊件在还原性气氛或惰性气氛的电炉中加热至钎焊温度来实现钎焊	适用于钎焊碳素钢、合金钢、硬质合金、高温合金等
		惰性气氛炉中钎焊		
	真空炉中钎焊	热壁型	使用真空钎焊容器，将装配好钎料的焊件放入容器内，容器放入非真空炉中加热到钎焊温度，然后容器在空气中冷却	钎焊含有Cr、Ti、Al等元素的合金钢、高温合金、钛合金、铝合金及难熔合金
		冷壁型	加热炉与钎焊室合为一体，炉壁作为水冷套，内置热反射屏，防止热向外辐射，提高热效率，炉盖密封，焊件钎焊后随炉冷却	
感应钎焊	高频(150~700kHz)		焊件钎焊处的加热是依靠在交变磁场中产生感应电流的电阻热来实现	广泛用于钎焊钢、铜及铜合金、高温合金等具有对称形状的焊件
	中频(1~10kHz)			
	工频(很少直接用于钎焊)			
浸沾钎焊	盐浴浸沾钎焊	外热式	多采用氯盐的混合物作盐浴，焊件加热和保护靠盐浴来实现。外热式由槽外部电阻丝加热；内热式靠电流通过盐浴产生的电阻热来加热。当钎焊铝及其合金时应使用钎剂作盐浴	适用于以铜基钎料和银基钎料钎焊钢、铜及其合金、合金钢及高温合金；还可钎焊铝及其合金
		内热式		
	熔化钎料中浸沾钎焊(金属浴)		将经过表面清洗并装配好的钎焊件进行钎剂处理，再放入熔化钎料中，钎料把钎焊处加热到钎焊温度来实现钎焊	主要用于以软钎料钎焊铜、铜合金及钢。对于钎缝多而复杂的产品(如蜂窝式换热器、电机电枢等)用此法优越、效率高

钎焊方法	分类	原理	应用
电阻钎焊	直接加热式	电极压紧两个零件的钎焊处，电流通过钎焊面形成回路，靠通电中钎焊面产生的电阻热加热至钎焊温度来实现钎焊	主要用于钎焊刀具、电机的定子线圈、导线端头以及各种电子元器件的触点等
	间接加热式	电流或只通过一个零件，或根本不通过焊件。前者钎料熔化和另一零件加热是依靠通电加热的零件向它导热来实现；后者电流是通过并加热一个较大的石墨板或耐热合金板，焊件位置在此板上，全部依靠导热来实现，对焊件仍需压紧	

【综合训练】

1-1　钎焊基本过程有哪些？

1-2　什么是润湿角？用润湿角如何衡量液体对固体的润湿程度？

1-3　常用的钎料润湿性评定方法有哪些？分别是如何评定的？

1-4　影响钎料润湿性的因素有哪些？各因素分别是如何影响钎料润湿性的？

1-5　影响母材在液态钎料中溶解量的因素有哪些？影响液态钎料向母材扩散量的因素又有哪些？

1-6　钎焊接头由哪些区域组成？各区域分别是如何形成的？

1-7　按照热源种类和加热方法不同，可将钎焊方法分为哪几大类？

第2章 钎料

【学习目标】
(1) 掌握为满足不同工艺需求和获得高质量焊缝，对钎料提出的基本要求；
(2) 明确钎料的三种不同分类和编号方法；
(3) 重点掌握各种常用钎料的成分、特点及用途；
(4) 能够从不同角度综合考虑，进行钎料的合理选择。

2.1 对钎料的基本要求

钎焊过程中在低于母材(被钎焊金属)熔点的温度下熔化并填充钎焊接头的金属或合金称为钎料。钎焊时，焊件是依靠熔化的钎料凝固后连接起来的。因此，钎焊接头的质量在很大程度上取决于钎料。为了满足工艺要求和获得高质量的钎焊接头，钎料应满足以下几项基本要求：

(1) 钎料应具有合适的熔化温度范围；

(2) 在钎焊温度下具有良好的润湿性能和铺展性能，能充分地填满钎缝间隙；

(3) 钎料与母材的扩散作用，应保证它们之间形成牢固的结合；

(4) 钎料应具有稳定和均匀的成分，尽量减少钎焊过程中的偏析现象和易挥发元素的损耗，少含或不含稀有金属或贵重金属；

小知识 钎料的熔点至少应比母材的熔点低几十度。二者熔点过于接近，会使钎焊过程不易控制，甚至导致母材晶粒长大、过烧以及局部熔化。

(5) 所得到的接头应能满足产品的技术要求，如机械性能(强度、塑性、冲击韧性等)和物理化学性能(导电、导热、抗氧化性、抗腐蚀性等)方面的要求。

2.2 钎料的分类和编号

2.2.1 钎料的分类

钎料可按下列三种方法分类：

(1) 按钎料的熔点高低分类 通常把熔点低于450℃的钎料称为易熔钎料，俗称软钎料；熔点高于450℃的钎料称为难熔钎料，俗称硬钎料；熔点高于950℃的钎料称为高温钎料。

(2) 按钎料的化学成分分类 软钎料和硬钎料又根据组成钎料的主要元素不同分为各种"基"的钎料。如软钎料又可分为铋基、铟基、锡基、铅基、镉基、锌基等类钎料，其熔点范围如图 2-1 所示。硬钎料又可分为铝基、银基、铜基、锰基、镍基等类钎料，其熔点范围如图 2-2 所示。

（3）按钎焊工艺性能分类　分为钎剂钎料、真空钎料、复合钎料等。

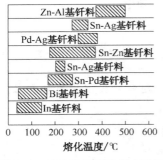

图 2-1　各种软钎料的熔点范围

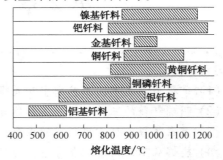

图 2-2　各种硬钎料的熔点范围

2.2.2　钎料的型号与牌号

1. 钎料的型号

根据 GB/T 6208—1995《钎料型号表示方法》规定，钎料型号由两部分组成。

钎料型号中的第一部分用一个大写英文字母表示钎料的类型：首字母"S"表示软钎料，字母"B"表示硬钎料。

钎料型号中的第二部分由主要合金元素符号组成。在这部分中第一个化学元素符号表示钎料的基本组成；其他化学元素符号按其质量分数（%）顺序排列，当几种元素具有相同的质量分数时，按其原子序数顺序排列。软钎料每个化学元素符号后都要标出其公称质量分数；硬钎料仅第一个化学元素符号后标出公称质量分数。公称质量分数取整数，误差±1%，公称质量分数小于 1% 的元素在型号中不必标出，但如某元素是钎料的关键组分一定要标出时，软钎料型号中可仅标出其化学元素符号，硬钎料型号中将其化学元素符号用括号括起来。

标准规定每个钎料型号中最多只能标出 6 个化学元素符号。将符号"E"标注在型号第二部分之后用以表示是电子行业用软钎料。当钎料标记其他内容时，以间隔符号"-"与第二部分隔开标记于后，如真空级钎料，用字母"V"表示，用短划线"-"与前面的合金组分分开。既可用作钎料又可用作气焊焊丝的铜锌合金，用字母"R"表示，前面同样加一短划线。

现以真空级银钎料为例：

2. 钎料的牌号

由于目前国家只制订出银基和铜基钎料标准，因此原来使用的两种编号方法仍在继续使用。

一种是原冶金工业部的钎料编号方法：第一部分用"H1"表示钎料，其次用两个化学元素符号表明钎料的主要组元，最后用一组数字标出除用第一个化学元素符号表示的钎料基础组元外的钎料中主要合金组元的含量，数字之间用"-"隔开。例如，H1SnPb10 表示锡铅钎料，成分中 $\omega_{Pb}=10\%$；H1AlCu26-4 为铝基三元合金钎料，除 $\omega_{Cu}=26\%$ 外，尚含有质量分数 4% 的其他合金元素。钎料成分更复杂时，编号后面的数字序列也相应增长。

另一种是原机械电子工业部的钎料编号方法：牌号前加"HL"表示钎料（钎料俗称焊料），牌号第一位数字表示钎料的化学组成类型，其具体系列编排见表 2-1，牌号第二、第三位数字表示同一类型钎料的不同牌号。

表 2-1　原机械电子工业部钎料牌号

编　号	化学组成类型	编　号	化学组成类型
HL1××	铜锌合金	HL5××	锌合金
HL2××	铜磷合金	HL6××	锡铝合金
HL3××	银合金	HL7××	镍基合金
HL4××	铝合金		

此外，一些单位自行研制的钎料，还往往各有其独特的牌号，不可能一一列举。由于我国钎料型号、牌号的表示方法目前在国标中尚不统一，后面表中的钎料型号、牌号随着来源不同，表示方法也不同。

2.3　常用钎料成分与性能

2.3.1　软钎料

1. 锡基钎料

锡铅钎料是应用最广的软钎料。Sn-Pb 状态图如图 2-3 所示。当锡铅合金 $\omega_{Sn}=61.9\%$ 时，形成熔点为 183℃ 的共晶。

锡铅合金的力学性能和物理性能如图 2-4 所示。纯锡强度为 23.5MPa，加铅后强度增大，在共晶成分附近抗拉强度达 51.97MPa，抗剪强度为 39.22MPa，硬度也达到最高值，电导率则随含铅量的增大而降低。所以，可以根据不同要求，选择不同的钎料成分。

熔点低于 450℃ 的钎料称为软钎料。软钎料主要用于焊接受力不大和工作温度较低的工件，如各种电气导线的连接及仪器、仪表元件的钎焊。常用的软钎料有锡铅钎料、镉银钎料、铅银钎料和锌银钎料等。

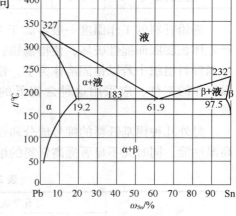

图 2-3　Sn-Pb 状态图

有些锡铅钎料加有少量锑，可提高接头的热稳定性，以减少钎料在液态时的氧化。但锑的含量过高，易使接头脆化，所以锑的质量分数一般控制在 3.0% 以下。国产锡铅钎料的牌号成分和性能列于表 2-2 中。

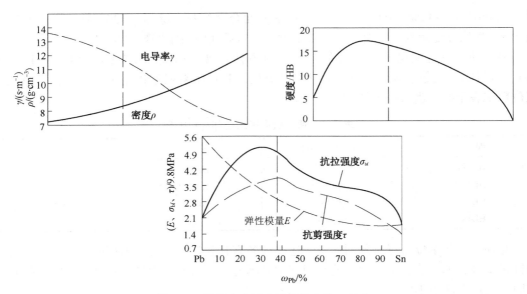

图 2-4 锡铅合金的力学性能和物理性能

表 2-2 锡铅钎料的成分及性能

牌 号	化学成分 ω/%			t_m/℃	σ_{bf}/MPa	δ_f/%	$P'/$ ($\mu\Omega \cdot m$)	$\rho/$ (g/cm^3)
	Sn	Sb	Pb					
H1SnPb10, HL604	89~91	≤0.15	余量	183~222	42.14	25	0.120	7.57
H1SnPb39, HL610	59~61	≤0.8	余量	183~185	46.1	34	0.145	8.50
H1SnPb50, HL613	49~51	≤0.8	余量	183~210	37.24	32	0.156	8.83
H1SnPb58-2, HL603	39~41	1.5~2.0	余量	183~235	37.24	63	0.170	9.31
H1SnPb68-2, HL602	29~31	1.5~2.0	余量	183~256	32.34	—	0.182	9.69
H1SnPb80-2, HL601	17~19	2.0~2.5	余量	183~277	27.44	67	0.220	10.23
H1SnPb90-6	3~4	5~6	余量	245~265	57.82	23	—	10.77

　　锡铅钎料的工作温度一般不高于100℃。另外，由于锡在低温时会发生同素异形变化，产生体积膨胀而脆性破坏，使得锡铅钎料在低温下有冷脆性。但铅在低温下无冷脆现象，所以当钎料组织中若以铅固溶体为主，锡固溶体量少且弥散分布时，冷脆现象不严重。钎焊低温工作的工件，应采用这种含锡低的钎料，如H1SnPb80-2钎料，但这种钎料的润湿性较差。

　　另外几种锡基钎料的牌号成分和性能列于表2-3中。在锡中加入银和锑是为了提高其高温性能，同时又不显著提高钎料的熔点。

表 2-3 其他锡基的钎料

牌 号	化学成分 ω/%				t_m/℃	σ_{bf}/MPa	δ_f/%	$P'/$ ($\mu\Omega \cdot m$)
	Sn	Ag	Sb	Cu				
HL605	95~97	3~4	—	—	221~230	53.9	—	
95Sn-5Sb	95	—	5	—	234~240	39.2	43	
BПp9(苏)	92	5	1	2	250	49	23	0.13
BПp6(苏)	84.5	8	7.5	—	270	80.4	8.8	0.18

图 2-5 是 H1SnPb58-2、95Sn-5Sb、HL605、H1AgPb97 钎料的抗拉强度与温度的关系。该图表明，在室温下锡铅钎料的强度是这几种钎料中最高的。但随着温度上升，其强度迅速下降。高于150℃时钎料强度的顺序是 HL605、95Sn-5Sb、H1AgPb97、H1SnPb58-2。因此，在较高温度下工作的零件可以用 H1AgPb97、HL605、95Sn-5Sb 等钎料钎焊。后二者的钎焊温度比铅基钎料低。

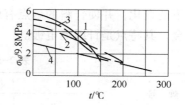

图 2-5 锡基钎料、铅基钎料的
抗拉强度与温度的关系
1—H1SnPb58-2；2—HL605；3—95Sn-5Sb；4—H1AgPb97

小知识

BⅡp9 和 BⅡp6 是两种新钎料。其中加入银是为了提高钎料的抗腐蚀性和强度，加入铜和锑是为了改善其机械性能。BⅡp9 钎料与最常用的锡铅钎料 H1SnPb68-2 相比，熔点相近，但强度和导电性，特别是在较高温度的潮湿大气中的抗腐蚀性较好，因此在特定环境下可代替 H1SnPb68-2 钎料。BⅡp6 钎料的熔点比 H1AgPb97 钎料低，但它的强度、导电性、导热性均比 H1AgPb97 钎料好，尤其是高湿度条件下的抗腐蚀性高，故可用于代替钎料 H1AgPb97 钎焊在不高于 200℃ 工作的工件。

2. 铅基钎料

纯铅不宜用作钎料，因为它的润湿性较差，不能很好润湿铜、铁、铝、镍等常用金属。通用的铅基钎料是在铅中添加银、锡、镉、锌等合金元素组成的，其牌号、成分和性能如表 2-4 所示。其中 H1AgPb97 为共晶成分，加入银使钎料能润湿铜及铜合金，并降低它的熔化温度。这种钎料对铜的润湿性和填缝能力较差，为了改善这些性能，可在钎料中加入锡，如 HL608、H1AgPb83.5-15 等钎料。铅基钎料一般用于钎焊铜及铜合金，它们的耐热性比锡铅钎料好，可在 150℃ 以下工作温度中使用。但用这类钎料钎焊的铜和黄铜接头在潮湿环境中的耐腐蚀性较差，必须涂敷防潮涂料。

表 2-4 铅基钎料的成分及性能

牌　号	化学成分 ω/%			t_m/℃	σ_{bf}/MPa	δ_f/%	a_k/(J·cm)	P'/($\mu\Omega\cdot m$)
	Pb	Ag	Sn					
H1AgPb97	97±1	3±0.3	—	300~305	30.4	45	26.08	0.20
H1AgPb92-5.5，HL608	余量	2.5±0.3	5.5±0.3	295~305	34			
H1AgPb83.5-15	83.5±1.5	1.5±0.8	15±1	265~270				

3. 镉基钎料

镉具有较高的耐腐蚀性能。Cd 与 Bi、Zn、Sn、Ti、Al 等元素可形成塑性很好的共晶合金。镉基钎料是软钎料中耐热性最好的一种，工作温度可达 250℃。国产镉基钎料的成分和性能如表 2-5 所示。

根据镉银状态图，ω_{Ag} 超过 5% 后，合金的液相线温度迅速上升，同时结晶间隔变得很宽，所以镉基钎料的含银量不宜过多。

HL503 钎料的抗拉强度和延伸率同温度的关系如图 2-6 所示。它在 220℃ 时尚有 17.65MPa 的强度，比锡基和铅基钎料的强度都要高。若加入少量的锌，可以减轻钎料在熔化状态下的氧化，并使钎料的熔点有所下降，如 H1AgCd96-1 钎料。HL506 主要用来钎焊铜及铜合金，其特点是钎缝能电镀。

表 2-5　镉基钎料的成分及性能

牌　号	化学成分 ω/%			t_m/℃	σ_{bf}/MPa
	Cd	Zn	Ag		
HL603	95±1	—	5±0.5	338~393	112.8
H1AgCd96-1	96±1	1±0.5	3±0.5	300~325	110.8
HL506	83±1	17±	—	266~270	—

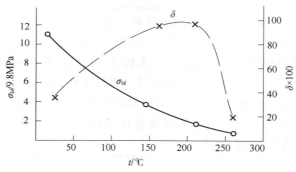

图 2-6　HL503 钎料的抗拉强度 σ_{bf} 和延伸率 δ 同温度 t 的关系

用镉基钎料钎焊铜时，加热温度和加热时间要进行严格控制。如加热温度稍高或加热时间过长，钎缝界面上将生成脆性铜镉化合物，降低接头性能。

4. 锌基钎料

纯锌钎料的熔点为 419℃。在锌中加入锡能明显降低钎料的熔点，加入少量银、铝、铜等元素，可提高钎缝的结合强度、耐腐蚀性能和工作温度。近年来，许多研究者在锌基钎料中加入某些微量元素，可以达到良好的自钎效果，并已在生产中得到应用，取得了良好的效果。

小知识　Cd 是对人体健康极为有害的元素，除特殊需要外，一般不推荐使用镉基钎料。

锌基钎料适用于钎焊铝合金制品。钎焊铜、铜合金和钢时，铺展性能差。在潮湿条件下，其耐蚀性能较差。

5. 钎焊铝用软钎料

钎焊铝用软钎料可分为三类：低温软钎料、中温软钎料和高温软钎料。

（1）低温软钎料（熔点为 150~260℃）　主要是在锡或锡铅合金中加入一些锌，以提高钎料同铝的接合强度，如 HL607、Sn-10Zn 等。这些钎料的熔点低，操作方便，但接头的抗腐蚀性差。

（2）中温软钎料（熔点为 260~370℃）　它们主要属于锡锌和铜锌系钎料，钎料的含锌量比较高，因此熔点也较高，如 HL501、HL502、Sn-30Zn 等。HL502 对铝的润湿性很好；Sn-30Zn 钎料的润湿性差些。用这些钎料钎焊的铝接头的抗腐蚀性比低温钎料钎焊的好。这类钎料适用于钎焊工作温度不太高、抗腐蚀性中等的铝件。

（3）高温软钎料（熔点为 370~480℃）　以锌为基体，加入少量的铝、银、铜等元素，如 HL505、Zn-5Al、Zn-2.5Al-4.5Ag、Zn-20Al-15Cu 等。锌熔点较高，在锌中加入一些合金元素能降低其熔点。锌铝合金中加入一些银，可以提高钎料的润湿性和抗腐蚀性。在钎焊铝用钎料中，这类钎料钎焊的接头抗腐蚀性最好。

国内外现有钎焊铝用软钎料的成分和性能分别列于表 2-6 及表 2-7 中。

表 2-6 钎焊铝用钎料

牌 号	化学成分 ω/%						t_m/℃	σ_{bf}/MPa
	Zn	Cd	Sn	Pb	Cu	Al		
HL501 锌锡钎料	58±2	40±2	40±2		2±0.5		220~350	88.3
HL502 锌镉钎料	60±2						266~335	
HL607 铝软钎料	9±1	9±1	31±2	51±2			150~210	
HL505 锌铝钎料	72.5±2.5					27.5±2.5	430~500	196~245

表 2-7 国外的一些含锌钎料

化学成分 ω/%						t_m/℃
Zn	Sn	Al	Ag	Si	Cu	
10	90					200
30	70					183~331
95		5				380
93		2.5	4.5	0.15		390~420
65		20			15	415~425

2.3.2 硬钎料

钎焊温度高于 450℃ 的钎料称为硬钎料。硬钎料由于强度相对较高，可用于钎焊受力构件，如钎焊钢、铜及其合金的银钎料和铜基钎料，钎焊铝的铝基钎料等，已在生产中得到广泛的应用。在高温工作场合，镍基、锰基钎料越来越受到重视。在某些重要场合，铜基、钯基等贵金属钎料仍是必不可少的连接材料。

1. 铝基钎料

铝基钎料主要用来钎焊铝及铝合金。用来钎焊其他金属时，钎料表面的氧化物不易去除，另外铝容易同其他金属形成脆性化合物，影响接头质量。

铝基钎料主要以铝和其他金属的共晶为基础，有时加入 Cu、Zn、Ge 等元素以满足不同工艺性能的要求。铝虽同很多金属形成共晶，但这些共晶合金大多数由于各自的原因，不宜用作钎料。因此，铝基钎料主要以铝硅共晶和铝铜硅共晶为基础，有时加入一些其他元素组成。一些铝基钎料的牌号成分和性能列于表 2-8 中。

表 2-8 铝基钎料

牌 号	名 称	化学成分 ω/%				t_m/℃	σ_{bf}/MPa
		Al	Cu	Si	Zn		
HL400	铝硅钎料	余量		12±1		577~582	147~156.9
H1AlCu28-6，HL401	铝铜硅 1 号钎料	余量	25~30	4±7		525~535	脆性大
HL402	铝铜硅 2 号钎料	余量	4±0.7	10±1		521~585	245~294
HL403	铝铜硅锌钎料	余量	4±0.7	10±1	10±1	516~560	245~294

1）铝硅钎料

HL400 钎料基本上属于铝硅共晶成分，它具有良好的润湿性和流动性，钎焊接头的抗腐蚀性很好，钎料具有一定的塑性，可加工成薄片，所以是应用最广的一种钎料。其缺点是熔点较高，操作时必须注意。

2）铝铜硅钎料

H1AlCu28-6（HL401）钎料接近铝铜硅三元共晶合金，熔点较低，操作比较容易，故在火焰钎焊时应用甚广。但它很脆，难以加工成丝或片，只能以铸棒形式使用。另外，由于含有较多的铜（25%~30%），易形成 $CuAl_2$ 化合物，使接头的抗腐蚀性下降，不如用铝硅钎料钎焊的好。

HL402 钎料是在铝硅合金基础上加入了质量分数为 4% 左右的铜，使钎料的固相线温度降到 521℃ 左右，因而具有较宽的熔化温度间隔，容易控制钎料的流动。由于钎料含铜量不高，塑性仍较好，可以加工成片和丝，使用方便，接头的抗腐蚀性与铝硅钎料相比也降低不多，钎焊接头的强度也比较高。因此也是一种应用广泛的钎料，适用于各种钎焊方法。

3）铝铜硅锌钎料

HL403 钎料是在 HL402 钎料中加入质量分数为 10% 的锌，使其熔点有所下降，其他性能相近。但其接头的抗腐蚀性比用 HL402 钎料钎焊的差。另外，因含锌量高，容易产生溶蚀，必须控制加热温度。

铝基钎料适用于火焰钎焊、炉中钎焊、盐浴钎焊和真空钎焊等工艺方法。

2. 银基钎料

银基钎料是应用最广的一类硬钎料。由于熔点不是很高，能润湿很多金属，并具有良好的强度、塑性、导热性、导电性和耐各种介质腐蚀的性能，因此广泛用于钎焊低碳钢、结构钢、不锈钢、高温合金、铜及铜合金、镍及镍合金、难熔金属等。银钎料中有时加入 Sn、Mn、Ni、Li 及 Al 等元素，以满足不同的钎焊工艺要求。

小知识　所谓缝隙腐蚀是指接头在潮湿条件下工作时，由于母材同钎料电极电位的差异，引起电化学腐蚀，使钎料和母材脱开。

1）银锰钎料

银锰钎料 BAg86Mn 含锰 14%，熔点为 960~971℃。锰能改善银对钢的润湿性。同时，锰溶于银形成固溶体，起固溶强化作用，提高了银的强度，尤其是高温强度。所以可用这种钎料钎焊在 427℃ 温度以下工作的工件。但用这种钎料钎焊不锈钢时有缝隙腐蚀倾向，所以现已逐渐被其他钎料代替。

2）银铜锌钎料

为了降低银的熔点，可加入铜。根据银铜状态图（见图 2-7），当 $\omega_{Ag}=72\%$、$\omega_{Cu}=28\%$ 时，形成熔点为 779℃ 的共晶。这种钎料（BAg72Cu）可以采用有保护气氛的炉中钎焊焊接有色金属母材。然而，这种合金不容易润湿黑色金属。

加入锌，可进一步降低银铜合金的熔点，并且有助于润湿铁、钴和镍等黑色金属。图 2-8（a）是银铜锌合金的液相图，借此可根据不同熔点要求，选择不同的银铜锌合金成分。但是从银铜锌合金组成相图［图 2-8（b）］可以看出，合金的含锌量超过一定值后，组织中将出现脆性的 β、γ、δ 和 ε 等相，尤其是 γ、δ 和 ε 诸相塑性极差。我们希望钎料的组织是 $\alpha_1+\alpha_2$ 固溶体相，使钎料兼有强度高和塑性好的性能。为了避免出现脆性相，ω_{Zn} 以不大于 35% 为宜。

28

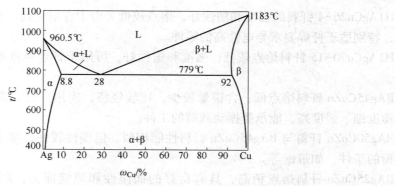

图 2-7　Ag-Cu 状态图

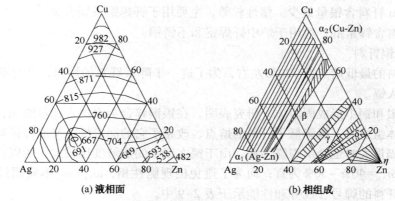

(a) 液相面　　　　　　　　(b) 相组成

图 2-8　银铜锌合金状态图

国产银铜锌钎料的牌号、成分及主要性能列于表 2-9 中。

表 2-9　银基钎料

| 牌　号 | 化学成分 ω/% | | | | | t_m/℃ | σ_{bf}/MPa | P'/($\mu\Omega \cdot m$) |
	Ag	Cu	Zn	Cd	其他			
H1AgCu26-4，HL307	70±1	26±1	余量			730~755	353	0.042
H1AgCu20-15，HL306	65±1	20±1	余量			685~720	384.4	
BAg50CuZn，HL304，H1AgCu34-16	50±1	34±1	余量			688~774	343.2	0.054
BAg45CuZn，HL303，H1AgCu30-25	45±1	30±1	余量			677~743	386.4	0.097
BAg25CuZn，HL302，H1AgCu40-35	25±1	40±1	余量			700~800	353	0.069
BAg10CuZn，HL301，H1AgCu53-37	10±1	53±1	余量			815~850	451	0.065
BAg40CuZnCd，HL312，H1AgCd26-17-17-0.3	40±1	16±0.5	17.3~18.3	25.1~26.5	Ni0.1~0.3	595~605	392.2	0.069
BAg50CuZnCd，HL313，H1AgCd18-16-16	50±1	15.5±1	16.5±2	18±1		627~635	419.7	0.072
BAg35CuZnCd	35±1	26±1	18±2	21±1		605~702	441.2	0.069
BAg50CuZnCdNi	50±1	15.5±1	16±2	15.5±1	Ni3±0.5	632~688	431.4	0.015
HL316	54±1	40±1	5±1		Ni1±0.5	720~860	323.6	

H1AgCu26-4 钎料的强度和塑性好，熔点较低。由于含银量高，是这类钎料中导电性最好的，特别适于钎焊要求导电性高的零件。

H1AgCu20-15 钎料熔点较低，强度和塑性好，可用于钎焊强度要求高的黄铜、青铜和钢件。

BAg45CuZn 钎料熔点低，含银量较少，比较经济，应用广泛，常用于钎焊要求钎缝表面粗糙度细、强度高、能承受振动载荷的工件。

BAg50CuZn 钎料与 BAg45CuZn 钎料性能相似，但塑性较好，常用于钎焊需承受多次振动载荷的工件，如带锯等。

BAg25CuZn 钎料熔点稍高，具有良好的润湿性和填缝能力，用途与 BAg45CuZn 钎料相似。

BAg10CuZn 钎料含银量最少，塑性较差，主要用于钎焊铜及铜合金。

HL316 钎料含锌量低，适用于炉中钎焊钢和不锈钢。

3）银铜锌镉钎料

银铜锌钎料的最低熔点在720℃左右，为了进一步降低钎料的熔点，并且有助于润湿各种母材，可加入镉。

镉能溶于银和铜中形成固溶体。研究表明，在银铜锌合金中加入适量的镉，使合金由银基和铜基固溶体组成时，既降低了钎料的熔点、改善了它的润湿性，又能保证钎料具有较高的塑性，但含镉量大时也会出现脆性相。由于镉在银中的溶解度比较大，所以钎料的含银量不能太低，以 ω_{Ag}=40%~50%为宜；而为了避免出现脆性相，ω_{Zn}+ω_{Cd} 不宜超过40%。几种国产银铜锌镉钎料的牌号、成分和性能示于表2-9中。

BAg40CuZnCd 钎料是银钎料中熔点最低的。它具有良好的润湿性和填缝能力。由于其钎焊温度低于一些合金钢的回火温度，因此适于钎焊淬火合金钢以及分级钎焊中的最后一级钎焊。另外，这种钎料工艺性好、强度高，因而它越来越多地取代着银铜锌钎料。

BAg50CuZnCd 钎料与前者相比，含锌和镉的量较低，熔点稍高一些，但强度也较高些。因此适用于钎焊温度要求不很严，而对接头强度要求较高的工件。

BAg35CuZnCd 钎料结晶间隔较大，流动性差，适宜于用火焰、高频等快速加热方法钎焊铜、铜合金、钢、不锈钢等间隙不均匀的接头。

BAg50CuZnCdNi 钎料含镍，提高了钎料对硬质合金的润湿性，适于钎焊硬质合金；镍也提高了钎焊不锈钢时接头的抗腐蚀性，是银钎料钎焊的不锈钢接头中抗腐蚀性最好的一种。

4）银铜锌锡钎料

含镉的银基钎料具有熔点低、工艺性能好等优点。但镉是有害元素，且蒸气压很高，钎焊时挥发出来的镉蒸气可能对人体造成危害，所以应尽可能使用无镉钎料。锡能够有效降低钎焊温度，在钎料中锡可以代替锌和镉。表2-10是国产可替代含镉钎料的银铜锌锡钎料的牌号、成分和性能。

从表2-10可以得知，银铜锌锡钎料主要是加入少量的锡来替代镉。但锡的添加量不能太高，以免钎料的塑性下降。

HL322 和 HL324 钎料含少量的镍，可以提高钎料的强度、耐热性和抗腐蚀性，改善钎料的润湿性。它们的熔点分别与 BAg50CuZnCd 和 BAg50CuZnCdNi 相近，可以替代它们来钎焊铜、不锈钢等。

表 2-10　银铜锌锡钎料

牌　号	化学成分 ω/%					$t_m/℃$	σ_{bf}/MPa
	Ag	Cu	Zn	Sn	其他		
HL322	39～41	24～26	29.5～31.5	2.5～3.3	Ni1.1～1.7	630～640	390
HL324	49～51	20.5～22.5	26～28	0.5～1.3	Ni0.3～0.7	650～670	440
902#	56±1	余量	17±1	4.5±1	P0.75±0.25	565～610	
903#	56±1	余量	17±1	4.5±1		610～660	
905#	30±1	余量	30±2	2±0.5		665～750	

902#银钎料是无镉银钎料中熔点最低的一种。由于钎料中含少量的磷，故主要用于钎焊加热温度不高的铜和铜合金。

903#银钎料是一种无镉通用型银钎料。它的性能同 BAg50CuZnCd 相当，可代替含镉钎料钎焊铜合金、钢和不锈钢等，钎焊接头具有优良的机械性能。但同含镉的银钎料相比，它的含银量明显提高，经济性变差。

905#银钎料是一种通用的银钎料，它的性能同 BAg50CuZn 和 BAg45CuZn 相当，但含银量比后两者低，经济性比较好，可用于铜和铜合金、钢和不锈钢等的钎焊。

5) 电真空钎料

钎焊电真空器件用的钎料，除了应满足一般要求外，还有一个饱和蒸气压的要求，即钎料不能含蒸气压高的元素，也就是容易挥发的元素。因为电真空器件往往要求保持很低的压力（10^{-8}～10^{-10}Pa），要求钎料在室温下的蒸气压不应高于10^{-10}Pa。一些常用金属的蒸气压曲线如图 2-9 所示。由图可以看出，电真空钎料中不能含磷、镉、锌、锂等易挥发元素。

电真空银钎料的牌号成分和性能列于表 2-11 中。这类钎料不但对主要成分含量有一定的要求，而且对杂质限制很严，即杂质中的易挥发元素含量控制得很低，以满足饱和蒸气压的要求。

BAg72Cu-V 钎料是银铜共晶合金，它的结晶间隔小，在铜和镍上具有良好的润湿性，导电性高，是钎焊真空器件应用最广的一种钎料。BAg50Cu-V 钎料的熔点较高，当要求钎焊温度较高时可以采用这种钎料。

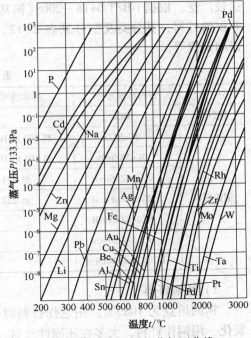

图 2-9　一些常用金属的蒸气压曲线

表 2-11 中的后四种钎料是银铜铟和银铜锡钎料。加不同量的锡或铟的目的是降低钎料的熔点，以满足产品分级钎焊的要求。这些钎料的结晶间隔比较大，只有在钎焊加热速度比较快的情况下才能保证钎焊质量。

电真空钎料要求采用品位高的原料和先进的制造工艺（如真空熔炼、真空退火）来制造，以保证有害杂质和含气量少，成分均匀，钎焊过程中不飞溅，钎焊后气密性好，表面光洁。20 世纪 90 年代后期，国内外相继研究开发出了含 In 的银钎料，由于其具有优良的润湿性、铺展性和填缝性，在铜与钢的钎焊中得到了很好的应用。但是，由于 In 是稀有元素，且价格昂贵(约为银的 3 倍)，含 In 的银基钎料已很少使用。近几年国内外相继研究开发了含 Ga（或含 Ga、In）的稀土银钎料。虽然 Ga 也是稀土元素，但价格相对较低，与银的价格相当，对降低银钎料的熔点效果显著，因此具有良好的发展和应用前景。

表 2-11　电真空银钎料

牌　号	化学成分 $\omega/\%$				杂质 $\omega/\%$						$t_m/℃$
	Ag	Cu	Sn	In	Bi	Pb	Cd	Zn	S	P	
BAg72Cu-V	72±1.0	28±1.0				0.005	0.002	0.005	0.005	0.002	779
BAg50Cu-V	50±0.5	50±0.5				0.005	0.002	0.005	0.005	0.002	779~850
BAg61CuIn-V	余量	24±0.8		15±1	0.005	0.005	0.002	0.005	0.005	0.002	625~705
BAg63CuIn-V	余量	27±0.8		10±1		0.005	0.002	0.005	0.005	0.002	660~730
BAg60CuIn-V	余量	30±0.8		10±1		0.005	0.002	0.005	0.005	0.002	600~720
BAg59CuSn-V	余量	31±0.8	10±0.8			0.005	0.002	0.005	0.005	0.002	600~720

3. 铜基钎料

铜基钎料适用于火焰钎焊、电阻钎焊、炉中钎焊、感应钎焊和浸沾钎焊等工艺方法，用途较广泛。根据 GB/T 6418—2008《铜基钎料》标准规定，铜基钎料分为纯铜钎料、铜锌钎料和铜磷钎料，其分类及型号见表 2-12。铜基钎料一般用来钎焊碳钢、低合金钢、不锈钢、镍和铜镍等。

表 2-12　铜基钎料

分　类	钎料标准型号	样本牌号	分　类	钎料标准型号	样本牌号
铜钎料	BCu		铜磷钎料	BCu93P	料 201 或 HL201
	BCu54Zn	料 103 或 HL103		BCu92PSb	料 203 或 HL203
	BCu58ZnMn	料 105 或 HL105		BCu86SnP	
铜锌钎料	BCu60ZnSn-R	丝 221		BCu91PAg	
	BCu58ZnFe-R	丝 222		BCu89PAg	
	BCu48ZnNi-R			BCu80AgP	料 204 或 HL204
	BCu57ZnMnCo			BCu80SnPAg	
	BCu62ZnNiMnSi-R				

1）纯铜钎料

铜的熔点为 1083℃。用它作钎料时钎焊温度约为 1100~1150℃。为了防止钎焊时焊件氧化，用铜作钎料，大多在还原性气氛、惰性气氛和真空条件下钎焊低碳钢、低合金钢。由于铜对钢的润湿性和填缝能力很好，以它作钎料时要求接头间隙很小(0~0.05mm)，所以应对零件的加工和装配提出严格的要求。

2）铜锌钎料

为了降低铜的熔点，可加入锌。根据铜锌状态图(见图 2-10)，随着含锌量的增加，合金组织中可出现 α、β、γ 等相。其中 α 为强度和塑性良好的固溶体相；β 是强度高、塑性低的化合物相；γ 是极脆的 Cu_2Zn_3 化合物相。因此，借加锌来降低钎料熔点时应考虑含锌量对其性能的影响。

国产铜锌钎料的牌号、成分和性能如表 2-13 所示。

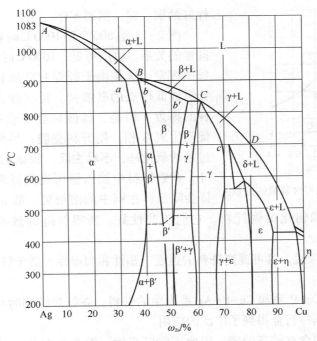

图 2-10　Cu-Zn 状态图

表 2-13　铜锌钎料

牌　号	名　称	化学成分 ω/%			t_m/℃	σ_{bf}/MPa
		Cu	Zn	其他		
H1CuZn64，HL101	36%铜锌钎料	36±2.0	余量		800～823	29.4
H1CuZn52，HL102	48%铜锌钎料	48±2.0	余量		860～870	205.9
BCu54Zn，HL103	54%铜锌钎料	54±2.0	余量		885～888	254.9
BCu58ZnMn		58±1.0	余量	Mn4±0.3；Fe0.15	880～909	
H62	62 黄铜	62±1.5	余量		900～905	313.8
BCu60ZnSn-R HS221	锡黄铜丝	60±1.0	余量	Sn1±0.2；Si0.25±0.1	890～905	343.2
BCu58ZnFe-R		58±1.0	余量	Sn0.85±0.15；Si0.1±0.05；Fe0.35-1.2	880～990	333.4
BCu48ZnNi-R		48±2.0	余量	Ni10±1.0；Si0.04-0.25	921～935	

H1CuZn64 钎料含锌量最高，为 γ 相组织，熔点虽低，但极脆，所钎焊接头性能低，故应用不广。

H1CuZn52 钎料是 β+γ 相组织，故很脆，钎焊的接头塑性也差，主要用来钎焊不承受冲击和弯曲载荷的含铜量大于 68% 的铜合金件。

BCu54Zn 钎料的强度及塑性比前两种好，但钎焊接头的性能仍不高，故仍主要用于钎焊铜、青铜和钢等不承受冲击和弯曲载荷的工件。

H62 钎料即 H62 黄铜，为 α 固溶体组织，具有良好的强度和塑性，是应用最广的铜锌钎料。可用来钎焊受力大、需要接头塑

小知识

黄铜钎料在钎焊时锌很容易挥发。其结果一方面使钎料熔点增高，接头中产生气孔，破坏钎缝的致密性；另一方面，锌蒸气有毒，也不利于操作者的健康。为了减少锌的挥发，可在黄铜中加入少量的硅。

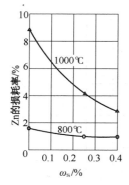

图 2-11　锌的损耗与含硅量的关系

性好的铜、镍、钢制零件。

图 2-11 是 800℃和 1000℃时黄铜中锌的挥发与含硅量的关系。由图可见，1000℃时硅的加入显著降低了锌的挥发。这是由于钎焊时硅氧化，同钎剂中的硼酸盐形成低熔点的硅酸盐，浮在液态钎料表面，防止了锌的挥发。但是，硅能显著降低锌在铜中的溶解度，促使生成 β 相，使钎料变脆；另外，含硅量高会形成过量的氧化硅，不易去除，故 ω_{Si} 以 0.5%左右为宜。此外，黄铜钎料中加入锡可提高钎料的铺展性。但锡同样会降低锌在铜中的溶解度，故 ω_{Sn} 不宜超过 1%，这样就得到硅化黄铜和锡化黄铜钎料，它们工艺性好，所得钎缝的致密性高，可取代 H62钎料。

BCu58ZnMn 中含锰，锰可提高钎料的强度、塑性和润湿性，适于钎焊硬质合金刀具等。

3）铜磷钎料

铜磷钎料是以 Cu-P 系和 Cu-P-Ag 系为主的钎料。在钎焊纯铜时可以不用钎剂，在电气、电机制造业和制冷行业得到了广泛的应用。

由于铜磷钎料中含有较高的磷，因此不能钎焊钢、镍合金以及 ω(Ni) 超过 10%的镍铜合金。

GB/T 6418—2008《铜基钎料》中所列的铜磷钎料的牌号、成分及熔化温度见表 2-14。

表 2-14　铜磷钎料

牌　号	化学成分（质量分数）/%								熔化温度/℃	
	Cu	Sb	P	Ag	Sn	Si	Ni	杂质质量≤	固相线	液相线
BCu93P			6.8~7.5						710	800
BCu93PSb		1.5~2.5	5.8~6.7						690	800
BCu86SnP			4.8~5.8		7.0~8.0		0.4~1.2		620	670
BCu91PAg	余量		6.8~7.2	1.8~2.2				0.15	645	790
BCu89PAg			5.8~6.7	4.8~5.2					645	815
BCu80PAg			4.8~5.3	14.5~15.5					645	800
BCu80SnPAg			4.8~5.8	4.5~5.5	9.5~10.5				560	650

4）铜锗钎料

锗能降低铜的熔点。铜锗合金中 ω_{Ge} 低于 12%时均为 α 相固溶体组织，塑性较好。铜锗钎料的特点是蒸气压低，主要用于电真空器件的钎焊。铜锗钎料的牌号、成分和性能见表 2-15。

表 2-15　铜锗钎料

牌　号	名　称	化学成分 ω/%			t_m/℃	t_B/℃
		Ge	Cu	Ni		
H1CuGe8	8 铜锗钎料	8±0.5	余量		940±10	970~990
H1CuGe10.5	10.5 铜锗钎料	10.5±0.5	余量		880±10	900~930
H1CuGe12	12 铜锗钎料	12±0.5	余量	0.2~0.3	850±10	880~900

5）高温铜基钎料

普通银基和铜基钎料的强度随温度升高而剧烈下降，如图2-12所示，不能满足在较高温度下工作的要求。在铜中加入Ni和Co，可提高钎料的耐热性能，但钎料的熔化温度也相应有所提高。目前航空工业中广泛使用的H1CuNi30-2-0.2铜基钎料工作温度可达600℃，其牌号、成分和性能见表2-16。这种钎料加有较多的镍，用以提高钎料的高温强度。但镍使钎料熔点显著提高。为了降低熔点加入了适量的硅和少量的硼。硅和硼又能改善钎料的润湿性，提高钎料在不锈钢上的铺展能力。

表2-16 铜基高温钎料

牌　号	名　称	化学成分 ω/%					t_m/℃	t_B/℃
		Ni	Si	B	Fe	Cu		
H1CuNi30-2-0.2(H14)	30-2-0.2 铜镍钎料	27~30	1.5~2.0	≤0.2	<1.5	余量	1080~1120	1175~1200

H1CuNi30-2-0.2钎料在室温和高温下都几乎与1Cr18Ni9Ti不锈钢等强度（见图2-13），在600℃以下钎料的抗氧化性也与1Cr18Ni9Ti不锈钢很相近。它填充间隙的能力强，对接头间隙要求不严，同时具有较好的塑性，可加工成各种形状。但这种钎料熔点很高，如操作不当，会导致不锈钢晶粒长大和近缝区麻面等缺陷。

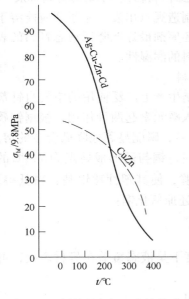

图2-12 钎料强度与温度的关系

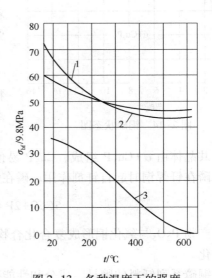

图2-13 各种温度下的强度
1—H1CuNi30-2-0.2钎料；2—1Cr18Ni9Ti不锈钢；3—H62黄铜

另一种铜基高温钎料为Cu-31.5Mn-10Co钎料。在铜锰状态图中，当$\omega_{Mn}=35\%$时形成熔点为868℃的低熔点固溶体合金。为了提高铜锰合金的室温和高温强度可加入钴。通过对不锈钢钎焊对接试样的抗拉强度试验得出，加钴量达到$\omega_{Co}=9\%$后接头已和母材等强度。因此推出了这种在铜锰低熔点固溶体基础上加入10%Co的钎料。其液相线温度为943℃，熔点较低，钎焊不锈钢时不会引起晶粒长大、软化等现象；特别是钎焊马氏体不锈钢，如1Cr13和Cr17Ni2等时，钎焊温度（约1000℃）正在这些材料的淬火温度范围内，可将钎焊与淬火处理合并进行，简化了工艺过程。这种钎料塑性好，可加工成各种形状，适用于钎焊在538℃以下工作的接头。由于钎料含锰量高，而锰既易氧化又易挥发，因此它不宜用于火焰钎焊和真空钎焊，主要用于保护气氛炉中钎焊。

上述两种钎料，一个熔点太高，一个含锰高而不能用于火焰钎焊和真空钎焊。因此，国内新研制了一种 H1Cu-2α 铜基高温钎料。其成分为：$\omega_{Ni} = 18\%$，$\omega_{Co} = 5\%$，$\omega_{Mn} = 5\%$，$\omega_{Si} = 1.75\%$，$\omega_B = 0.2\%$，$\omega_{Fe} = 1\%$，余量为 Cu。熔点为 1053~1084℃，钎焊温度比 H1CuNi30-2-0.2 钎料低 80~100℃，钎焊不锈钢时不会产生晶粒长大和麻面等缺陷；由于含锰量低，可用于火焰钎焊及真空钎焊；钎料可加工成形，具有与 H1CuNi30-2-0.2 钎料相近的高温性能及抗氧化性能。

4. 自钎剂钎料

自钎剂钎料是指自身含有能起到钎剂作用的微量或一定量元素的钎料。钎料要实现钎剂作用，应满足下列要求：

（1）钎料内应含有较强的还原剂，在钎焊温度下能够还原母材表面的氧化物；

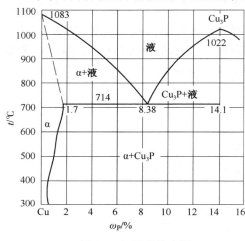

图 2-14 铜磷状态图

（2）还原剂与母材表面氧化物作用后的还原产物，熔点应低于钎焊温度，或者还原产物能与母材表面氧化物形成低熔点的复合化合物；

（3）还原产物或所形成的复合化合物的黏度要小，能被液态钎料排开，不妨碍钎料铺展。

此外，从制造观点出发，还原剂应能溶于钎料内。并且，还原剂最好能降低液态钎料的表面张力，改善钎料的润湿性。

1）铜磷钎料

铜磷钎料是生产上广泛使用的空气自钎剂钎料。在铜中加入磷元素起两种作用：根据铜磷状态图（见图 2-14），磷能显著地降低合金的熔点，当 $\omega_P = 8.38\%$ 时，铜与磷形成熔点为 714℃ 的低熔共晶。共晶体由 $\alpha + Cu_3P$ 组成，Cu_3P 易使铜磷钎料变脆，使其塑性比银基钎料低得多；另一方面磷在钎焊铜时起自钎剂作用。磷在钎焊过程中能还原氧化铜：

$$5CuO + 2P = P_2O_5 + 5Cu$$

还原产物 P_2O_5 与氧化铜形成复合化合物，在钎焊温度下呈液态覆盖在母材表面，可防止母材氧化。

国产铜磷系列钎料的牌号、成分和性能列于表 2-17 中。

BCu93P 钎料接近铜磷共晶成分，组织中有大量 Cu_3P 化合物相存在。这种钎料在钎焊温度下流动性很好，并能渗入间隙极小的接头，最适宜于钎焊间隙为 0.03~0.08mm 的铜接头。HL202 钎料的含磷量较低，组织为初生 α 固溶体和共晶体，Cu_3P 化合物相相应减少，但钎料的结晶间隔增大，液相线温度提高，钎料的流动性变差。这种钎料适用于不能保持紧密装配的场合，接头间隙建议为 0.03~0.13mm。BCu92PSb 钎料是在 HL202 钎料的基础上加入质量分数为 2% 的锑。锑能降低铜磷合金的熔点，但不能降低它的脆性，且使钎料的电阻系数明显增大。这三种钎料组织中均含有大量 Cu_3P 化合物相，比较脆，只能用于钎焊不受冲击和弯曲载荷的铜接头。

铜磷合金中加入银可降低其熔点，同时改善其加工性和塑性，提高抗拉强度、导电性。

铜银磷三元系液相面图如图2-15所示。其三元共晶点含磷量为7.2%，熔点为646℃，这种成分的合金仍比较脆。因此实用的铜银磷钎料都适当降低了含磷量，并根据用途的不同，加入不同数量的银。银除了起上述作用外，还能提高铜磷钎料的润湿性（见图2-16）。

表 2-17 铜磷系列钎料

牌 号	化学成分 ω/%					t_m/℃	σ_{bf}/MPa	P'/($\mu\Omega \cdot m$)
	P	Sb	Ag	Sn	Cu			
BCu93P，HL201	8±1				余量	710~800	470.4	0.28
HL202	6±1				余量	710~890	441	0.25
BCu92PSb，HL203	6±1	2±0.5			余量	690~800	303.8	0.47
BCu80PAg，HL204	5±1		15±1		余量	640~815	499.8	0.121
HL205	6±1		5.5±0.5		余量	640~800	519.4	0.23
H1AgCu70-5	5±0.5		25±0.5		余量	650~710		0.18
BCu92PAg	6±1		1.5±0.5		余量	645~810		
H1CuP6-3	6±0.5			3±0.5	余量	640~680	560	0.32
BCu80PSnAg，HL207	5±0.2		5±0.5	10±0.5	余量	560~650	250	0.39

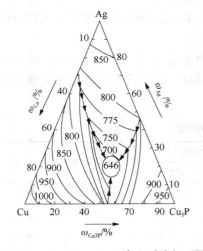

图 2-15　Cu-Ag-Cu3P 合金系液相面图

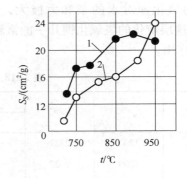

图 2-16　铜磷钎料在铜板上的铺展面积
1—BCu80PAg；2—HL202

在铜银磷三元合金中，HL205 钎料的含银量较低，性能比简单的二元铜磷钎料略有提高。HL205 钎料中 $\omega_{Ag} = 15\%$，钎料的润湿性及接头的强度、塑性、导电性都有很大的提高。由于它的熔化温度范围较大，对接头的装配要求较低，是一种应用较广的铜银磷钎料。H1AgCu70-5 钎料的含银量更高，熔点最低，塑性也有进一步的提高，是铜银磷钎料中性能最好的一种，主要用于钎焊要求较高的电气接头。BCu92PAg 钎料是含银量最低的铜银磷钎料，银的加入可改善钎料的成形性能。BCu92PAg 钎料具有 BCu93P 和 HL205 两种钎料的某些综合性能。它填充间隙的能力比较强，在较高钎焊温度下具有良好的流动性，能够填充间隙小的接头；在较低钎焊温度下能填充间隙较大的接头。这种钎料以预成形环的形式广泛地用于钎焊热交换器和管接头。

铜银磷钎料尽管由于加入银及降低磷含量而使钎料的塑性得到提高，但总地说来还是比较脆的，故主要用于钎焊承受冲击、振动载荷较小的工件。

因铜银磷钎料中的银是贵重金属，且资源紧张，经国内外大量研究分析发现，用锡元素来代替银，即可以降低成本，又能保持铜银磷钎料的性能。在 Cu-6P 合金中加入少量的锡就可使其熔点明显下降，例如加入质量分数为 2% 的 Sn 后，合金熔点就由原来的 890℃ 降低到 700℃ 左右。锡的加入又能改善钎料组织，使 α 固溶体的数量增加，钎料的塑性有所提高，H1CuP6-3 钎料就是在此基础上开发的。该钎料可以取代铜银磷钎料钎焊铜和铜合金。铜磷、铜银磷、铜磷锡钎料在室温下都比较脆，但可在热态下加工成丝、条等。

用铜磷系列钎料钎焊铜时可以不用钎剂。但是钎焊铜合金如黄铜等时，因磷不能充分还原锌的氧化物，还需使用钎剂。这些含磷钎料主要用来钎焊铜及铜合金、银、钼等金属，但不能用于钎焊钢、镍及其合金，因为在它们的钎缝界面区会形成极脆的磷化物。

2）银基和铜基自钎剂钎料

在保护气氛中钎焊不锈钢时，为了去除不锈钢表面可能形成的 Cr_2O_3、Al_2O_3、TiO_2 等氧化物，常需使用自钎剂钎料。由表 2-18 所示的一些元素的物理化学性能可知，位置在铬之下的元素均能还原 Cr_2O_3。但其中大部分元素的还原产物，它们的氧化物的熔点都很高，有碍于钎料的铺展，起不了自钎剂作用。B_2O_3 的熔点虽低，但黏度很大，妨碍了钎料铺展。锂的氧化物 Li_2O 熔点虽然较高，但有如下特点：

（1）它能与许多氧化物形成低熔复合化合物，如 Li_2CrO_4 的熔点为 517℃，低于钎焊温度。

（2）氧化锂对水的亲和力极大，它和周围气氛中的水分作用，形成熔点为 450℃ 的 LiOH，这层熔化的氢氧化锂几乎能洛解所有的氧化物。同时，它呈薄膜状覆盖于金属表面，起保护作用。

表 2-18　一些元素的物理化学性能

元　素	t_m/℃	t_b/℃	氧化反应的自由能 $E/10^3$J			氧化物及其熔点 t_m/℃	
			727℃	1227℃	1727℃		
Cr	1800	2327	-291.6	-249	-205.4	Cr_2O_3	1990
Mn	1230	2027	-311.7	-272	-234.7		
B	2300	2550	-341.8	-305.8	-272	B_2O_3	580
Si	1413	2400~2630	-344.8	-305.8	-259	SiO_2	1713
Ti	1690	3535	-381	-336.8	-293	TiO_2	1760
Al	660	2450	-452.7	-590	-343	Al_2O_3	2030
Ba	710	1500	-462.3	-613	-359.8	BaO	1925
Li	186	1336	-461	-571		Li_2O	1430
Mg	651	1103	-492.4	-423.8		MgO	2270
Be	1278	2970	-500.4	-453	-404	BeO	2530
Ca	850	1440	-527	-474	-399.5	CaO	2580

此外，锂是表面活性物质，能提高钎料的润湿性，锂在银中的溶解度也较大。因此，锂是较理想的自钎剂元素。

国产含锂的银基自钎剂钎料的牌号、成分和性能列于表 2-19 中。这些钎料主要以银铜合金为基体，再加入一些其他元素，并加有质量分数为 0.5% 左右的锂作为自钎剂元素。它们适用于在保护气氛中钎焊不锈钢。

表 2-19　含锂银基自钎剂钎料

牌　号	化学成分 ω/%					t_m/℃	t_b/℃
	Cu	Mn	Ni	Li	Ag		
BAg92CuLi	7.5±0.5			0.5	余量	780~890	880~980
BAg72CuLi	27.5±1.0		1±0.2	0.5	余量	780~800	880~940
H1AgCu25.5-5-3-0.5	25.5±1.0	5±0.5	3±0.4	0.45~0.6	余量		870~910
H1AgCu29.5-5-0.5	29.5±1.0		5±0.4	0.5	余量	830~900	950

为了进一步提高钎料的自钎剂能力，可同时加入锂和硼。它们可还原母材表面的氧化物，生成的 Li_2O 和 B_2O_3 之间又能形成一系列复合化合物，其熔点基本上都低于钎焊温度，因此它们以液态薄膜浮在母材和熔化钎料表面起保护作用；同时这些复合化合物能迅速溶解各种氧化物。在这些复合化合物中含 B_2O_3 高的复合化合物熔点虽比较低，但黏度很大，妨碍了钎料的铺展。这时可加入硅、钾、钠等元素，由它们的氧化物能得到黏度小的复合化合物。前苏联的 BПp4 钎料就是根据此原理配制的。它以铜镍合金为基体，加入锰降低其熔点，加入钴提高高温性能。其各成分的质量分数为：Mn（28±1）%，Ni（28±1）%，Co（5±0.5）%，Fe（1±0.2）%，Si（1±0.2）%，B（0.2±0.05）%，Na（0.1±0.05）%，Li（0.15~0.3）%，K（0.01~0.2）%，P（0.1~0.2）%，Cu 余量。钎料熔点为 940~980℃，钎焊温度为1000~1040℃。据称，这种钎料具有优良的高温性能，可与 H1CuNi30-2-0.2 钎料媲美，而熔点却低得多。使用此钎料可以在快速加热条件下，不用钎剂钎焊不锈钢零件，以及在纯度不高的保护气氛中钎焊不锈钢。但由于含锰高，不适用于火焰钎焊和真空钎焊。

5. 锰基钎料

锰基钎料的延性好，对不锈钢、耐热钢具有良好的润湿能力，钎缝有良好的室温和高温强度以及中等的抗氧化性和耐腐蚀性，钎料对母材无明显的溶蚀作用。在锰基钎料中加入 Ni、Cr、Mo、Cu、Fe、B 等元素，可降低钎料的熔化温度、改善工艺性能、提高耐腐蚀性等。

当接头工作温度高于 600℃时，银基和铜基钎料都不能满足要求。此时可采用能承受更高工作温度（600~700℃）的锰基钎料。

锰的熔点为 1235℃，为了降低其熔点可加入镍。从镍锰状态图（见图 2-17）可知，当 ω_{Ni} = 40% 时，锰和镍能形成熔点为 1005℃的低熔固溶体，塑性优良。为了提高锰基钎料的高温抗氧化性和热强度，常加入一定量的铬和钴等。国产锰基钎料的牌号、成分和性能如表2-20 所示。

表 2-20　锰基钎料

牌　号	化学成分 ω/%							t_m/℃	t_b/℃
	Mn	Ni	Cu	Cr	Co	Fe	B		
QMn1	70±1	25±1		5±0.5				1070~1080	1160~1180
QMn2	40±1	41±1		12±1	4±0.5	3±0.5		1120	1180~1200
QMn3	68±1	22±1		10±1				1050~1070	1120
QMn4	50±1	27.5±1		4.5±0.5	4.5±0.5			1020~1030	1080
QMn5	52±1	28.5±1	13.5±1	5±0.5				1000~1010	1060~1080
QMn6	50±1	30±1	14.5±1					1000	1040
QMn7	45±1	20±1	20±1					950	1000
MnNiCoB	余量	16	35±1		16	3	1	1038	1065

QMn1 钎料是在锰镍合金基础上加入质量分数为 5% 的铬，铬提高了钎料的抗氧化性。此种钎料具有良好的润湿性和填充间隙的能力。

QMn2 钎料提高了铬含量、改变了锰与镍的比例及添加少量钴以改善组织。钎料的高温性能和耐蚀性较 QMn1 钎料稍高，但熔点也有所上升，钎焊时的流动较易控制。

QMn3 钎料为锰镍钴三元合金，高温性能好，适于钎焊工作温度较高的工件及薄件。

QMn4 钎料利用了锰镍和锰铜形成低熔组织的特点调节钎料熔点，又加入质量分数为 4%~5% 的钴提高其高温性能。用该钎料钎焊可避免不锈钢晶粒长大。其溶蚀性也比 QMn1 钎料小，更适于钎焊薄件。

QMn5 钎料不含钴，经济性比 QMn4 钎料好，但高温性能稍低。

QMn6 和 QMn7 钎料凭借改变锰、镍、铜元素的配比，使钎料具有不同的熔点，以适应分级钎焊及补钎焊的要求。

MnNiCoB 钎料加入了硼以降低熔点及改善其铺展性。它的高温强度和 H1CuNi30-2-0.2 钎料相似（见图 2-18），但熔点比钎焊温度低得多，钎焊不锈钢可避免晶粒长大。

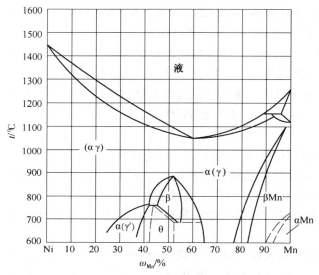

图 2-17　镍锰状态图

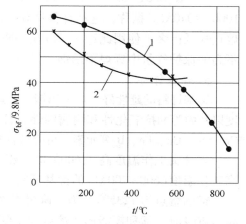

图 2-18　Mn-Ni-Co-B 钎料与 H1CuNi
30-2-0.2 钎料的强度与温度的关系
1—MnNiCoB 钎料；2—H1CuNi30-2-0.2 钎料

所有锰基钎料都具有良好的塑性，可以加工成各种形状。Mn 在国内资源丰富，价格较低，但锰基钎料的蒸气压高，耐腐蚀性不够好，主要用于在低真空及保护气氛下钎焊在 500℃ 左右长期工作的不锈钢和耐热钢部件，且要求保护气体纯度较高。它们不适于火焰钎焊和真空钎焊。由于锰的抗氧化性比较差，故锰基钎料的高温性能仍有限。

6. 镍基钎料

镍基钎料具有优良的耐腐蚀性和耐热性，用它钎焊的接头可以承受的工作温度高达 1000℃，因此常用于钎焊高温工作的零件。但是镍的熔点太高（1452℃）、热强度也不够，因此必须添加合金元素以降低其熔点及提高其热强度。镍基钎料常用于钎焊奥氏体不锈钢、双相不锈钢、镍基合金和钴基合金等，也可用于碳钢和低合金钢的钎焊。镍基钎料钎焊的接头在液氧、液氮等低温介质内也有满意的性能。

镍能与硫、锑、锡、磷、硅、硼、铍等形成低熔共晶。但从高温钎料的要求出发，只有添加硅、硼、磷等元素比较合适。

硼和磷是降低钎料熔点的主要元素，并能改善钎料的润湿能力和铺展能力。根据镍硼状态图（见图2-19），硼能与镍形成熔点为1140℃的低熔共晶。并且硼能显著提高钎料的高温强度，改善其润湿性。但硼也使钎料对母材的溶蚀性大大增加。此外，硼基本上不溶于镍，而与镍形成一系列化合物，使合金变脆。根据镍磷状态图（见图2-20），在$\omega_P = 11\%$时形成熔点为880℃的共晶。磷不溶于镍而形成一系列脆性化合物，所以镍磷合金也是脆性的。

硅可降低钎料的熔点，增加钎料的流动性。由镍硅状态图（见图2-21）可知，$\omega_{Si} = 11\%$的镍硅共晶的熔点为1152℃，硅降低镍熔点的程度不及硼，所以要获得相同的熔点降低量，加硅量需多些。另外，硅可溶于镍形成固溶体，室温下硅在镍中的溶解度为6%左右。超过此浓度时，会形成脆性的β相，使合金变脆。

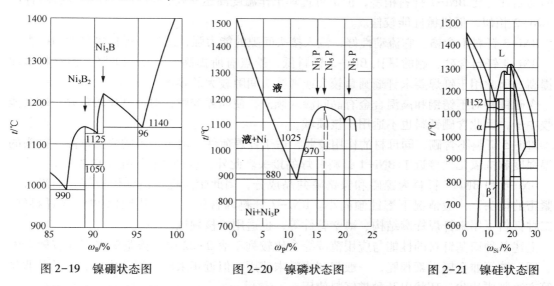

图2-19 镍硼状态图　　　图2-20 镍磷状态图　　　图2-21 镍硅状态图

此外，碳也能降低镍的熔点。但碳对钎料的高温强度及溶蚀性都有不良影响，因此添加量不宜多。

为了降低钎料的熔点，上述合金元素常常单独或一起加入镍基钎料中。

铬也是镍基钎料中的主要添加元素。铬使镍固溶体强化，并提高其抗氧化性。

镍基钎料的牌号、成分和性能如表2-21所示。

表2-21　镍基钎料

国产牌号	美国牌号	英国牌号	化学成分 ω/%							t_m/℃	t_b/℃
			Cr	Si	B	Fe	C	P	Ni		
HL-5	BNi-1	Ni6	14	4	3.3	4.5	0.7		余量	970~1036	1065~1200
QNi-8			14	4.5	3.25	4.5	<0.1		余量	1065	1100~1150
QNi-3	BNi-2	Ni3	7	4.5	3.1	3	<0.1		余量	970~999	1010~1175
	BNi-3	Ni4		4.5	3.1	1.5	<0.1		余量	981~1036	1010~1175
	BNi-4	Ni5		3.5	1.5	1.5	<0.1		余量	986~1055	1065~1175

国产牌号	美国牌号	英国牌号	化学成分 ω/%							t_m/℃	t_b/℃
			Cr	Si	B	Fe	C	P	Ni		
QNi-7	BNi-5	Ni8	19	10.2					余量	1073~1135	1150~1200
	BNi-6	Ni1						11	余量	875	925~1010
	BNi-7	Ni2	13					10	余量	890	925~1065

BNi-1(HL-5)钎料的特性是含碳量高。钎焊时碳和硼向母材扩散，加上母材的溶解，钎焊接头的再熔化温度可由1030℃提高到1250℃，具有极好的高温性能，甚至可在高达1000℃的高温下工作，可用来钎焊涡轮叶片、喷气发动机部件以及其他受大应力的部件。另外，此钎料和母材作用强烈，易导致溶蚀母材，故适于钎焊厚件。

BNi-2(QNi-3)钎料的钎焊温度较低，钎料和母材的作用减弱，可钎焊较薄的焊件。接头的高温性能比BNi-1钎料稍差，但仍可钎焊工作温度高达900℃的焊件。QNi-8钎料性能和BNi-2相似，但机械性能较佳。

BNi-3钎料不含铬，它流动性好，流入接头间隙的能力强，适于钎焊搭接量大的接头。

BNi-4钎料含硅、硼的量比BNi-3钎料低，熔点有所提高、流动性下降，但钎料塑性有提高，因此用于钎焊要求钎缝圆角较大或者接头间隙较大的零件。

含硼钎料对不锈钢和高温合金有晶间渗入倾向，使晶界变脆，对薄件比较危险；硼又能吸收中子，因此含硼钎料也不适用于核领域。

BNi-5钎料不含硼，同母材的作用较弱，适于钎焊薄件。由于钎料的含铬量高，接头的高温强度和抗氧化性接近于BNi-1钎料钎焊的接头。此外，这种钎料可用于核领域。

BNi-6和BNi-7钎料为镍磷和镍铬磷共晶成分，因此熔点低、流动性极好，能流入接触紧密的接头，一般情况下溶蚀倾向小。BNi-7钎料因含铬，其抗热性比BNi-6钎料好。这二种钎料可用来钎焊蜂窝结构、薄壁管件等，也适用于核领域。

上述各种镍基钎料的性能与应用范围综合比较列于表2-22中。镍基钎料因含有较多的硅、硼、磷等非金属元素很脆，一般都制成粉末使用。但近年来已可用预成形、黏结及非晶态等方法制成片状、环状以及黏带钎料使用。

表2-22　镍基钎料应用范围

应用与性能	BNi-1	BNi-2	BNi-3	BNi-4	BNi-5	BNi-6	BNi-7
高温下受大应力的部件	A[①]	B	B	C	A	C	C
受大静力的结构	A	A	B	B	A	C	C
蜂窝结构及其他薄壁结构	C	B	B	B	A	A	A
原子反应堆	含硼不适于反应堆				A	B	A
大的可加工的圆角	B	C	C	C	C	C	C
同液体钠、钾接触	A	A	A	A	A	C	A
用于紧密的或深的接头	C	B	B	B	B	A	A
接头强度	1[②]	1	2	3	1	4	2
母材的溶解	1	2	2	3	4	4	5
流动性	3	2	2	3	2	1	1
接头的氧化性	1	3	3	5	2	5	5

应 用 与 性 能	BNi-1	BNi-2	BNi-3	BNi-4	BNi-5	BNi-6	BNi-7
钎焊用保护气氛	A、B③	A、B	A、B	A、B	A、B	A、B、C、D	A、B、C、D
接头间隙/mm	0.05~0.125	0.025~0.125	0~0.05	0.05~0.1	0.025~0.1	0~0.075	0~0.075

① A—最好；B—满意；C—不太满意。

② 从1(最高)到5(最低)。

③ 在保护气氛中：A—干燥纯氢或氩；B—真空；C—分解氨；D—放热反应气体。

7. 贵金属钎料

1）金基钎料

国产金基钎料的牌号、成分和性能列于表2-23中。

表 2-23　金基钎料

牌　号	化学成分 ω/%			t_m/℃
	Cu	Ni	Au	
H1AuCu20	20±0.5		余量	910
H1AuCu28	28±0.5		余量	930~940
H1AuCu50	50±0.5		余量	950~975
H1AuCu62-3	62±0.5	3±0.5	35	975~1030
H1AuNi17.5		17.5±0.5	余量	950

金与铜能形成无限固溶体，因此按不同比例可以配制成不同熔点的钎料。金铜钎料由于蒸气压低，合金元素不易挥发，因而特别适合于电真空器件的钎焊。Au-17.5Ni 金镍钎料是金基钎料中具有代表性的一种。它熔点合适，蒸气压低，高温强度、塑性和抗氧化性都好，所以在国外航空工业、电子工业中曾得到广泛的应用。但金镍钎料是稀缺昂贵的合金，目前在航空和宇航领域内正在被其他钎料如 5Ag-Cu-Pd、Cu-Mn-Co 等逐步取代。

 小知识　高温金基钎料主要由金、铜和镍等元素组成。这类钎料耐热性和抗氧化性优良，对铁、镍、钴基耐热合金润湿性好，溶蚀倾向小。钎料强度高，塑性好，广泛地用于铁、镍、钴基合金薄壁管构件的钎焊。由于钎料中不含挥发元素，导电性高，热稳定性高，因此在电真空器件上、高温工程以及工作温度高的真空电子管上获得了应用。

2）含钯钎料

钎料合金中含有合金元素钯的钎料统称为含钯钎料。

含钯钎料具有以下特点：

（1）钯能完全溶于银和镍中形成无限固溶体，钎料具有良好的塑性，容易加工成各种形状，并且钎焊接头强度高、塑性好。

（2）含钯钎料对基体金属的溶蚀性小，适于钎焊薄件。

（3）含钯钎料具有良好的润湿性和流动性，甚至能润湿轻微氧化的金属表面。例如银中加入质量分数为10%的钯后，钎料在镍基高温合金上的润湿角显著减小，其原因是母材中的镍、铬、铁向熔化的钎料中扩散，与钯形成一种贵金属相，使熔化钎料与母材的表面张力降低，改善了钎料的润湿性。

（4）含钯钎料的价格昂贵。

一些含钯钎料的成分及基本性能列于表 2-24 中。

表 2-24　含钯钎料

钎料组成	t_m/℃	t_b/℃	钎料组成	t_m/℃	t_b/℃
Ag-27Cu-5Pd	807~810	815	Ag-21Cu-25Pd	901~950	955
Ag-31.5Cu-10Pd	824~850	860	Ag-20Pd-5Mn	1000~1120	1120
Ag-20Cu-15Pd	850~880	905	Ag-33Pd-3Mn	1180~1200	1220
Ag-28Cu-20Pd	876~900	905	Ni-31Mn-21Pd	1120~1120	1125

银铜钯系钎料的熔点比较低，对不锈钢有良好的润湿性，又由于钯的蒸气压低，不易挥发，因此适用于气体保护钎焊和真空钎焊。其中以 Ag-21Cu-25Pd 钎料的综合性能最好，可代替 Au-17.5Ni 钎料钎焊工作温度不高于 427℃ 的部件。

银钯锰钎料的钎焊温度较高，但高温性能也较好，可用来钎焊工作温度达 600~700℃ 的部件。其中 Ag-33Pd-3Mn 钎料的工作温度可达 800℃。但是用这类钎料钎焊的钎缝在长期加热中会发生成分偏析，使钎缝中心出现低强度的富银固溶体，降低接头的机械性能。

镍锰钯钎料可以代替银钯锰钎料。它的熔点比 Ag-33Pd-3Mn 钎料低，但钎焊接头的高温性能却比后者的好，且钎缝内没有出现偏析区的危险。但是，镍锰钯钎料比较脆，难以成形，多以粉末状使用。

2.4　钎料的选择

钎料的性能在很大程度上决定了钎焊接头的性能。但是钎料的品种繁多，如何正确选择钎料不仅是一个很重要的问题，而且也是一个较复杂的问题。钎料的选择应从使用要求、钎料和母材的相互匹配、钎焊加热以及经济角度等方面进行综合考虑来确定。

2.4.1　使用要求

从使用要求出发，对钎焊接头强度要求不高和工作温度要求不高时，可以用软钎料钎焊；对钎焊接头强度要求比较高和工作温度要求比较高时，则应用硬钎料钎焊。对在低温下工作的钎焊接头，应使用含锡量低，或添加有防止发生冷脆性元素（如锑）的钎料。对要求高温强度和抗氧化性好的接头，宜选用镍基钎料。

对要求抗腐蚀性好的钎焊接头，选用钎料应保证接头的抗腐蚀性要求。例如铝的软钎焊接头，应尽量采取保护措施，无法使用保护措施时，应选用耐腐蚀性能比较好的锌基钎料或铝基钎料钎焊。又如用银钎料钎焊不锈钢时，采用不含镍的银钎料钎焊的钎缝在潮湿空气或水中会产生缝隙腐蚀，采用含镍的银基钎料，就不会发生这种现象。一些专门的锡基钎料，如 92Sn-5Ag-1Sb-2Cu 和 84.5Sn-8Ag-7.5Sb 钎料钎焊的接头抗腐蚀性比用锡铅钎料和铅基钎料钎焊的好。前者可用于在较高温度和高湿度条件下工作的焊件。

在钎焊电气零件时，为了满足导电性的要求，应选用导电性好的钎料。例如，应选用含锡量高的锡铅钎料或含银高的银基钎料。

对于有特殊要求的接头，如真空密封接头，应选用真空级钎料。这类钎料不但要求钎料成分的蒸气压要低，而且对易挥发的杂质也控制得很严。对于在核反应堆工作的部件，因硼能吸收中子，故不应选用含硼的钎料钎焊。

2.4.2 钎料与母材的相互匹配

选择钎料时，首先应考虑钎料与母材的相互匹配问题。在匹配中首先应考虑润湿性问题。例如，锌基钎料对钢的润湿性很差，所以不能用锌基钎料钎焊钢。BAg72Cu 银铜共晶钎料在铜和镍上的润湿性很好，而在不锈钢上的润湿性很差，因此用 BAg72Cu 钎料钎焊不锈钢时，应在不锈钢上预先涂覆镍，或选用其他钎料。钎焊硬质合金时，采用含镍和（或）锰的银基钎料和铜基钎料能获得更好的润湿性。

其次，也必须考虑钎料与母材的相互作用。钎料与母材的第一类不利相互作用是形成脆性金属间化合物，使金属变脆，应尽量避免使用此类钎料。例如，极脆的铜磷钎料不能用来钎焊钢和镍，因为铜磷钎料与钢或镍相互作用，会在界面生成极脆的磷化物相，使接头变得很脆；又如用镉基钎料钎焊铜，很容易在界面生成脆性的铜镉化合物而使接头变脆。用铜基钎料钎焊钛及其合金时，也因在界面处会产生脆性化合物而不予推荐。钎料与母材的另一类不利的相互作用是可能产生晶间渗入或使母材过量溶解，从而产生溶蚀，对于薄件的钎焊尤应注意。例如用镍基钎料 BNi-1 钎焊不锈钢和高温合金时，由于钎料组元对母材的晶间渗入比较严重，母材的溶解也比较显著，因此不适宜于钎焊薄件。用黄铜钎料钎焊不锈钢时，由于母材容易产生自裂也应尽量避免使用。

2.4.3 钎焊加热

选择钎料时还应考虑钎焊加热温度对母材性能的影响。例如，钎焊奥氏体不锈钢时，为了避免晶粒长大，钎焊温度不宜超过 1100~1150℃，钎料的熔点应低于此温度。对于马氏体不锈钢，如 2Cr13 等，为了使母材发挥其优良的性能，钎焊温度应与其淬火温度相匹配，以便钎焊和淬火加热同时进行。若配合温度不当，如钎焊温度过高，母材有晶粒长大的危险，从而使其塑性下降；若钎焊温度过低，则母材强化不足，机械性能不高。对于已调质处理的 2Cr13 的焊件，可选用 BAg40CuZnCd 钎料，使其钎焊温度低于 700℃，以免影响焊件的性能。对于调质处理的铍青铜，所选择的钎料不应高于它的退火温度。对于冷作硬化铜材的钎焊，为了防止母材焊后软化，宜选用钎焊温度不超过 300℃ 的钎料钎焊。

对于异种材料的钎焊，应考虑不同材料的热膨胀系数的差别而引起的钎缝开裂等现象。对于陶瓷或硬质合金刀具的钎焊，上述问题尤为突出。作为减小应力的方法，除了在工艺上采取相应的措施外，在选择钎料时应尽可能采用熔点低的钎料。对于异种母材，应选用膨胀系数介于两者之间的钎料。

钎焊加热方法对钎料的选择也有一定的影响。例如电阻钎焊希望采用电阻率大的钎料。炉中钎焊时，因加热速度比较慢，故不宜选用含易挥发元素多的钎料，如含 Zn、Cd 的钎料。真空钎焊要求钎料不含高蒸气压元素，故含锂的银钎料只适宜于保护气氛中钎焊。结晶间隔大的钎料，应采用快速加热的方法，以防止钎料在熔化过程中发生熔析。含锰量高的钎料不能用火焰钎焊，以免发生飞溅和产生气孔等。

2.4.4 经济角度

从经济角度出发，在能保证钎焊接头质量的前提下，应选用价格便宜的钎料。例如制冷机中铜管的钎焊，使用银基钎料获得的接头固然质量很好，但用铜磷银或铜磷锡钎料钎焊的接头质量也不相上下，显然后者的价格要比前者便宜得多。又如在选择锡铅钎料和银基钎料时，在满足工艺和使用性能要求的前提下，应尽可能选用含锡量低和含银量低的钎料，以降低成本。

【综合训练】

2-1　为满足不同工艺需求和获得高质量焊缝，对钎料有哪些基本要求？

2-2　说明以下钎料型号的含义：

（1）BAg50CuZn　　　　　　　（2）H1AlCu26-4

（3）BCu60ZnSn-R　　　　　　 （4）HL605

2-3　铝硅钎料和铝铜硅钎料各有什么特点？哪一个钎焊性更好一些？

2-4　铜基钎料可分为哪几类？一般用来钎焊什么材料？

2-5　选择钎料时应从哪些方面综合考虑？如何选择？

第3章　钎焊去膜方法

【学习目标】

（1）掌握钎剂的组成、分类、作用及性能；

（2）熟悉钎剂的型号及牌号的表示方法；

（3）重点掌握软钎剂和硬钎剂的组成、分类和典型牌号，了解各类软钎剂和硬钎剂的性能及去膜机理；

（4）熟悉铝用钎剂的组成、分类、典型牌号及去膜机理；

（5）了解其他去膜方法的原理。

3.1　钎焊去膜的必要性

在大气中金属表面都覆盖着氧化膜。钎料难以润湿母材表面氧化膜，也难于与氧化膜形成牢固连接。同样，若液态钎料被氧化膜包裹，也不能在母材上铺展。因此，要实现钎焊过程并得到质量好的接头，母材和钎料表面的氧化膜必须彻底清除。

通常，钎焊前应为待焊工件安排清除氧化膜的工序。但在钎焊过程中仍需采取必要的措施清除待焊工件和钎料表面的氧化膜及防止它们再被氧化。这是因为金属在大气中氧化是很迅速的，虽然钎焊前经过清除，但待焊工件表面会立即重新生成薄氧化膜，表3-1列举了一些这方面的数据。从表中可以看出，不锈钢表面的氧化膜生成很快达到饱和并且稳定；铁的氧化膜也类似，但铁的氧化膜疏松；铝和铜的氧化膜生长速度快，会达到饱和。同时，钎焊时的加热过程会使氧化膜更快地重新生成。

表 3-1　在室温干燥空气中的金属氧化膜的生成速度

金　属	氧化膜厚度 δ/Å		
	1min	1h	1d
不锈钢	10	10	10
铁	20	24	33
铝	20	80	100
铜	33	50	50

不同的金属，其表面氧化物的性质不同。Ti、Ti 合金、无氧铜、Au 等贵金属表面的氧化物在加热条件下，界面的氧化物可分解并扩散到母材中。Cu、Fe 在高温下其氧化膜发生凝聚，或与基体的结合减弱。Al 表面氧化物非常稳定，在焊接的温度条件下不能分解。表3-2列出了金属氧化物在大气中完全分解的温度，可以看出工业常用金属的氧化膜其分解温度远大于基体的熔点，难以在焊接温度下自动分解，必须采取各种措施主动去除。

表 3-2　金属氧化物在大气中完全分解的温度

氧化物	分解温度/℃	氧化物	分解温度/℃
Au_2O	250	PbO	2348
Ag_2O	300	NiO	2751
PtO_2	300	FeO	3000
CdO	900	MnO	3500
Cu_2O	1835	ZnO	3817

对清除氧化膜来说，它的难点不仅是氧化膜厚度，而且还有它们的物理化学特性。氧化膜越致密，它与金属基体的结合越牢固，它的热稳定性和化学稳定性越高，则钎焊时要去除它们也就越困难。

表 3-3　Cu-40Zn 黄铜表面氧化膜组成与温度的关系

加热温度和时间	50℃，1h	100℃	150℃	200℃	250℃	300℃
表面氧化物	Cu_2O	Cu_2O	$ZnO \cdot Cu_2O$	$ZnO \cdot Cu_2O$	$ZnO \cdot Cu_2O$	ZnO

不同的金属对氧的亲和力不同，它们所生成的氧化膜的性能也因此不同。常用的金属中，铜、镍、铁等的氧化膜比较容易去除，而铝、镁、钛、铬等的氧化膜则难以去除。钎焊过程中必须根据所要清除氧化膜的特性采取相应的清除措施。由于合金成分是多元的，它们表面的氧化膜也可能由几种氧化物组成。因此与纯金属相比，合金材料表面氧化膜的情况要复杂一些。一般说来，如果合金组元对氧的亲和力比基本组元对氧的亲和力小，由于它们在合金中含量少，它们不与氧作用，合金的表面氧化膜中就不存在它们的氧化物；反之，它们的氧化物就可能出现在合金的表面氧化膜中，增加了清除氧化膜的困难。

此外，合金表面氧化膜的组成还可能随温度而变化，表 3-3 为黄铜表面氧化膜组成与温度的关系。钎焊合金材料时，应估计到这些情况，采取相应的措施。

目前，钎焊技术中采用了钎剂、气体介质、机械方法和物理方法清除金属表面氧化膜。

3.2　钎 焊 去 膜

3.2.1　钎剂的作用和应有的性能

钎剂是钎焊过程中用的熔剂，与钎料配合使用，是保证钎焊过程顺利进行和获得致密钎焊接头不可缺少的。在钎焊技术中利用钎剂去膜是目前使用得最广泛的一种方法。钎剂在钎焊过程中起着下列作用：清除母材和钎料表面的氧化物，为液态钎料在母材上铺展填缝创造必要的条件，但钎剂不具备在钎焊过程中完成清理厚重的氧化物、油脂、灰尘或其他外来材料的能力，所有被焊部件在钎焊前必须按照工艺要求进行彻底清理；以液体薄层覆盖母材和钎料表面，隔绝空气，保护表面不再氧化；起界面活性作用，改善液态钎料对母材的润湿。为此，钎剂必须满足以下基本要求：

（1）钎剂应具有足够的溶解或破坏母材和钎料表面氧化膜的能力。

（2）在钎焊温度范围内，熔化的钎剂应该表面张力小、黏度低、流动性好，以便于钎剂和液态钎料在母材表面的润湿和铺展；同时，钎剂及其作用产物的密度应小于液态钎料的密度，这样钎剂才能均匀地呈薄层覆盖钎料和母材，有效地隔绝空气，起到保护作用。

（3）钎剂的熔点和最低活性温度应低于钎料熔点。通常钎剂只有在高于其熔点的一定温度范围内才能稳定有效地发挥作用，此温度范围称为钎剂的活性温度范围。钎焊时要求钎剂在钎料熔化前就开始起作用，去除钎缝间隙和钎料表面的氧化膜，为熔化的钎料的铺展创造条件，因此，要求钎剂的熔点和最低活性温度低于钎料的熔点。但由于钎焊温度一般都高于钎料的熔点，所以又必须同时保证钎剂的活性温度范围覆盖钎焊温度。故钎剂的熔点也不宜与钎料的熔点相差过大。

（4）钎剂应具有良好的热稳定性，使钎剂在加热过程中保持其成分和作用稳定不变，不至于发生钎剂组分的分解、蒸发或碳化而丧失其应有的作用。一般希望钎剂具有不小于100℃的热稳定温度范围。钎剂的热稳定性也往往是加热时间的函数。选用钎剂时必须结合所用的钎焊加热方法和钎焊温度来考虑它必须具备的热稳定温度和时间范围。

（5）钎剂及其作用产物的密度应小于液态钎料的密度，以利于液态钎料填缝时将它们从间隙中排出，防止它们滞留在钎缝中形成夹渣。此外，钎焊后钎剂的残渣应当容易清除。

（6）钎剂及其残渣不应对母材和钎缝有强烈的腐蚀作用，也不应具有毒性或在使用中析出有害气体。

3.2.2　钎剂的组成、型号、牌号及分类

1. 钎剂的组成

钎剂的组成物质主要取决于所要清除氧化物的物理化学性质，构成钎剂的组成物质可以是单一组元（如硼砂、松香等），也可以是多组元系统。多组元系统通常由基体组分、去膜剂和活性剂组成。

（1）基体组分　其主要作用是：使钎剂具有一定的熔点，作为钎剂其他组分以及钎剂作用产物的溶剂；铺展形成致密保护膜，防止空气的有害作用。硬钎剂的基体组分一般采用热稳定性好的金属盐或金属盐系统，如硼砂、碱金属和碱土金属的氯化物。在软钎剂中还采用了高沸点的有机溶剂。

（2）去膜剂　其主要作用是溶解母材和钎料表面氧化膜。其组分为碱金属和碱土金属的氟化物。各种氟化物对不同的金属氧化物的溶解能力是不同的，因此，应依照需清除的氧化膜的成分和性能及钎焊温度来选用。例如，用于不锈钢和耐热合金的硬钎剂常选用氟化钙或氟化钾，而铝用硬钎剂中多使用氟化钠或氟化锂。钎剂中氟化物的添加量要通过试验确定，一般不能加得太多，否则会使钎剂熔点提高、流动性下降而影响钎剂的性能。

（3）活性剂　其主要作用是破坏氧化膜与金属的结合，加速氧化膜的清除效果并改善钎料的铺展。常用的活性剂物质有：重金属卤化物，如氯化锌、氯化镉等，它们能与一些母材作用，从而破坏氧化膜与母材的结合，并在母材表面析出薄层纯金属，促进钎料的铺展；氧化物，如硼酐等，它们能与氧化物形成低熔点的复合化合物，促进氧化膜的清除。

应该指出，钎剂的各个组分是共同起着上述三方面作用从而保证钎焊过程进行的，所以对组分所作的具体分类有很大的相对性。因为每种组分所起的作用往往不是单一的，只能按其主要作用加以划分。

2. 钎剂的型号与牌号

1) 硬钎焊用钎剂型号表示方法

根据 JB/T 6045—1992《硬钎焊用钎剂》的规定，硬钎焊用钎剂型号表示方法如下所述。

钎剂型号由硬钎焊用钎剂代号"FB"和根据钎剂的主要组分划分的四种代号"1，2，3，4"及钎剂顺序号表示。型号尾部分别用大写字母 S（粉末状、粒状）、P（膏状）、L（液态）表示钎剂的形态。钎剂主要化学组分的分类见表3-4。

表 3-4　钎剂主要化学组分的分类

钎剂主要组分分类代号	钎剂主要组分（质量分数）/%	钎焊温度/℃
1	硼酸+硼砂+氟化物≥90	550~850
2	卤化物≥80	450~620
3	硼酸+硼砂≥90	800~1150
4	硼酸三甲脂≥60	>450

钎剂型号的表示方法如下：

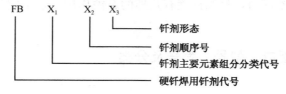

示例：

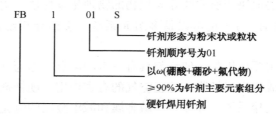

2) 软钎焊用钎剂型号表示方法

根据 GB/T 15829.1—2008《软钎焊用钎剂分类、标记与包装》的规定，软钎剂型号表示方法如下所述。

软钎焊用钎剂型号由代号"FS"加上表示钎剂分类的代码组合而成。软钎焊用钎剂根据钎剂的主要组分分类并按表3-5进行编码。

例如磷酸活性无机膏状钎剂应编为 3.2.1.C，型号表示方法为 FS321C；非卤化物活性液体松香钎剂应编为 1.1.3.A，型号表示方法为 FS113A。

3) 钎剂牌号表示方法

钎剂牌号前加字母"QJ"表示钎焊钎剂，牌号第一位数字表示钎剂的用途，其中 1 为银钎料钎焊用，2 为钎焊铝及铝合金用；牌号第二、第三位数字表示同一类型钎剂的不同牌号。

钎剂牌号举例：

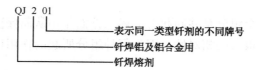

表 3-5　钎剂分类及代码

钎剂类型	钎剂主要组分	钎剂活性剂	钎剂形态
1. 树脂类	1. 松香(松脂)	1. 未加活性剂 2. 加入卤化物活性剂 3. 加入非卤化物活性剂	A 液态
	2. 非松香(树脂)		
2. 有机物类	1. 水溶性		
	2. 非水溶性		
3. 无机物类	1. 盐类	1. 加入氯化铵 2. 未加入氯化铵	B 固态
	2. 酸类	1. 磷酸 2. 其他酸	
	3. 碱类	1. 胺及(或)氨类	C 膏状

3. 钎剂的分类

钎剂的分类与钎料分类相适应，通常分为软钎剂、硬钎剂和铝、镁、钛用钎剂(这里只介绍其中的铝用钎剂)三大类。此外，根据使用状态的特点，还可分出一类气体钎剂，将归入活性气体介质中介绍。

3.2.3　软钎剂

软钎剂主要指的是 450℃以下钎焊的钎剂。按其成分可分为无机软钎剂和有机软钎剂两类；按其残渣对钎焊接头的腐蚀作用可分为腐蚀性、弱腐蚀性和无腐蚀性的三类。无机软钎剂均系腐蚀性钎剂，有机软钎剂属于后两类。软钎剂由成膜物质、活化物质、助剂、稀释剂和溶剂等组成。其组分结构见表 3-6。常用金属的软钎焊性及钎剂选择见表 3-7。

表 3-6　软钎剂的组成结构

钎剂的组成部分			采 用 材 料
不挥发性物质	成膜物质	矿脂	矿油、凡士林、石蜡
		天然树脂	松香
		合成树脂	改性酚醛树脂、聚氨基甲酸脂、改性丙烯酸树脂、聚合松香、改性环氧树脂
	无机酸 无机金属盐类		盐酸、正磷酸、氢氟酸、氟硼酸、BF_3、$ZnCl_2$、NH_4Cl $PbCl_2$、$SnCl_2$、$CuCl$、$NaCl$、KCl、$LiCl$
	有机酸		松香酸、乳酸、硬脂酸、苯二甲酸、水杨酸、谷氨酸、柠檬酸、油酸、安息香酸、草酸、十二烷酸
	胺类或氨类		乙二胺、三乙醇胺、苯胺、联胺、磷酸苯胺、磷酸链胺、环丁烷二胺、环丁烷三胺
	有机卤化物		溴化水杨酸、溴化肼、盐酸联胺、盐酸苯胺、盐酸乙二胺、盐酸吡啶、盐酸谷胺酸、16 烷基三甲溴化胺、乙二基二甲基 16 烷溴化胺、16 烷基溴化吡啶
	其他		氟碳、表面活性剂等
	助溶剂		乳剂、甘油
挥发物质	稀释剂与溶剂		乙醇、异丙醇、丙三醇、水、三甘醇、乙醚、松节油

51

表 3-7　常用金属的软钎焊性和钎剂选用

金　属	软钎焊性	松香钎剂			有机钎剂（水溶性）	无机钎剂（水溶性）	特殊钎剂
		未活化	弱活化	活化			
铂、金、铜、银、镉板	易于软钎焊	适合	适合	适合	适合	建议不用于电器产品软钎焊	适合
锡（热浸）、锡板、钎料板							
铅、镍板、黄铜、青铜	较不易	不适合	不适合	适合	适合	适合	
铑、铍铜	不易	不适合	不适合	适合	适合	适合	
镀锌铁、镍-镍、镍-铁、低碳钢	难于软钎焊	不适合	不适合	不适合	不适合	适合	
铬、镍-铬、镍-铜、不锈钢	很难于软钎焊	不适合	不适合	不适合	不适合	适合	
铝、铝青铜	最难于软钎焊	不适合	不适合	不适合	不适合		
铍、钛	不可软钎焊						

1. 有机软钎剂

这类钎剂主要包含以下四类有机物：①有机酸，如乳酸、硬脂酸、水杨酸、油酸等；②有机胺盐，诸如盐酸苯胺、磷酸苯胺，盐酸肼、盐酸二乙胺等；③胺和酰胺类有机物，如尿素、乙二胺、乙酰胺、三乙醇胺等；④天然树脂，主要是松香类的钎剂。

非（弱）腐蚀性软钎剂的化学活性比较弱，对母材几乎没有腐蚀性作用，但只有纯松香或加入少量有机脂类的软钎剂属于非腐蚀性，而加入胺类、有机卤化物类的软钎剂，则为弱腐蚀性软钎剂。

属于前三类的一些有机物的基本物理性能见表 3-8。这些有机物的钎剂作用机理如下：

（1）有机酸的钎剂主要是依靠羧基的作用，以金属皂的形式除去母材和钎料的表面氧化膜。它们与金属氧化物的反应方程为：

$$2R \cdot COOH + MeO \longrightarrow (R \cdot COO)_2Me + H_2O$$

例如，以硬脂酸作钎剂，用锡铅钎料钎焊铜时，硬脂酸与氧化铜发生反应：

$$CuO + 2C_{17}H_{25}COOH \longrightarrow Cu(C_{17}H_{25}COO)_2 + H_2O\uparrow$$

清除了氧化膜。生成的硬脂酸铜会发生热分解，在分解过程中从系统中取得氢，重新聚合成硬脂酸，析出活性铜，它溶入钎料中，促进钎料的铺展：

$$Cu(C_{17}H_{25}COO)_2 + 2H^+ + Sn-Pb \longrightarrow 2C_{17}H_{25}COOH + Cu-Sn-Pb$$

新生成的硬脂酸可以再与氧化物作用。因此，这种过程实质上是发生在钎料、钎剂和母材界面的一种多相络合催化反应。

（2）有机胺盐均系由呈碱性的胺、肼等与酸生成的可溶性盐，在钎焊加热过程中，它们分解为碱性和酸性两部分，酸性部分与氧化物作用，以清除氧化物。其反应通式为：

$$2RNH_2 \cdot HX + MeO \longrightarrow 2RNH_2 + MeX_2 + H_2O$$

例如，以盐酸苯胺为钎剂钎焊铜，其去膜过程为：

$$CuO + 2C_6H_5NH_2 \cdot HCl \longrightarrow CuCl_2 + 2C_6H_5NH_2 + H_2O\uparrow$$

生成的 $CuCl_2$ 能再与盐酸苯胺相互反应：

$$CuCl_2 + 2C_6H_5NH_2 \cdot HCl \longrightarrow Cu[C_6H_5NH_2]_2Cl_4 + H_2$$

生成的四氯苯胺合铜起到活性剂的作用，促进锡铅钎料在铜板上的铺展，焊后冷却过程中，剩余的酸与碱性的胺结合，减轻了残渣的腐蚀作用。

上述两类有机软钎剂有较强的去氧化物的能力，热稳定性较好。但其属于弱腐蚀性钎剂，残渣有一定的腐蚀性，因此钎焊后还应清除钎剂的残渣。

表 3-8　有机物的基本物理性能

名　称	化学分子式	形　态	$t_m/℃$	$t_b/℃$	可用的溶剂
乳酸	$CH_3CHOH-COOH$	无色或淡黄色黏稠液体	16.8		水，酒精
硬脂酸	$C_{17}H_{35}COOH$	带光泽的白色柔软小片	70~71	383	酒精，乙醚
水杨酸	HOC_6H_4COOH	白色针状或片状晶体	159		沸水，酒精
盐酸苯胺	$C_6H_5NH_2 \cdot HCl$	无色有光泽的晶体，在空气中变绿黑色	198	245	水，酒精
盐酸肼	$NH_2NH_2 \cdot HCl$	无色片状晶体	87~92	240	水，乙醚
盐酸二乙胺	$(C_2H_5)_2NH \cdot HCl$		217		
尿素	$CO(NH_2)_2$	无色晶体，呈中性	132.7		水，酒精
乙二胺	$H2NCH_2CH_2NH_2$	无色黏稠液体，有氨气味，呈碱性	8.5	117.6	水，酒精
乙酰胺	CH_3CONH_2	无色晶体，呈中性	82	223	水，酒精
二乙胺	$(CH_3CH_2)_2NH$	易挥发的无色液体，有氨气味，呈碱性		55.5	水，酒精
三乙醇胺	$N(CH_2CH_2OH)_3$	无色黏稠液体，有吸水性，呈碱性	20~21	360	水，酒精

（3）胺及酸胺类碱性或中性有机物的钎剂作用机理是，在钎焊过程中它们能与铜离子形成胺铜配位化合物，实现去膜。随后这些胺铜配位化合物热分解，析出活性铜，活性铜与钎料、母材相互作用，促进钎料的润湿铺展。这类物质的活性低于有机胺盐，但它们的残渣腐蚀性也不大。

（4）松香类钎剂。松香是一种天然树脂，是有机软钎剂中应用最广泛的一类钎剂，一般呈浅黄色，有特殊气味，它是一种混合物，成分中质量分数的 80% 为松香酸 $C_{19}H_{29}COOH$，其余为海松酸、左旋海松酸和松脂油。常温时它是固体，不溶于水，能溶于酒精、丙酮、甘油等。松香在 127℃ 熔化，在高于 150℃ 的温度下能溶解银、铜、锡等氧化物。固态时，具有良好的电绝缘性、耐湿性和无腐蚀性。

松香的钎剂作用在于所含的松香酸，因此，其去膜机理属有机酸一类。松香一般以粉末状或以酒精、松节油溶液的形式使用。在电气和无线电工程中被广泛地用于铜、黄铜、磷青铜、Ag、Cd 零件的钎焊。松香钎剂只能在 300℃ 以下使用，超过 300℃ 时，它即转变为无活性的新松香酸或焦松香酸而失效。

松香酸系弱有机酸，溶解氧化物的能力不强，故松香去除氧化物能力较差。通常加入活化物质而配成活性松香钎剂，以提高其去除氧化物的能力。活性松香钎剂可用于钎焊铜合金、钢、镍、银等材料。其钎剂残渣不腐蚀母材和钎缝，或者腐蚀性很小。

国内外一些应用较广的松香类钎剂见表 3-9。

表 3-9　常用的松香类钎剂

钎剂成分（质量分数）/%	$t_B/℃$	适用范围
松香 100	150~300	金、银、铜、锡、镉
松香 25，酒精 75	150~300	
松香 40，溴化肼 2，酒精 58		
松香 40，盐酸谷铵酸 2，酒精 58		铜及铜合金
松香 22，盐酸苯胺 2，酒精 76	220~350	铜、黄铜、镀锌铁
松香 24，盐酸二乙胺 4，三乙醇胺 2，酒精 70	200~350	铜及铜合金、碳钢
松香 30，氯化锌 3，氯化铵 1，酒精 66	200~360	铜及铜合金、镀锌铁镍
松香 38，正磷酸 12，酒精 60		铬钢、铬镍不锈钢
松香 29.5，溴化水杨酸 10，甘油 0.5，酒精 60		

目前，国外发展了一种可用作钎剂基本组分的物质，酯类有机物季戊四醇四安息香酸盐，该物质与松香功效相同，可代替松香使用。与松香相比，具有化学成分确定，钎剂的活性可控制，热稳定性高，只在超过370℃后才显著分解，放出的烟尘少，残渣无腐蚀性等优点，是一类很有前途的软钎剂。

2. 无机软钎剂

无机软钎剂的组分为无机酸和无机盐。这类钎剂化学活性强，热稳定性好，能有效地去除母材表面的氧化物，促进液态钎料对母材的润湿，可用于黑色金属和有色金属的钎焊。但残留钎剂对钎焊接头具有强烈的腐蚀性。钎焊后的残留物必须彻底洗净。

可用作钎剂的无机酸有盐酸、氢氟酸和磷酸等。通常以水溶液或酒精溶液形式使用，也可与凡士林调成膏状使用。它们能借下列反应去除金属氧化物：

$$MeO+2HCl \longrightarrow MeCl_2+H_2O$$

$$MeO+2HF \longrightarrow MeF_2+H_2O$$

$$3MeO+2H_3PO_4 \longrightarrow Me_3(PO_4)_2+3H_2O$$

盐酸与氢氟酸对金属有强腐蚀作用，并在加热中析出有害气体，很少单独使用，只在某些钎剂中作为活性剂。磷酸有较强的去氧化物能力，使用时较前两种方便和安全，钎焊含铬不锈钢或锰青铜等时，磷酸溶液是适宜的钎剂。但由于受其挥发温度的限制，磷酸钎剂只限于300℃以下使用。

无机盐中氯化锌是组成无机软钎剂的基本成分。它呈白色，熔点为262℃，易溶于水和酒精，吸水性极强，常以水溶液形式使用。对于固态的氯化锌基钎剂来说，氯化锌钎剂在钎焊时往往发生飞溅，在母材的被溅射处引起腐蚀，另外，还可能析出有害气体。为了消除上述缺点及便于使用，可与凡士林制成膏状钎剂。

其钎剂作用在于氯化锌与水形成络合酸：

$$ZnCl_2+H_2O \longrightarrow H[ZnCl_2OH]$$

络合酸能溶解金属氧化物，如氧化铁：

$$FeO+2H[ZnCl_2OH] \longrightarrow Fe[ZnCl_2OH]+H_2O$$

如图3-1所示，这种钎剂的活性随浓度（质量分数）增高而提高，超过30%时去膜作用达到饱和。因此，在这类钎剂中氯化锌的浓度不宜太高。

由于提高氯化锌水溶液的浓度只能在一定范围内增强其活性，为了进一步提高其钎剂性能，改进氯化锌的去膜效果，可添加活性剂氯化铵。添加氯化铵，能显著地降低钎剂的熔点和黏度（见图3-2）；同时还能减小钎剂与钎料间的表面张力，促进钎料的铺展。

另外，钎焊铬钢、不锈钢或镍铬合金时，氯化锌或氯化锌-氯化铵水溶液钎剂的去除氧化物的能力是不够的，此时可使用氯化锌-盐酸溶液或氯化锌-氯化铵-盐酸溶液。

氯化锌钎剂加热超过350℃后会强烈冒烟，不便使用。为适应锌基和锡基钎料钎焊铜及铜合金的需要，可添加高熔点的氯化物，如氯化镉（568℃）、氯化钾（768℃），氯化钠（800℃）等。此时，由于钎剂活性温度的提高，也可添加少量氟化物来增加活性。

无机软钎剂由于去除氧化物的能力强，且清除氧化膜后的生成物容易被清除，热稳定性好，能较好地保证钎焊质量，适应的钎焊温度范围和材料种类也较宽，一般的黑色金属和有色金属，包括不锈钢、耐热钢和镍铬合金等都可使用。但它的残渣有强烈的腐蚀作用，钎焊后必须清除干净。

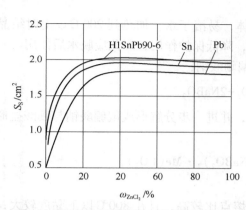

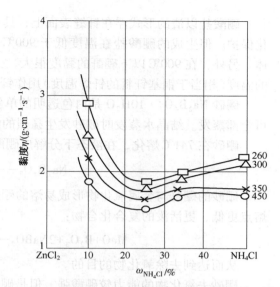

图 3-1　钎料在低碳钢板上的铺展面积 S_s　　图 3-2　$ZnCl_2$-NH_4Cl 系的黏度与成分的关系

　　　　与钎剂中 $ZnCl_2$ 浓度的关系

常用的无机软钎剂的成分及用途列于表 3-10。

表 3-10　常用的无机软钎剂的成分及用途

牌号	组分（质量分数）/%	应用范围
RJ1	氯化锌 40，水 60	钎焊钢、铜、黄铜和青铜
RJ2	氯化锌 25，水 75	钎焊铜及铜合金
RJ3	氯化锌 40，氯化铵 5，水 55	钎焊钢、铜、黄铜和青铜
RJ4	氯化锌 18，氯化铵 6，水 76	钎焊铜及铜合金
RJ5	氯化锌 25，盐酸（相对密度 1.19）25，水 50	钎焊不锈钢、碳钢及铜合金
RJ6	氯化锌 6，氯化铵 4，盐酸（相对密度 1.19）5，水 90	钎焊钢、铜及铜合金
RJ7	氯化锌 40，二氯化锡 5，氯化亚铜 0.5，盐酸 3.5，水 51	钎焊钢、铸铁
RJ8	氯化锌 65，氯化钾 14，氯化钠 11，氯化铵 10	钎焊铜和合金
RJ9	氯化锌 45，氯化钾 5，二氯化锡 2，水 48	钎焊铜和合金
RJ10	氯化锌 15，氯化铵 1.5，盐酸 36，变性酒精 12.8，正磷酸 2.2，氯化铁 0.6，水余量	钎焊碳钢
RJ11	正磷酸 60，水 40	不锈钢、铸铁
剂 205	氯化锌 50，氯化铵 15，氯化镉 30，氯化钠 5	铜和铜合金、钢

3.2.4　硬钎剂

　　硬钎剂指的是在 450℃ 以上进行钎焊用的钎剂。黑色金属常用的硬钎剂的主要组分是硼砂、硼酸及其混合物，为了获得合适的活性温度范围和增强去膜能力，还添加了某些碱金属或碱土金属的氟化物、氟硼酸盐等。

　　硼酸 H_3BO_3 为白色六角片状晶体，可溶于水和酒精，加热时分解，形成硼酐 B_2O_3：

$$H_3BO_3 \longrightarrow B_2O_3 + 3H_2O \uparrow$$

　　硼酐的熔点为 580℃，它能与铜、锌、镍和铁的氧化物形成易溶的硼酸盐：

$$MeO + B_2O_3 \longrightarrow MeO \cdot B_2O_3$$

硼酸盐以渣的形式浮在钎缝表面上,具有良好的氧化物吸收能力,并提供长时间的抗氧化保护。但生成的硼酸盐在温度低于900℃时难溶于硼酐,而与硼酐形成不相混的二层液体。另外,在900℃以下硼酐的黏度很大,去除氧化物的效果不好,故只适于在高于900℃的温度(相当于铜基钎料的钎焊温度)用作钎剂。

硼砂 $Na_2B_4O_7 \cdot 10H_2O$ 是白色透明的单斜晶体,易溶于水,加热到200℃以上时结晶水可全部蒸发。结晶水蒸发时硼砂发生猛烈的沸腾,降低保护作用,因此应脱水后使用。

硼砂在741℃熔化,在液态下分解成硼酐和偏硼酸钠:

$$Na_2B_4O_7 \longrightarrow B_2O_3 + 2NaBO_2$$

硼砂的硼酐与金属氧化物形成易熔的硼酸盐,并进一步分解形成偏硼酸钠与硼酸盐形成熔点更低、更活泼的复合化合物:

$$MeO + B_2O_3 + 2NaBO_2 \longrightarrow (NaBO_2)_2 \cdot Me(BO_2)_2$$

从而达到去除氧化物的目的。

硼砂去氧化物的能力较硼酸强,但是硼砂的熔点比较高,且在800℃以下黏度较大,流动性不好。为了降低钎剂的熔点,减小钎剂的表面张力,常将硼砂和硼酸混合使用。它们的状态图如图3-3所示。由状态图看,钎剂中的硼酸含量多时,可以降低钎剂的熔点。另外,加入硼酸能减小硼砂钎剂的表面张力(见图3-4),促进硼砂钎剂的铺展;硼酸还有助于改善钎焊后形成的玻璃状渣壳的脱渣性。

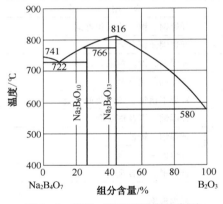

图3-3 硼砂-硼酸系平衡状态图

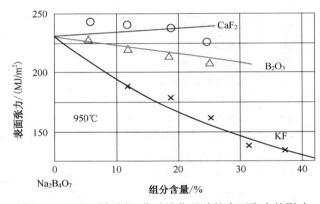

图3-4 950℃时钎剂组分对熔化硼砂的表面张力的影响

硼砂和硼酸的混合物是应用很广泛的钎剂,但其黏度大、活性温度相当高,必须在800℃以上使用,并且不能去除 Cr、Si、Al、Ti 等氧化物,故只能适用于熔化温度较高的一些钎料,如铜锌钎料来钎焊铜和铜合金、碳钢等,同时残渣呈玻璃硬壳状,不溶于水,虽腐蚀性不大,但难用机械方法清除干净。

为了降低硼砂、硼酸钎剂的熔化温度及活性温度,改善其润湿能力和提高去除氧化物的能力。常在硼化物中加入一些碱金属和碱土金属的氟化物和氯化物。例如,加入氯化物可改善钎剂的润湿能力，加入氟化钙能提高钎剂去除氧化物的能力，适宜于在高温下钎焊不锈钢和高温合金，但氟化钙熔点很高，对降低钎剂活性温度不起作用。加入氟化钾不仅提高了钎剂的去膜能力，而且能降低钎剂的熔点及表面张力（见图 3-4），使其活性温度降至 650~850℃。

加入氟硼酸钾能进一步降低其熔化温度，提高钎剂去除氧化物的能力；含氟化钾和（或）氟硼酸钾的钎剂残渣较易于去除。常用的一些硬钎剂组分及用途见表 3-11。

表 3-11 常用硬钎剂的成分及用途

牌号	组分（质量分数）/%	钎焊温度/℃	应用范围
YJ1	硼砂 100	800~1150	用于铜基钎料钎焊碳钢、铜、铸铁
YJ2	硼砂 25，硼酸 75	850~1150	用于钎焊硬质合金等
YJ6	硼砂 15，硼酸 80，氟化钙 5	850~1150	铜基钎料钎焊不锈钢和高温合金
YJ7	硼砂 50，硼酸 35，氟化钾 15	650~850	用于银基钎料钎焊钢、铜合金、不锈钢和高温合金
YJ8	硼砂 50，硼酸 10，氟化钾 40	>800	用于铜基钎料钎焊硬质合金
YJ11	硼砂 95，过锰酸钾 5		用于铜锌钎料钎焊铸铁
QJ101	硼酐 30，氟硼酸钾 70	550~850	用于银基钎料钎焊铜和铜合金、钢
QJ102	氟化钾 42，硼酐 35，氟硼酸钾 23	650~850	用于钎焊不锈钢和高温合金
QJ103	氟硼酸钾 >95	550~750	用于银铜锌镉钎料钎焊
粉 301	硼砂 30，硼酸 70	850~1150	同 YJ1 和 YJ2
200	硼酐 66±2，脱水硼砂 19±2，氟化钙 15±1		用于铜基钎料或镍基钎料钎焊不锈钢
201	硼酐 77±1，脱水硼砂 12±1，氟化钙 10±0.5	850~1150	用于钎焊高温合金
剂 105	氯化镉 29~31，氯化锂 24~26，氯化钾 24~26，氯化锌 13~16，氯化铵 4.5~5.5	450~600	用于钎焊铜和铜合金
铸铁钎剂	硼酸 40~45，氯化锂 11~18，碳酸钠 24~27，氟化钠＋氯化钠 10~20（NaF：NaCl＝27：73）	650~750	活性温度低，适用于银基钎料和低熔点铜基钎料钎焊和修补铸铁
FB308P	硼酸盐＋活性剂＋成膏剂	600~850	弱腐蚀性膏状钎剂，适用于银基钎料和铜基钎料钎焊铜、钢等
FB405L	硼酸三甲酯＋活性剂＋溶剂	700~850	用于气体钎焊铜与铜、铜与钢或钢与钢等结构，焊后残渣腐蚀性小
FB406L	硼酸三甲酯＋活性剂＋去膜剂＋溶剂 三氟化硼	700~850 >800	用于钎焊不锈钢等

上述钎剂的残渣均有腐蚀性，钎焊后必须仔细清除它们。

3.2.5 铝用钎剂

铝及其合金熔点较低，化学活性很强。其表面氧化膜熔点很高，化学性质十分稳定，焊接温度下不分解，与基体结合紧密，难以去除。上述各类钎剂均不能用于铝及其合金的钎焊，必须使用专门的钎剂。铝用钎剂分为铝用软钎剂和铝用硬钎剂两类。

1．铝用软钎剂

按去除氧化物的方式不同，铝用软钎剂又可分为有机软钎剂和反应钎剂两类。

1）铝用有机软钎剂

这类钎剂由基体组分、去膜剂和活性剂组成。一般采用三乙醇胺为基体组分，氟硼酸或氟硼酸铵为去膜剂、重金属氟硼酸盐作活性剂。

这类钎剂的去膜机理：钎剂反应生成的有机氟硼化物（如三氟化硼-三乙醇胺）与氧化膜作用，从而去除氧化膜；同时，重金属氟硼酸盐与母材反应：

$$3Cd(BF_4)_2+2Al \longrightarrow 2Al(BF_4)_2+3Cd \downarrow$$

析出活性金属层，沉积在母材表面，促进钎料的铺展。

这类钎剂的热稳定性较差，长时间加热会失去活性，温度超过275℃时钎剂将炭化失效，使用这类钎剂时，应采用快速加热的方法，并应避免钎剂过热。另外这类钎剂不能保证钎料与母材的牢固连接；作用过程中有大量气体放出，而呈沸腾状，不能保证钎料填缝或获得致密的钎缝。

此类钎剂无吸湿性，暴露于空气中会逐渐干涸。钎剂残渣也不吸潮，易用水洗去。

表3-12为铝用有机软钎剂的配方。

表3-12　铝用有机软钎剂的配方

序号	代号	成分（质量分数）/%	钎焊温度/℃	特殊应用
1	QJ204	三乙醇胺(82.5)，$Cd(BF_4)_2$(10)，$Zn(BF_4)_2$(2.5)，NH_4BF_4(5)	270	
2	Φ61A	三乙醇胺(82)，$Zn(BF_4)_2$(10)，NH_4BF_4(8)		
3	Φ54A	三乙醇胺(82)，$Cd(BF_4)_2$(10)，NH_4BF_4(8)		
4	1060X	三乙醇胺(62)，乙醇胺(20)，$Zn(BF_4)_2$(8)，$Sn(BF_4)$(5)，NH_4BF_4(5)	250	
5	1160U	三乙醇胺(37)，松香(30)，$Zn(BF_4)_2$(10)，$Sn(BF_4)_2$(8)，NH_4BF_4(15)	250	水不溶，适用电子线路

2）铝用反应钎剂

这类钎剂的基体组分是锌、锡等重金属的氯化物，活性剂为钾、钠、锂的卤化物。另外为了降低熔点及改善润湿性，还添加了氯化铵或溴化铵。

这类钎剂的去膜机理是在钎焊加热中，钎剂在表面铺展，由于热膨胀，氧化膜出现裂纹，钎剂渗入，与铝反应生成锌：

$$2Al+3ZnCl_2 \longrightarrow 2AlCl_3+3Zn \downarrow$$

$$2Al+3SnCl_2 \longrightarrow 2AlCl_3+3Sn \downarrow$$

Zn在氧化膜和母材之间渗入并在母材上铺展，从而破坏膜与母材的结合，同时，生成的$AlCl_3$在温度高于182℃时升华为气体，从膜下外逸，促使氧化膜破碎。氟化物溶解破碎的氧化膜，使氧化膜得以清除。反应生成的锌或锡沉积在铝表面，促进了钎料的铺展。

小知识　所有铝用软钎剂钎焊时都产生大量白色有刺激性和腐蚀性的浓烟，因此，使用时应注意通风。

在这类钎剂中，当用氯化锡代替氯化锌时，可以明显地降低钎剂的活性温度，以氯化铵代替溴化铵，也可以使钎剂活性温度有所降低，不含氟化物的钎剂与含氟化物的钎剂相比较，其去膜速度相对缓慢，这是由于不含氟化物的钎剂与铝的反应不是沿钎剂与母材的全部接触面发生，而是在氧化膜的缺陷处产生。

反应钎剂可以粉末状混合物或溶于有机溶剂(乙醇、甲醇等)中使用。它极易吸潮，且吸潮后形成氯氧化物而丧失活性。因此，应密封保存，严防受潮，更不宜以水溶液形式使用。

表 3-13 为铝用反应钎剂的配方。

表 3-13　铝用反应钎剂的配方

序号	代号	成分(质量分数)/%	熔化温度/℃	特 殊 应 用
1		$ZnCl_2(55)$，$SnCl_2(28)$，$NH_4Br(15)$，$NaF(2)$		
2		$SnCl_2(88)$，$NH_4Cl(10)$，$NaF(2)$		
3	QJ203	$ZnCl_2(88)$，$NH_4Cl(10)$，$NaF(2)$		
4		$ZnBr_2(50\sim30)$，$KBr(50\sim70)$	215	钎铝无烟
5		$PbCl_2(95\sim97)$，$KCl(1.5\sim2.5)$，$CoCl_2(1.5\sim2.5)$	—	铝面涂 Pb
6	Φ134	$KCl(35)$，$LiCl(30)$，$ZnF_2(10)$，$CdCl_2(15)$，$ZnCl_2(10)$	390	
7		$ZnCl_2(48.6)$，$SnCl_2(32.4)$，$KCl(15)$，$KF(2)$，$AgCl(2)$	—	配 Sn-Pb(85)钎料，高抗蚀

2. 铝用硬钎剂

铝用硬钎剂按其组成可分为氯化物基硬钎剂和氟化物基硬钎剂两类。

1) 氯化物基硬钎剂

这类钎剂的基体组分为碱金属或碱土金属的氯化物的低熔点混合物，例如 NaCl、LiCl、KCl、$CaCl_2$、$BaCl_2$、$MgCl_2$等，这类物质的熔点能满足钎焊铝的要求，而且能很好地在铝和氧化铝的表面铺展。

一般采用其中的两种或三种混合物作基体组分。根据其成分可分为两类：一类含氯化锂；另一类不含氯化锂。含氯化锂的钎剂活性较强，黏度较小，熔点较低，有利于保证钎焊质量，但价格昂贵。不含或含氯化锂过少的钎剂，黏度较大，熔点较高，流动性较差，在使用中还容易变质或产生沉渣，不利于钎焊。因此，目前广泛使用的是含氯化锂的钎剂，它们通常以 LiCl-KCl 二元系或 LiCl-KCl-NaCl 三元系为基体。图 3-5 和图 3-6 是此三元系的液相面图及 640℃时的黏度图。由图可见，在此二元系和三元系中，熔盐的黏度均随氯化锂浓度的增大而减小。

这类钎剂采用氟化物作为去膜剂，如 NaF、ZnF_2、LiF、KF、AlF_3、Na_2AlF_6等。氟化物的去膜机理是：氟化物有溶解铝氧化膜的能力，其去膜的速度和效果与加入的氟化物去膜剂的种类和数量有关，如图 3-7 所示，当 NaF 含量超过 10%后铺展面积不再增加，并开始下降。另外氟化物的添加量还受熔点的限制，因为添加量过多，使钎剂熔点升高，表面张力增大，反而使钎料铺展变差，即钎料的流动系数 K 下降，如图 3-8 所示，当添加量超过 1.5%后流动系数不再增加甚至下降。

由于氟化物添加量的限制，对于某些钎焊方法来说，钎剂的去膜能力有些不足，需要再加入一些易熔重金属的氯化物来提高钎剂的活性，常用的有 $ZnCl_2$、$SnCl_2$和 $CdCl_2$。钎焊时，氯化物与铝反应，把其中的锌、锡和镉还原析出，沉积在母材表面，以促进去膜和改善钎料的润湿性。

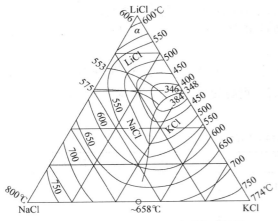

图 3-5　LiCl-KCl-NaCl 三元系液面相图

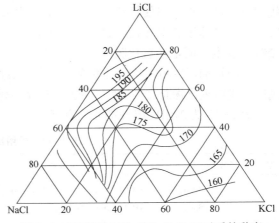

图 3-6　640℃时 LiCl-KCl-NaCl 三元系的黏度

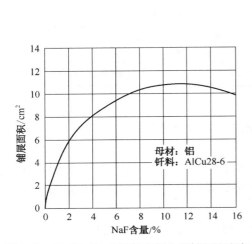

图 3-7　H1AlCu28-6 钎料在铝上的铺展面积与
钎剂中氟化物含量的关系

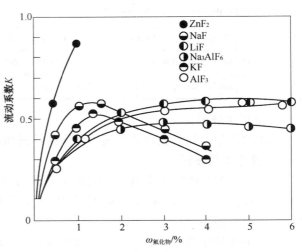

图 3-8　钎剂中氟化物的种类和数量对敷钎料板
流动系数的影响(钎剂基体：30LiCl-70KCl)

如图 3-9 所示为活性剂氯化锌的含量对钎料铺展面积的影响，由图可以看出，加入氯化锌可显著促进润湿，但在超过一定数量后不能再促进钎料的铺展。而且过高的氯化锌会导致锌析出过多，而铝在液态锌中的溶解度很高，由此造成母材溶蚀。

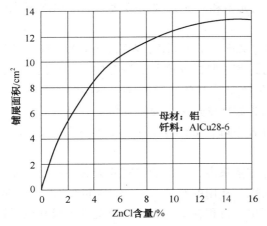

图 3-9　活性剂氯化锌的含量对钎料铺展面积的影响

图 3-10 为含不同活性剂的钎剂对母材的溶蚀作用，由图可知，以氯化亚锡代替氯化锌，可有效控制溶蚀。因为锡与铝只形成含铝量低的共晶，在固态时相互溶解度也很小，而镉不论在液态或固态都不与铝互溶，因此它们对母材的溶蚀不明显。但氯化镉一般不单独作活性剂使用，因为镉对铝的润湿性不好，只加氯化镉的钎剂不能保证钎料良好铺展，因此多与氯化亚锡同时使用。

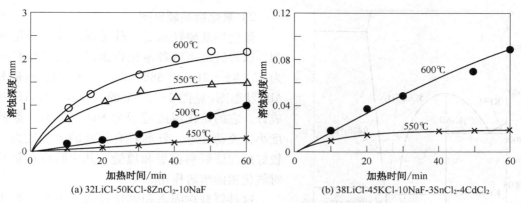

(a) 32LiCl-50KCl-8ZnCl₂-10NaF   (b) 38LiCl-45KCl-10NaF-3SnCl₂-4CdCl₂

图 3-10 含不同活性剂的钎剂对 LF21 合金的溶蚀作用

这类钎剂的去膜机理是利用钎剂对铝的电化学腐蚀来剥脱附着在铝上的氧化铝膜。在钎焊温度下，氧化铝膜受热产生裂纹，熔化的钎剂呈电离状态，其中的 Cl⁻ 离子渗透进裂纹，在铝–氧化膜界面形成微电池。在微电池中铝为阳极，释放出电子，使金属铝变为铝阳离子而被腐蚀：

$$4Al \longrightarrow 4Al^{3+} + 12e$$

膜和铝的结合被破坏，从铝表面机械地脱落下来破碎成细片，作为悬浮物进入熔化的钎剂中，最后与钎剂残渣一起被除去。未剥脱的氧化铝膜在微电池中成为阴极。溶解在熔化钎剂中的氧从阴极上获取铝释放的电子成为氧阴离子：

$$3O_2 + 12e \longrightarrow 6O^{2-}$$

氧阴离子的存在保证铝阳离子化过程继续进行（氧去极化作用），使氧化铝膜得以彻底清除。因此，熔化钎剂中氧的存在是去膜过程顺利进行的重要保证。上述电化学反应去膜过程如图 3-11 所示。

钎剂中的氟化物，可与铝作用生成稳定的 AlF_6^{3-} 络合离子，防止铝阳离子进入熔化的钎剂中形成 $AlCl_3$，而 $AlCl_3$ 呈气态逸出，使钎剂产生大量泡沫，不利于钎焊。另外，氟化物还能有效地降低铝在熔化钎剂中的电极电位，加速了铝的电化学腐蚀，增强了去膜效果。

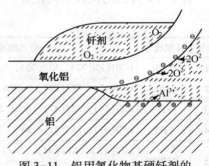

图 3-11 铝用氯化物基硬钎剂的
电化去膜过程示意图

钎焊铝及铝合金时，必须根据所采用钎焊方法的工艺特点，选用适宜的钎剂。火焰钎焊具有加热迅速和局部加热的特点，因此要求钎剂去膜能力强，促进钎料铺展的作用大，故宜采用含氯化锌较多的钎剂。炉中钎焊加热缓慢，此时氯化锌对铝的溶蚀较严重，应尽可能避免使用含氯化锌的钎剂。盐浴钎焊也不宜使用含氯化锌的钎剂，虽然盐浴钎焊加热迅速，但焊件在盐浴槽中受到大量钎剂的作用，仍会导致严重的溶蚀问题。而且反应析出的锌混入盐液中，将使钎剂变质。浸沾钎焊用的钎剂也不宜含其他重金属氯化物，因为重金属氯化物在钎焊过程中会析出纯金属，使钎剂变质。

由这类钎剂的作用机理可知，它们对母材有强烈的腐蚀作用。因而钎焊后彻底清理钎剂残渣特别重要。未被除净的残渣引起的腐蚀常是产品报废的原因。

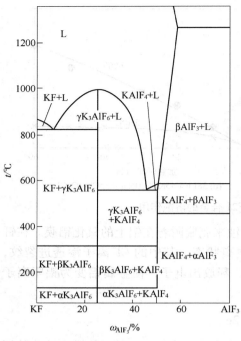

$KF+L$

$KAlF_4+L$

γK_3AlF_6+L

βAlF_3+L

$KF+\gamma K_3AlF_6$

$KAlF_4+\beta AlF_3$

γK_3AlF_6
$+KAlF_4$

$KF+\beta K_3AlF_6$

$\beta K_3AlF_6+KAlF_4$

$KAlF_4+\alpha AlF_3$

$KF+\alpha K_3AlF_6$

$\alpha K_3AlF_6+KAlF_4$

L

$t/℃$

$\omega_{AlF_3}/\%$

图 3-12 KF- AlF$_3$ 系状态图

2）氟化物基硬钎剂

氟化物基硬钎剂是一种无腐蚀性的铝用硬钎剂。这种钎剂由两种氟化物组成，质量分数分别为 42%KF·2H$_2$O、58%AlF$_3$·3.5H$_2$O，接近 KF-AlF$_3$ 状态图（见图 3-12）上的 K$_3$AlF$_6$+KAlF$_4$ 共晶成分。它的熔化温度范围为 562~575℃，因此黏度小，流动性好。钎剂具有较强的去膜能力，能较好地保证钎料铺展和填缝。其去膜机理是基于对氧化铝的溶解作用。

这种钎剂在固态和熔化状态都不与铝发生作用；钎剂及残渣不溶于水、不吸潮、不水解，对铝无腐蚀作用。但这种钎剂熔点较高，只能与铝硅钎料配合使用，应用范围较窄。此外，钎剂的热稳定性也较差，缓慢加热将导致失效，因此在注意控制钎焊温度的同时，应保证快速地钎焊加热。

此钎剂可以粉末状、块状、糊状或膏状使用。对不易安置钎料的工件，可把钎料粉末与糊状钎剂调匀后涂在钎焊部位，经 150℃ 左右烘干后，一般不易碰掉，因此使用方便。钎剂残渣可用 10%HNO$_3$ 热溶液清洗。

表 3-14 为铝用硬钎剂的配方。

表 3-14　铝用硬钎剂

序号	钎剂代号	钎剂组成（质量分数）/%	熔化温度/℃	特殊应用
1	QJ201	H701LiCl(32)，KCl(50)，NaF(10)，ZnCl$_2$(8)	≈460	
2	QJ202	LiCl(42)，KCl(28)，NaF(6)，ZnCl$_2$(24)	≈440	
3	211	LiCl(14)，KCl(47)，NaCl(27)，AlF$_3$(5)，CdCl$_2$(4)，ZnCl$_2$(3)	≈550	
4	YJ17	LiCl(41)，KCl(51)，KF(3.7)，AlF$_3$(4.3)	≈370	浸渍钎焊
5	H701	LiCl(12)，KCl(46)，NaCl(26)，KF-AlF$_3$ 共晶(10)，ZnCl$_2$(1.3)，C$_2$Cl$_2$(4.7)	≈500	
6	Φ3	KCl(47)，NaCl(38)，NaF(10)，SnCl$_2$(5)		
7	Φ5	LiCl(38)，KCl(45)，CdCl$_2$(4)，NaF(10)，SnCl$_2$(3)	≈390	
8	Φ124	LiCl(23)，NaCl(22)，KCl(41)，NaF(6)，ZnCl$_2$(8)		
9	ΦB3X	LiCl(36)，KCl(40)，NaF(8)，ZnCl$_2$(16)	≈380	
10		LiCl(33~50)，KCl(40~50)，KF(9~13)，ZnF$_2$(3)，CsCl$_2$(1~6)，PbCl$_2$(1~2)		
11		LiCl(80)，KCl(14)，K$_2$ZrF$_2$(6)	≈560	长时加热稳定
12		ZnCl$_2$(20~40)，CuCl(60~80))	≈300	反应钎剂
13		LiCl(30~40)，NaCl(8~12)，KF(4~6)，AlF$_3$(4~6)，SiO$_2$(0.5~5)	≈560	表面生成 Al-Si 层

序号	钎剂代号	钎剂组成(质量分数)/%	熔化温度/℃	特殊应用
14	129A	LiCl(11.8), NaCl(33), KCl(49.5), LiF(1.9), $ZnCl_2$(1.6), $CdCl_2$(2.2)	550	
15	1291A	LiCl(18.6), NaCl(24.8), KCl(45.1), LiF(4.4), $ZnCl_2$(3), $CdCl_2$(4.1)	560	
16	1291X	LiCl(11.2), NaCl(31.1), KCl(46.2), LiF(4.4), $ZnCl_2$(3), $CdCl_2$(4.1)	≈570	
17	171B	LiCl(24.2), NaCl(22.1), KCl(48.7), LiF(2), $TiCl$(3)	490	用于含镁量高的 2A12、5A02
18	1712B	LiCl(23.2), NaCl(21.3), KCl(46.9), LiF(2.8), $TiCl$(2.2), $ZnCl_2$(1.6), $CdCl_2$(2.0)	482	
19	5522N	$CaCl_2$(33.1), NaCl(16), KCl(39.4), LiF(4.4), $ZnCl_2$(3.0), $CsCl_2$(4.1)	≈570	少吸湿
20	5572P	$SrCl_2$(28.3), LiCl(60.2), LiF(4.4), $ZnCl_2$(3.0), $CsCl_2$(4.1)	524	
21	1310P	LiCl(41), KCl(50), $ZnCl_2$(3), $CdCl_2$(1.5), LiF(1.4), NaF(0.4), KF(2.7)	350	中温铝钎剂
22	1320P	LiCl(50), KCl(40), LiF(4), $SnCl_2$(3), $ZnCl_2$(3)	360	适用Zn-Al钎料

3.2.6 免清洗钎剂

免清洗钎剂的最大特点是省去了清洗工序,因而减少了与清洗工序相关联的设备、材料、能源和废物处理等方面的费用,有利于降低成本。

免清洗软钎剂一般由合成树脂和性能更加稳定的活性剂组成,其固相成分(质量分数)的典型值为35%~50%,明显低于传统的RMA钎剂(RMA钎剂中固相物的典型值为55%~60%)。免清洗钎剂的残渣主要有合成树脂及活性剂残余反应物(金属氧化物),在高温下残渣变软,但不吸潮,表面绝缘电阻的典型值为$(7.5 \sim 9.9) \times 10^{10}$Ω。

免清洗软钎剂的相容性问题是这类钎剂在应用时需要重点考虑的问题。相容性问题包含以下两个方面含意:一是各钎剂之间的相容性;二是免清洗钎剂与现行钎焊工艺之间的相容性。Foxbor公司的研究表明,在印制板的钎焊工艺中,如果需要采用不同的免清洗钎剂,则可能由于钎剂之间不相容而导致泄漏电流过大,并对生产线造成危害。在钎焊工艺方面,下列问题是实现由RMA钎剂向免清洗钎剂转换的关键:

(1)润湿能力 免清洗钎剂腐蚀性的降低也意味着其去除氧化层能力降低,从而可能导致促进钎料润湿能力的降低。

(2)涂覆工艺 由于免清洗钎剂的溶剂多为低级醇类物质,而这类物质难以发泡并且易燃,因而只能用于波峰涂覆,这又常常造成过量涂覆和留下残渣,而要去除残渣则失去了免清洗的意义。

(3)预热工序 免清洗钎剂对避免钎焊表面再氧化的保护作用非常有限,因此预热温度过高将对钎剂的使用极为不利,但如果预热温度过低,又会造成挥发物质在钎焊时才逸出,从而导致气孔缺陷明显增加。

(4)工艺参数 免清洗钎剂的使用将要求钎焊工艺参数重新确定。如波峰焊时,由于钎剂中固相成分相对减少而改变了熔融钎料的表面张力，从而改变了钎料波峰出口区的几何参数，因此需要对传送带速度、倾角和波峰高度等参数重新进行优化组合，以避免钎焊缺陷增加。

（5）钎焊气氛　使用免清洗钎剂常常需要使用惰性气体（如氮气）来保护以防止再氧化，但氮气氛可能使某些树脂基钎剂形成黏性的、未氧化的残渣，并且氮气还可能引起树脂过分铺展，从而使危险增大。

对于免清洗软钎剂，通常希望其具有以下特点：

（1）润湿率或铺展面积大，具有良好的软钎焊性能；

（2）焊后无剩余物，印刷电路板表面干净、不黏；

（3）固态含量极少，不含卤化物，易挥发物含量极少；

（4）焊后印刷电路板的表面绝缘电阻高；

（5）能够进行良好的探针测试；

（6）操作工艺简便易行，烟雾气味小；

（7）常温下化学性能稳定，无腐蚀作用。

对于每种具体的免清洗钎剂来说，要同时满足上述要求是非常困难的。国内外的免清洗钎剂都是根据不同的要求来配制的。如固态物含量的降低有利于降低腐蚀性，减少焊后残余物及获得较高的表面绝缘电阻，但却会削弱发泡质量，影响软钎焊性。而增加固态物的含量虽有利于提高软钎焊性，减少桥接和焊球，但却导致表面绝缘电阻下降，残余物增加，表面发黏等。因此，只能根据具体产品的要求来决定舍取和适当平衡。

免清洗软钎剂的具体配方多属专利，各生产厂家对其产品也只是介绍其性能和适用范围。如 Multicore 公司的 X32-105 免清洗钎剂是一种不含天然松香、无卤化物的完全没有残留物的钎剂，可用于一般基板（包括单面板、双面板和多层板）的钎焊。这种钎剂适用于发泡、喷雾和浸渍等工艺方法。该钎剂钎后检验通过了美军清洁度标准（MIL-P28809）、美军铜镜试验（MIL-F-1426）、英国军规（DTD-599A）和美国贝尔规范（TR-TSY-00008）。其一般特性为：相对密度为 0.812±0.001（在 25℃下）；固体含量为（2.5±0.5）%（质量分数）；酸值为（16±0.5）mgKOH/g；闪点为 12℃；气味为酒精味；色泽为无色。

3.3　其他去膜方法

3.3.1　惰性气体保护

钎焊中使用的惰性气体主要是氩气。氩气是一种惰性气体，在高温下不分解吸热，与母材及其表面的氧化膜均不发生化学反应，也不溶解于金属中，其密度比空气大，不易漂浮散失，在钎焊过程中能起到良好的保护作用。氩气对金属的表面氧化膜并没有直接去除的能力。但是一般金属在氩气保护下钎焊时，其表面氧化膜却能得到清除。

惰性气体介质中钎焊时的氧化膜去除机理如下：

金属与氧的可逆反应为：

$$m\mathrm{Me} + \frac{n}{2}\mathrm{O}_2 \Longrightarrow \mathrm{Me}_m\mathrm{O}_n$$

当温度一定时，金属与其氧化物之间的平衡条件决定于系统中的氧分压。把系统中的金属氧化和金属氧化物的分解处于平衡时的分压称为该氧化物的分解压。

氧化物的分解与分解压和温度有关。分解压越高，则该氧化物越易分解。图 3-13 为金属氧化物分解压与温度的关系。在平衡曲线右下方的温度和氧分压满足该氧化物分解的条件，而其左上方的温度和氧分压满足金属氧化的条件。由图可见，在一定的氧分压条件下，加热至一定温度后氧化物即可发生分解。

一些金属氧化物在大气中完全分解的温度示于表 3-15 中。该数据表明，大多数金属氧化物在空气中完全分解的温度高于其金属的熔点甚至沸点。因此在钎焊时不能单纯依靠加热来使氧化物分解而达到去膜的目的。

在钎焊加热提高温度的同时，采用惰性气体保护，可大大降低钎焊区中的氧分压。这时的温度和氧分压条件会使母材表面氧化膜处于不稳定状态，不稳定的氧化膜因受液态钎料的吸附作用而本身强度降低，再加之金属-氧化膜界面上的热应力作用而破碎，伴随着母材或其组元向液态钎料中的溶解，最终从母材表面脱落而被去除。

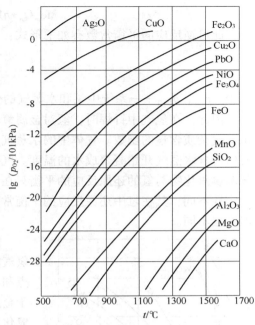

图 3-13　氧化物的分解压与温度的关系曲线

表 3-15　金属氧化物在大气中完全分解的温度

氧化物	分解温度 $t/℃$	氧化物	分解温度 $t/℃$
Au_2O	250	PbO	2348
Ag_2O	300	NiO	2751
PtO_2	300	FeO	3000
CdO	900	MnO	3500
Cu_2O	1835	ZnO	3817

然而，上述去膜过程的作用还是比较有限的。对于一些含有与氧亲和力大的元素的合金，在惰性气体中钎焊，尚需采用自钎剂钎料或采用少量活性气体或配合使用钎剂，才能较好地去除氧化膜。

另外，在钎焊过程中，还可采用氮作为保护气体。氮可用于在高于 750℃ 的温度下，无钎剂钎焊铜。

3.3.2　活性气体

1. 氢气

钎焊时使用的还原性气体主要是氢气和一氧化碳。前者还原性更强，使用也更加广泛，在此主要介绍氢气的相关性质及去膜机理。

在钎焊过程中，氢气除能防止母材和钎料氧化及保证钎焊区的低氧分压外，还直接与氧化膜进行还原反应，以去除氧化膜。

氢对金属氧化物的还原反应如下：

$$Me_mO_n + nH_2 \rightleftharpoons mMe + nH_2O$$

此可逆反应的平衡常数有如下形式：

$$K_p = \frac{p_{H_2}}{p_{H_2O}}$$

式中 p_{H_2}，p_{H_2O}——系统中氢和水蒸气的分压。

因此，在氢气中钎焊时，氢对金属氧化物的还原反应的平衡常数，在等温条件下是氢中水蒸气杂质含量的函数。气体中的水蒸气含量通常以气体的露点温度表示。所谓露点，乃是气体所含水蒸气开始凝聚成水的温度。气体的水蒸气含量越少，它的露点温度越低。因此，某金属氧化物与氢的还原反应的平衡只在一定氢气露点温度下才能达到。不同的氧化物由于稳定性不同，其在氢中还原反应的平衡常数是不相同的，因而满足各自平衡条件的氢气露点温度也不同。

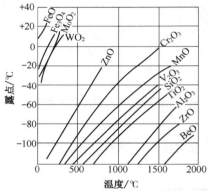

图 3-14 氧化物还原反应与氢气的
露点及温度的关系

图 3-14 示出了一些氧化物与氢的还原可逆反应与氢气露点及温度的关系曲线。图中位于曲线右下方的露点和温度值满足氧化物还原的条件；曲线左上方则对应于金属在氢中发生氧化的条件。由图可以看出：对任何氧化物来说，钎焊温度越高，容许使用的氢气露点也越高，即钎焊温度的提高，可以降低对氢气纯度的要求。

由图 3-14 可以看出，碳钢可以采用瓶装氢气进行焊接，不锈钢及高温合金要求露点在 -40℃ 的高纯氢气；对于含 Ti、Al、Be 氧化物的合金，要求的露点太低，实际上无法实现。

在钎焊过程中，采用氢作为活性气体，会与母材本身互相作用，对母材产生不利影响，如使钢表层发生脱碳现象、与钛形成脆性的氢化钛、在含氧铜中引起"氢病"等。因此在采用时必须注意。

2. 气体钎剂

在惰性气体或活性气体炉中钎焊和火焰钎焊时，为了达到去膜的目的，有时还需添加某些特殊活性气体，即气体钎剂。这类钎剂钎焊后没有钎剂残渣，钎焊接头不需清洗。但这类钎剂及其反应物大多有一定的毒性，使用时应采取一定的安全措施。常用气体钎剂的种类及用途见表 3-16。

表 3-16 常用气体钎剂的种类及用途

气　体	适用方法	钎焊温度/℃	适　用　材　料
三氟化硼	炉中钎焊	1050~1150	不锈钢、耐热合金
三氯化硼	炉中钎焊	300~1000	铜及铜合金、铝及铝合金、碳钢及不锈钢
三氯化磷	炉中钎焊	300~1000	铜及铜合金、铝及铝合金、碳钢及不锈钢
硼酸甲酯	火焰钎焊	≥900	铜及铜合金、碳钢

在炉中钎焊中可用于作钎剂的气体主要是气态的无机卤化物，包括氯化氢、氟化氢、三氟化硼、三氯化硼和三氯化磷等气体。氯化氢和氟化氢对母材有强烈的腐蚀性，一般不单独使用，少量添加在惰性气体保护钎焊中来提高去膜能力。

三氟化硼是最常用的炉中钎焊用气体钎剂，对母材的腐蚀作用小，去膜能力强，能保证钎料有较好的润湿性，可用于钎焊不锈钢和耐热合金。但去膜后生成的产物熔点较高，只适用于高温钎焊（1050~1150℃）。三氟化硼可以由放在钎焊容器中的氟硼酸钾在800~900℃完全分解产生，并添加在惰性气体中使用，其体积分数应控制在0.001%~0.1%的范围内。

三氯化硼和三氯化磷气体对氧化物具有更强的活性，且反应生成的氯化物熔点较低或易挥发，可在包括高温和中温的较宽温度范围（300~1000℃）进行碳钢和不锈钢、铜及铜合金、铝及铝合金的钎焊。该气体钎剂也应添加在惰性气体中使用，其体积分数应控制在0.001%~0.1%的范围内。

硼酸甲酯主要用于火焰钎焊，该气体钎剂在燃气中供给，并在火焰中与氧反应生成硼酐，从而起到钎剂的作用，可在高于900℃的温度钎焊碳钢、铜及铜合金。

3.3.3 真空

真空是压力低于正常大气压力的气体空间。真空常用帕斯卡（Pascal）或托尔（Torr）作为压力的单位，1Torr等于133Pa。通常，按其气压的高低把真空划分为四个等级：低真空、中真空、高真空及超高真空。它们所对应的压力范围分别为：101~1.33kPa（760~10Torr）、1.33kPa~133mPa（10~10^{-3}Torr）、133~133×10^{-5}mPa（10^{-3}~10^{-8}Torr）、133×10^{-5}mPa以下。

钎焊时使用的真空是借助于真空机组抽除钎焊室内的空气得到的。目前，主要用于钎焊用钎剂或其他气体介质难以钎焊的金属和合金，如不锈钢、高温合金、钛、锆、铌等。在真空下钎焊，既没有钎剂产生的夹渣、清理残渣及产品腐蚀等问题，而且能避免其他气体介质钎焊时在钎缝中形成气孔的可能性。因此，真空钎焊的接头质量很好。

关于真空条件下氧化膜的去除机理，目前存在着以下几种观点：在钎焊加热中金属氧化物发生挥发而去除，母材或其组元发生挥发，破坏并排除了表面氧化膜；氧化膜为母材所溶解；表面氧化膜被母材中的合金元素还原去除；液态钎料的吸附作用使氧化膜强度下降，破碎弥散并溶入钎料中。有关研究结果表明，真空钎焊不存在一个统一的去膜机理。上述的各种过程不是互相排斥，而是互相补充的。对于不同母材，可以具有不同的去膜过程；即使同一母材，在不同钎焊温度下，去膜过程也可能不同。

例如，在1.33mPa真空度下：MoO_3在600℃，WO_2在800℃，NiO在1070℃，V_2O_5和MoO_3在1000~1200℃挥发，Cr_2O_3、Fe_3O_4和1Cr18Ni9Nb钢的氧化物在温度高于1000℃时挥发。因此这些金属氧化物在适当的温度下真空钎焊时可能挥发去除。另外，在1.33Pa真空度时许多元素显著挥发的温度已低于其在大气下的熔点，如表3-17所示。所以在真空钎焊时它们都会发生不同程度的挥发，从而对母材表面氧化膜产生一定的破除作用。在真空条件下钛的氧化膜在温度高于700℃时强烈地溶入钛中，氧化膜被母材溶解而去除。真空钎焊1Cr18Ni9Nb不锈钢，则存在两种去膜过程：当钎焊温度高于900℃时，母材中的碳可与表面氧化膜反应而去膜；当钎焊温度高于1000℃时，氧化膜可能挥发去除。

表3-17　金属元素显著挥发的温度

元素	熔点/℃	显著蒸发的温度/℃		元素	熔点/℃	显著蒸发的温度/℃	
		13.3Pa	1.33Pa			13.3Pa	1.33Pa
Ag	961	848	767	Mo	2622	2090	192
Al	660	808	724	N	1453	1257	1157

元　素	熔点/℃	显著蒸发的温度/℃		元素	熔点/℃	显著蒸发的温度/℃	
		13.3Pa	1.33Pa			13.3Pa	1.33Pa
B	2000	1140	1052	Pb	328	548	483
Cd	321	180	148	Pd	1555	1271	1156
Cr	1900	992	907	Pt	1774	174	1606
Cu	1083	1035	946	Si	1410	1116	1024
Fe	1535	1195	1094	Sn	232	922	823
Mg	651	331	287	Ti	196	1249	1134
Mn	1244	791	717	Zn	419	248	211

3.3.4　超声波去膜

超声波是频率约高于 20kHz 的纵波。当超声波作用于液体中时液体内将产生空化作用。超声波的传播使液体交替地受到压力和张力作用，因而相应地发生膨胀和压缩。如果超声波作用于液体的力的变化值等于或大于大气压力，则在纵波的负波节处出现零压力或负压力，它可使液体因膨胀而破裂，形成空穴。空穴最容易在液体内部脆弱的区域产生，例如在有杂质存在的部位。空穴一产生，溶解在液体中的气体或液体的蒸气即会向其中聚集。当超声波传播使液体受压时，空穴闭合，产生极高的局部压力（可达数百大气压），这就是空化作用。如果这种作用发生在固体表面时，空穴闭合所产生的高压以及固体表面处液体的相当大的局部位移，对固体表面产生强大的机械冲击作用。液体越稠，这种冲击作用也越强烈。超声波去除金属表面氧化膜的作用，就是依靠它在液态钎料中的空化作用对母材表面的机械冲击。因此，表面氧化膜也是在机械作用下破除的，只是导致它们机械破坏的力是由物理作用产生的。所以，它也有着和机械去膜过程相似的特点：难以直接用于钎焊接头，而大多用于钎焊接头前对钎焊面涂敷钎料层。

目前，超声波去膜主要用于铝的软钎焊。但钎焊温度高于 400℃ 时，超声波的空化作用将对铝合金本身起破坏作用，因而不宜采用。此外，超声波去膜也可用于硅、玻璃和陶瓷等难钎焊材料。

实施超声波去膜的具体方式有如下两种：

（1）通过烙铁将超声波传入钎焊面上的液态钎料中。这种方式最为简单，但生产率低，且只适用于小件。

（2）超声波装置连接于熔化钎料槽。工作时通过槽子把超声波传入钎料，需要钎焊的零件浸入钎料槽内。这种方式的优点是一次能涂敷全部表面，生产效率较高。但由于要震动整个钎料槽，因此要求配备大功率的超声设备。

3.4　钎剂的选择

从钎剂的功用可知，在使用钎剂的钎焊中，钎剂是保证钎焊过程顺利进行和获得牢固钎焊接头不可缺少的。某种材料能否被钎焊上，往往取决于能否选择到合适的钎剂。不存在适用于所有钎焊过程普遍通用的钎剂，因为钎剂的选择受到很多因素的影响，如母材、钎科、钎焊方法、钎焊加热温度及钎焊时间、钎缝形状等。所以，不同组成的钎剂有其最适宜的钎焊条件及应用范围。因此，正确选择钎剂是很重要的。

选择钎剂时首先应当考虑母材及钎料的种类。例如用锡铅钎料钎焊铜时可用活性较小的松香钎剂；钎焊钢时则用活性较强的氯化锌水溶液；钎焊不锈钢时则要选用活性很强的氯化锌盐酸溶液。又如用黄铜钎料钎焊普通铜及铜合金、钢时多采用脱水硼砂，有时附加硼酸，而在钎焊不锈钢时使用硼砂、硼酸的钎剂就感到活性不够，必须在钎剂中加入氟化物及其他盐。在钎焊铝及铝合金时，由于氧化铝膜稳定性大，因此必须选用铝钎焊专用钎剂。根据母材及钎料的种类选择钎剂可参见表 3-18。

表 3-18　根据母材及钎料的种类选择钎剂

母　材	钎　料				
	锡铅	锌镉	铝基	银基	铜基
铝及铝合金	QJ204	QJ203 QJ205	QJ201 QJ206	—	—
铜及铜合金	松香 氯化锌水溶液	QJ205	—	QJ101 QJ102	硼砂 粉 301
碳钢	氯化锌水溶液	QJ205	—	QJ101 QJ102	硼砂 粉 301
不锈钢	氯化锌盐酸溶液 磷酸溶液	—	—	QJ101 QJ102	200#
铸铁	氯化锌-氯化铵 水溶液	QJ205	—	QJ101 QJ102	硼砂 粉 301
硬质合金	—	—	—	QJ101 QJ102	硼砂 粉 301
耐热合金	—	—	—	QJ101 QJ102	200#

不同的钎焊方法对钎剂也提出了不同的要求，例如用电阻钎焊时，钎剂应具有一定的导电性；用浸渍法钎焊时，钎剂应去除水分，以免沸腾和爆炸。又如感应钎焊及火焰钎焊的钎焊时间短，加热速度快，要求钎剂的反应要快，活性要大；反之炉中钎焊的钎焊时间长，加热速度慢，要求钎剂的活性小些，但热稳定性要好。

选择钎剂时还要注意它的熔化温度，钎剂的熔点应低于钎料的熔点，以便钎料熔化前可由熔化钎剂覆盖保护。为了防止钎剂的蒸发，钎剂的沸点应比钎焊温度高。钎剂的最低活性温度不能比钎料的熔化温度低得太多，否则氧化物去除过早，随后还会重新生成，而钎剂已消耗完，这点对于钎焊时间长、加热速度缓慢的钎焊过程尤为重要。

对于结构复杂的钎焊接头，由于钎焊后钎剂不容易完全去除，最好选择腐蚀性小及易去除的钎剂。

【综合训练】

3-1　钎焊时去除氧化膜的必要性有哪些？

3-2　常用的去膜方法有哪些？

3-3　钎剂的组成包括哪几部分？分别有什么作用？

3-4　可用作无机软钎剂的物质有哪些？其去膜机理是什么？

3-5　氯化锌作为钎剂成分在钎焊钢时和钎焊铝合金时的作用是什么？

3-6　在松香中添加氯化锌的作用是什么？

3-7　硬钎剂的基本组成包括哪几部分？

3-8　硼酸的去膜机理是什么？

3-9　硼砂的去膜机理是什么？

3-10　硼砂和硼酸单独作为钎剂时存在的问题有哪些？

3-11　铝用有机软钎剂的组成包括哪几部分？其使用中的问题有哪些？

3-12　铝用反应软钎剂的组成包括哪几部分？其去膜机理是什么？

3-13　铝用氯化物硬钎剂的基本组成包括哪几部分？其去膜机理是什么？

第4章　钎焊接头设计及生产工艺

◆◆
【学习目标】
(1) 了解钎焊接头的基本形式，能够确定钎焊接头的装配间隙和搭接长度；
(2) 熟悉零件的表面清洗方法、表面的预镀覆方法以及零件的装配固定方法；
(3) 熟悉钎焊生产工艺过程，能够制定钎焊工艺参数。
◆◆

4.1　钎焊接头设计

设计钎焊接头时，首先应考虑接头的强度，其次还要考虑如何保证组合件的尺寸精度、零件的装配定位、钎料的安置、钎焊接头的间隙等工艺问题。

4.1.1　钎焊接头的基本形式

无论是在熔焊结构中还是在钎焊结构中，对接头的基本要求之一是应与被连接零件具有相等的承受外力的能力。而接头形式对钎焊接头的承载能力影响非常大。

对接接头具有均匀的受力状态，并能节省材料、减轻结构重量，因此成为熔焊连接的基本接头形式。但用钎焊连接时，由于钎料及钎缝的强度一般比母材的强度低，若采用对接的钎焊接头，则接头的强度比母材低，因而对接接头不能保证与母材具有相等的承载能力。另外，对接接头要保持对中和间隙大小均匀比较困难，故一般不推荐使用。传统的 T 形接头、角接接头形式同样难以满足相等承载能力的要求。而搭接接头形式可以通过改变搭接长度达到钎焊接头与母材等强度，搭接接头的装配与对接接头相比也比较简单。因此，搭接接头成为钎焊连接的基本接头形式。

由于工件的形状不同，搭接接头的形式各不相同。

(1) 平板钎焊接头如图 4-1 所示，其中图 4-1(a)、(b)、(c)是对接形式。当要求两个零件连接后平齐，而又能承受一定负载时，可采用图 4-1(b)、(c)的形式，这时对零件的加工要求较高。其他接头形式有的是搭接接头，有的是搭接和对接的混合接头。随着钎焊面积的增大，接头的承载能力也可提高。图 4-1(j)是锁边接头，适用于薄件。

(2) 管件钎焊接头形式如图 4-2 所示，当零件连接后的内径要求相同时，采用图 4-2(a)形式；当零件连接后的外径要求相同时，采用图 4-2(b)形式；当接头的内外径都允许有偏差时，可采用图 4-2(c)、(d)形式。

(3) T 形和斜角钎焊接头形式如图 4-3 所示，对 T 形接头来说，为增加搭接面积，可将图 4-3(a)、(b)改为(c)、(d)的形式；对角接头可采用图 4-3(g)、(h)形式来代替图 4-3(e)、(f)形式，图 4-3(i)、(j)形式的搭接接头面积更大，主要用于薄件的钎焊。

(4) 端面接头特别是承压密封接头采用图 4-4 形式，这种接头具有较大的钎焊面积，可以减小发生泄漏的可能性。

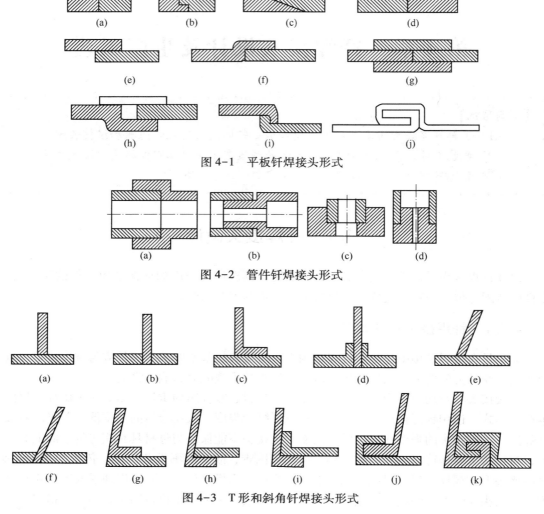

图 4-1　平板钎焊接头形式

图 4-2　管件钎焊接头形式

图 4-3　T 形和斜角钎焊接头形式

（5）管或棒与板的接头形式如图 4-5 所示。图 4-5(a)管板接头形式较少使用，常以图 4-5(b)、(c)、(d)形式接头替代；图 4-5(e)形接头可用图 4-5(f)、(g)、(h)形式接头替代；当板较厚时，可采用图 4-5(i)、(j)、(k)形式接头。

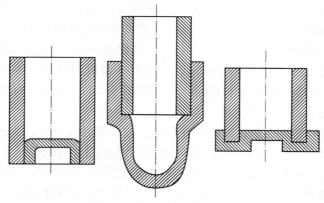

图 4-4　端面密封接头形式

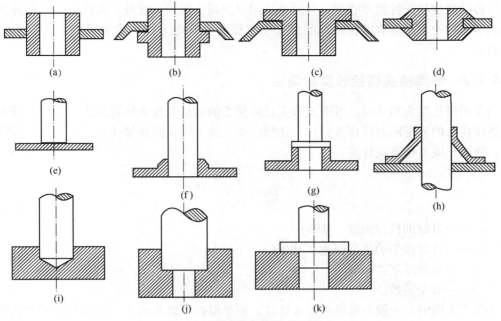

图4-5 管或棒与板的接头形式

（6）线接触接头形式如图4-6所示。这种接头的间隙有时是可变的，毛细力只在有限的范围内起作用，接头强度不是太高。这种接头主要用于钎缝受压或受力不大的结构。

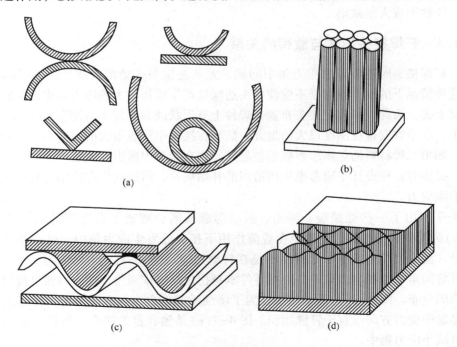

图4-6 线接触钎焊接头形式

但是，搭接接头形式也存在其固有的明显缺点，一方面，它增加了母材的消耗，增大了结构重量；另一方面，接头截面有突然变化，导致应力集中。因此，接头设计时，如能不采用搭接接头形式而可满足产品的技术要求时，则应不采用。另外，在高温钎焊的结构中，若所用钎料的强度与母材强度相当，有时会采用对接接头形式。此外，在蜂窝结构和各种类型的换热器结构中，是依靠增长钎缝的总长度来提高承载能力的，故常采用 T 形接头或角接接头形式。

4.1.2　钎焊接头搭接长度的确定

当采用搭接接头形式时，可通过改变钎焊接头的搭接长度来保证接头与母材承载能力相等。搭接接头的装配同对接接头相比也比较简单。为了保证搭接接头与母材具有相等的承载能力，搭接长度可按下式计算：

$$L = a \frac{\sigma_b}{\sigma_\tau} \delta$$

式中　σ_b——母材的抗拉强度，MPa；

σ_τ——钎焊接头的抗剪强度，MPa；

δ——母材厚度，mm；

a——安全系数。

在生产实践中，一般不是通过公式计算，而是根据经验来确定。例如对于板件，搭接长度通常取为组成此接头的零件中薄件厚度的 2~5 倍。对使用银基、钢基、镍基等高强度钎料的接头，搭接长度通常取为薄件厚度的 2~3 倍；对用锡铅等软钎料钎焊的接头，可取为薄件厚度的 4~5 倍。但除特殊需要外，不推荐搭接长度值大于 15mm，因为此时钎料很难填满间隙，往往形成大量缺陷。

4.1.3　钎焊接头形式与载荷的关系

设计钎焊接头时还应考虑应力集中问题，尤其是接头受动载荷或大应力时问题更为明显。在这种情况下的设计原则是不应使接头边缘处产生任何过大的应力集中，而应将应力转移到母材上去。为此，不应把接头布置在焊件上有形状或截面发生急剧变化的部位，以避免应力集中；也不宜安排在刚度过大的地方，防止在接头中形成很大的内应力。异种材料组成的接头，如果二种材料的热膨胀系数相差悬殊，则在接头中将引起大的内应力，甚至导致开裂破坏。必要时，在设计中应考虑采用适当的补偿垫片，借助它们在冷却过程中产生的塑性变形来消除应力。

图 4-7 列出了一些受撕裂、冲击、振动等载荷的合理或不合理设计的接头。图 4-7 (a)、(b)为受撕裂的接头，为避免在载荷作用下接头处发生应力集中，可局部加厚薄件的接头部分，使应力集中发生在母材而不是在钎缝边缘。图 4-7(c)所示接头，当载荷大时，不应用钎缝圆角来缓和应力集中，应在零件本身拐角处安排圆角，使应力通过母材上的圆角形成适当的分布。图 4-7(d)所示接头，为了增强承载能力，一方面是增大钎缝面积，另一方面是尽量使受力方向垂直于钎缝面积。图 4-7(e)是轴和盘的接头，可在盘的连接处做成圆角，以减小应力集中。

4.1.4　接头工艺孔的设计

所谓工艺孔，是为了满足工艺上的要求而在接头上所开的通孔。设计接头时，在下述一些情况下应考虑在接头上或零件上开出工艺孔：

（1）当钎料以箔状放入间隙中使用时，如果钎焊面积较大而其长宽比不大时，为了便于排除间隙内的气体，可在一个零件上对应于钎缝的中央部位开工艺孔；

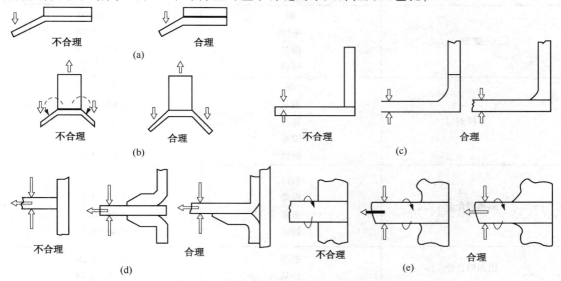

图 4-7　受动载荷或大载荷的合理与不合理设计

（2）对于封闭型接头及密封容器，钎焊时接头和容器中的空气因受热膨胀而向外逸出，阻碍液态钎料填缝，也可能使已填满间隙的钎料重新排出，形成不致密性缺陷［图 4-8(a)和(d)］。因此，设计时必须安排开工艺孔［见图 4-8(b)、(c)和(e)］，给膨胀外逸的空气以出路，才能保证接头的质量。

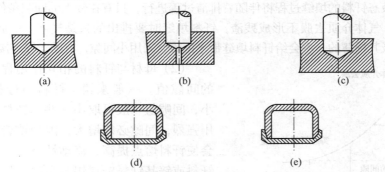

图 4-8　钎焊封闭型接头时开工艺孔的方法
(a)、(d)—无工艺孔；(b)、(c)、(e)—有工艺孔

4.1.5　接头间隙

钎焊时是依靠毛细力作用使钎料填满间隙的，因此必须正确选择接头间隙。间隙的大小在很大程度上影响着钎缝的致密性和接头的强度。表 4-1 列出了在钎焊温度下常用的接头间隙范围。间隙过小，钎料流入困难，在钎缝内形成夹渣或未焊透，导致接头强度下降。接头间隙过大，毛细作用减弱，钎料不能填满间隙；母材对填缝钎料中心区的合金化作用消失；钎缝结晶生成柱状铸造组织和枝晶偏析以及受力时母材对钎缝合金层的支承作用减弱，这些因素都将导致接头强度降低。

表4-1　钎焊接头间隙

母　材	钎　料	间隙值/mm
碳钢	铜	0.01～0.05
	铜锌	0.05～0.20
	银基	0.03～0.15
	锡铅	0.05～0.20
不锈钢	铜	0.01～0.05
	银基	0.05～0.20
	锰基	0.01～0.15
	镍基	0.02～0.10
	锡铅	0.05～0.20
铜和铜合金	铜锌	0.05～0.20
	铜磷	0.03～0.15
	银基	0.05～0.20
	锡铅	0.05～0.20
铝和铝合金	铝基	0.10～0.25
	锌基	0.10～0.30
钛和钛合金	银基	0.05～0.10
	钛基	0.05～0.15

接头间隙的选择与下列因素有关：

（1）钎焊时的去膜过程对间隙值的选用有很大影响（见图4-9）。钎剂去膜，在间隙中留下凝聚状的残渣，液态钎料的填缝过程将伴随着排渣过程进行，只有在较大的间隙条件下，这些过程才能顺利实现。气体介质去膜不形成残渣，钎料填缝时要排出的只是气体，特别是在真空条件下，气体也是极其稀薄的，不会给钎料填缝带来困难，采用小间隙，有助于提高接头强度。

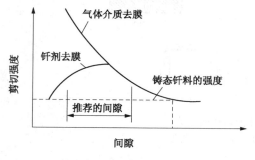

图4-9　接头强度与钎缝间隙关系的示意曲线

（2）母材与钎料的相互作用程度将影响接头的间隙值。一般来说，钎料与母材的相互作用小，间隙值一般可取小一些，钎料与母材相互作用强烈，间隙必须增大，因为填缝时母材的溶入会使钎料熔点提高、流动性下降。例如，用铝基钎料或锌基钎料钎焊铝合金时，母材向钎料中的溶解很强烈，为了保证填满钎缝，要求较大的间隙；相反，用银基或铜基钎料钎焊钢时，钎料与母材相互作用很弱，采用较小的间隙有助于加强钎料的毛细填缝。

（3）钎料的黏度和流动性对间隙值的选择也是一个重要因素。流动性好的钎料，能填满较小的间隙。因此，对于具有单一熔点的纯金属钎料（铜）、共晶成分的钎料以及有自钎剂钎料，接头间隙应小些。成分中含有高蒸气压组元的钎料，在填缝过程中由于这类组元发生挥发，钎料的熔点会起变化，又有金属蒸气逸出，应选用较大的间隙。少数钎料中的某些组元，要靠向母材中扩散来消除，对于这类钎料，要严格保持小间隙。

（4）垂直位置的接头间隙应小些，以免钎料流出；水平位置的接头间隙可以大些。搭接长度大的接头，间隙应大些。

（5）钎焊时影响钎缝间隙值变化的主要因素是母材的热膨胀系数和加热方法。在均匀加热钎焊同种材料的零件时，间隙一般不会有明显的变化。对材料不同、截面不等的零件，在加热过程中钎缝间隙可能发生较大变化。特别是套接形式的接头，母材热膨胀系数的差异影响最大。如果套接时内部零件材料比外部零件材料的热膨胀系数大，则加热中间隙变小；反之，加热会使间隙增大。钎焊同种材料的零件，若加热速度不同或加热温度不均，也会引起钎缝间隙值的变化，这种情况在感应钎焊时最容易发生。如感应钎焊异种材料，则热膨胀系数的差异、零件的相对位置关系和加热不均等因素将同时起作用，可能彼此叠加或抵消。

4.2　钎焊生产工艺

钎焊生产工艺包括钎焊前工件的表面制备、装配、安置钎料、钎焊、钎后处理等各工序，每一工序均会影响产品的最终质量。

4.2.1　钎焊前零件的表面制备

待焊零件表面，在焊前的加工和存放过程中不可避免地会覆盖着氧化物、沾上油脂和灰尘等，钎焊前必须仔细地清除，因为熔化了的钎料不能润湿未经清理的零件表面，也无法填充接头间隙。有时，为了改善母材的钎焊性以及提高钎焊接头的抗腐蚀性，钎焊前还必须将零件预先镀覆某种金属层。

1. 清除油脂

清除油脂的方法包括有机溶剂脱脂、碱液脱脂、电化学脱脂和超声波脱脂等。

对于单件和小批量生产，可用有机溶剂擦净，一般多使用乙醇或丙酮。如果零件表面有油封层，则应使用汽油清洗。在大批量生产中，零件可用二氯乙烷、三氯乙烷、三氯乙烯等有机溶剂除油，它们能很好地溶解油脂并容易再生。其中使用较多的是三氯乙烯，它能溶解大多数润滑物质和有机物而又不可燃，因而可以用较高的温度清洗零件，提高清洗速度和质量。但对于钛和锆，只可使用非氯化物溶剂。清除油污可用溶剂中浸洗、溶剂蒸气清洗以及采用复合的方法来完成。浸洗一般用于小截面的和油污严重的零件；蒸气清洗常用于大件和油污较轻的零件；把浸洗和蒸气清洗结合进行的复合方法效果最好。

此外，对于大批量生产，也可使用碱或碱性盐类的水溶液浸洗除油。表4-2中列举了几类化学脱脂用的碱液成分及其使用条件。在热碱液中清洗脱脂，具有过程简单、成本低及效果好的优点。其缺点是溶液要求加热、用后难以再生以及对某些金属具有腐蚀作用。

对于形状简单的零件，也可用电化学脱脂。表4-2中列举了几种电解液成分及工艺参数。电化学脱脂采用直流电，零件作为电源的一极放入电解槽中。按零件所连极性的不同，电化学脱脂可分为阴极脱脂、阳极脱脂和混合脱脂。与阳极脱脂相比，阴极脱脂的清除速度要快得多。但是，对碳钢不宜采用阴极脱脂，以防止引起渗氢而降低塑性。电化学脱脂与碱液化学脱脂相比，除油速度快、溶液消耗少。

对于形状复杂而数量很大的小零件，可在专用的槽子里用超声波清洗。超声波清洗，也是清除落入零件表面狭小缝隙中的不能溶解污物的唯一可能方法。槽液成分可以是添加有活性剂的水、碱液(磷酸三钠、苛性钠、碳酸钠等)以及有机溶剂。适宜的清洗温度相应地分别为 $50 \sim 60℃$，不高于 $60℃$ 并低于其沸腾温度。超声波去油效率高，效果好。

表 4-2 化学脱脂用碱液和电化学脱脂用电解液

脱脂材料	成分/(g/L)					工艺参数
	苛性钠	碳酸钠	磷酸三钠	纯碱灰	水玻璃	
钢	10	—	—	—	—	70~80℃
铜、铜合金	—	—	50	50	15	60~80℃，1~30min
铝、铝合金	—	40~70	10~20	—	20~30	60~70℃，3~5min
镍、镍合金	10~20	25~30	—	—	3~5	60~70℃，3~5min
钢	70~80	20~25	15~20	—	3~5	电化学脱脂，60~90℃
铜、铜合金	35~40	20~25	20~25	—	3~5	电流密度 2~10A/dm²
铝、铝合金	—	20	20	—	—	电压 6~12V，时间 120~600s

不论经过上述何种方法脱脂后的零件，均应再用清水洗净，然后予以干燥。当零件表面能完全被水润湿时，表明表面油脂已去除干净。

2. 清除表面氧化物

钎焊前，零件表面的氧化物可用机械方法、化学浸蚀法和电化学浸蚀法清除。

机械方法清理时可采用锉刀、金属刷、砂纸、砂轮、喷砂等。小件的单件生产，大多数采用锉刀、刮刀和砂布打磨；小批生产，一般用金属丝刷、金属丝轮和砂轮清理；对于表面大或形状复杂的零件，可采用喷砂或喷丸清理，它们清除效率最高，但一般是用于钢及其他黑色金属、钛及钛合金。应选用呈棱角状颗粒的喷砂和喷丸材料，避免使用球状颗粒。喷砂后的零件表面常嵌有砂粒，还应对零件表面做补充处理，以除去妨碍钎料润湿的砂粒。用砂布打磨后的零件表面也须用浸有有机溶剂的布块擦净砂粒。

机械清除氧化物的同时，宜使零件表面适当粗糙化，以增强表面对钎料的毛细作用，促进钎料铺展。应避免零件表面变光滑，但也要防止使表面太粗糙。

化学浸蚀亦称酸洗，是以酸和碱能溶解某些氧化物为原理的。酸洗通常使用诸如硫酸、盐酸、硝酸、氢氟酸及其混合物的水溶液以及苛性钠水溶液等。

化学浸蚀法广泛用于清除零件表面的氧化物，特别是批量生产中，因为其生产率高、清除效果好、质量较易控制，特别是对于铝、镁、钛及它们的合金。但它的工艺过程较复杂，设备和器材的成本较高。此外，操作不当，可能造成过浸蚀。适用于不同金属的化学浸蚀液列于表 4-3 中。

表 4-3 化学浸蚀液

适用的母材	浸蚀液成分(体积分数)	处理温度/℃
铜和铜合金	(1) 10%H_2SO_4，余量水	50~80
	(2) 12.5% H_2SO_4+1%~3%Na_2SO_4，余量水	20~77
	(3) 10%H_2SO_4+10%$FeSO_4$，余量水	50~80
	(4) 0.5%~10%HCl，余量水	室温
碳钢与低合金钢	(1) 10%H_2SO_4+浸蚀剂，余量水	40~60
	(2) 10%HCl+缓蚀剂，余量水	40~60
	(3) 10%H_2SO_4+10%HCl，余量水	室温
铸铁	12.5%H_2SO_4+12.5%HCl，余量水	室温

适用的母材	浸蚀液成分（体积分数）	处理温度/℃
不锈钢	（1）16%H_2SO_4，15%HCl，5%HNO_3，64%H_2O	100℃，30s
	（2）25%HCl+30%HF+缓蚀剂，余量水	50～60
	（3）10%H_2SO_4+10%HCl，余量水	50～60
钛及钛合金	3%～4%HCl+2%～3%HF，余量水	室温
铝及铝合金	（1）10%NaOH，余量水	50～80
	（2）10%H_2SO_4，余量水	室温

对于大批量生产及必须快速清除氧化膜的场合，可采用电化学浸蚀法，见表4-4。

表4-4 电化学浸蚀

成分		时间/min	电流密度/（A/cm^2)	电压/V	温度/℃	用途
φ（正硫酸）	65%	15～30	0.06～0.07	4～6	室温	用于不锈钢
φ（磷酸）	15%					
φ（铬酐）	5%					
φ（甘油）	12%					
φ（水）	5%					
硫酸	15g	15～30	0.05～0.1	—	室温	零件接阳极，用于有氧化皮的碳钢
硫酸铁	250g					
氯化钠	40g					
水	1L					
氯化钠	50g	10～15	0.05～0.1	—	20～50	零件接阳极，用于有薄氧化皮的碳钢
氯化铁	150g					
盐酸	10g					
水	1L					
硫酸	120g	—				零件接阴极，用于碳钢
水	1L					

化学浸蚀和电化学浸蚀后，还应进行光泽处理或中和处理（见表4-5），随后在冷水和热水中洗净，并加以干燥。

表4-5 光泽处理或中和处理

成分（体积分数）	温度/℃	时间/min	用途
$HNO_3$30%溶液	室温	3～5	铝、不锈钢、铜和铜合金、铸铁
$Na_2CO_3$15%溶液	室温	10～15	
$H_2SO_4$8%、$HNO_3$10%溶液	室温	10～15	

3. 零件表面的预镀覆

钎焊前对零件表面的预镀覆是一项特殊的工艺措施。其主要目的是改善一些材料的钎焊性，增加钎料对母材的润湿能力；防止母材与钎料相互作用对接头质量产生不良的影响，如防止产生裂纹，减少界面产生脆性金属间化合物；作为钎料层，以简化装配过程和提高生产率。某些母材的镀覆金属使用情况列于表4-6。

表 4-6　钎焊中采用预镀覆工艺的一些实例

序号	母材	镀覆金属	镀覆方法	功　　用
1	不锈钢	铜，镍	电镀，化学镀	防止母材氧化；改善钎料的润湿性；铜作为钎料
2	铍	铜，银	电镀，化学镀	防止母材氧化；改善钎料的润湿性
3	钼	铜，镍	电镀，化学镀	防止母材氧化；提高结合强度
4	钛	银，铜，镍	电镀，化学镀，浸渡	改善钎料的润湿性；银可作为钎料
5	石墨	铜	电镀	使母材受钎料润湿
6	可伐合金	镍	电镀，化学镀	保护母材，防止在钎料作用下开裂
7	黄铜	铜	电镀，化学镀	防止锌挥发
8	钛	钼，铌	电镀	防止生成脆性层
9	铜	银	电镀，化学镀	用作钎料
10	铝及铝合金	铝硅钎料	压敷	用作钎料

在母材表面镀覆金属可用不同的方法进行，常用的有电镀、化学镀、熔化钎料中热浸、轧制包覆等。

零件表面的预镀覆层从功用来看可分为三类，即工艺镀层、阻挡镀层和钎料镀层。这三类镀层的应用条件和具体功能各不相同。工艺镀层主要用以改善或简化钎焊工艺条件，因此可用于氧化性强的母材，保护它不被氧化，使之能在较低的工艺条件下（如表 4-6 中序号 1~2）进行；或用于较难或不能被钎料润湿的母材，如异种金属钎焊中润湿性差的一方以及非金属材料（如表 4-6 中序号 3~5），以改善钎料对它们的润湿，保证钎焊过程的顺利进行。零件上的工艺镀层在钎焊过程中应能全部为钎料溶解以获得好的结合强度。阻挡镀层的作用在于抑制钎焊过程中可能发生的某些有害反应（如表 4-6 中序号 6~8）。为了起到阻挡作用，要求镀层能被液态钎料很好润湿而不被溶解。钎料镀层的直接用途是作钎料，但其更重要的功能是减少钎缝缺陷、提高致密性，以保证高度的气密，或在大面积、多钎缝结构的生产中简化工艺、保证钎焊质量并提高生产率（表 4-6 中序号 9~10）。钎料镀层一般是全成分的钎料，有时也可能是钎料的一个组元，靠加热过程中与母材反应形成钎料。

4. 表面制备后零件的保存

对经过脱脂、清除氧化物或预镀覆等表面制备后的零件的保存，应遵循两条原则：其一，应尽量缩短存放时间，从速完成钎焊，以减少零件重新被污染和氧化的可能性，有利于保证钎焊质量；其二，在保存中必须保持零件的洁净。故最好采用封闭的容器保存和运送零件。操作人员不应用手接触零件，工作时应戴上白色不起毛的棉织手套。对于要求严格的钎焊件，可考虑设置"清洁室"以存放零件及进行装配。清洁室是与车间的其他部分分隔开的区域，并配备有空气调节设备来减少或消除空气中的污染。工人进入清洁室应换穿专用工作服和工作鞋，以防止把外面的污物带进室内。

4.2.2　零件的装配和固定

为了使各零件保持正确的相互位置，获得设计所要求的钎缝间隙位置和大小，并保证焊件的总体尺寸，经过表面制备的零件在实施钎焊前必须先按图纸进行装配。为了防止在钎焊施工中零件的错动，装配时还应采用适当方法把零件固定在装配好的位置上。装配和固定工序是影响钎焊质量的重要因素。

固定零件的方法很多，它们各有其特点，应根据焊件的结构、技术要求、钎焊方法及生产类型等来选用。一般来说，对于尺寸小、结构简单、技术要求较低以及生产量小的焊件，可采用较简易的固定方法。例如依靠自重、紧配合、滚花、翻边、扩口、旋压、镦粗、收口、咬口、弹簧夹、定位销、螺钉、铆钉、点焊、熔焊等。图4-10列出了典型的零件固定方法。其中紧配合固定是利用零件间的尺寸公差来实现的，简单可靠，但不能保证钎缝间隙，主要用于以铜钎料钎焊钢，其他场合甚少用。滚花、翻边、扩口、旋压、收口、咬口等方法简单，但间隙难于均匀保证，一般只用于不重要的零件。点焊和熔焊固定既简单迅速，又牢固可靠，适用于小批量生产；缺点是焊点周围的母材往往受热氧化，使钎料难以润湿，故不宜用于要求气密的接头。铆钉和螺钉固定可靠，并可控制间隙大小，对接头又有加强作用，但固定过程比较麻烦。定位销固定，销子分可卸和不可卸的两种，不可卸的定位销固定类似于铆钉固定，可卸的定位销固焊后在接头上将留下销钉孔。用弹簧夹固定简便迅速，但夹紧不够可靠，且夹紧力不可过大，以防在加热中造成零件表面变形。

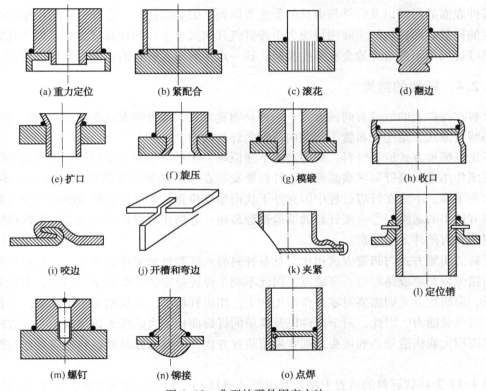

图4-10 典型的零件固定方法

对于结构较复杂、生产量较大的焊件，主要的装配固定方法是使用夹具。它具有装配固定精确可靠、效率高的优点，但夹具本身成本较高。对钎焊夹具的要求是夹具材料应有良好的导热性、高温强度、抗氧化性、抗腐蚀性和耐热疲劳强度；夹具应与零件材料有相近的热膨胀系数；在高温下不与零件材料发生反应，也不为钎料润湿；对于感应钎焊用的夹具，材料还应是非磁性的；夹具应具有足够的刚度，但结构要尽可能简单，尺寸尽可能小，使夹具既工作可靠，又能保证较高的生产效率；避免使用螺栓或螺钉，它们在加热中容易松弛，造成装配固定不可靠；投入使用前应先使夹具经受模拟的钎焊循环，以保证尺寸的稳定性和消除应力。

4.2.3　钎料形状及数量的确定

根据钎焊生产的需要和钎料的加工性能，常将钎料加工成不同形状，诸如棒状、条状、丝状、板状、箔状、垫圈状、环状、颗粒状、粉末状、膏状以及填有钎剂芯的管状钎料等。合理地选用钎料形状可以简化工艺和改善钎焊质量。通常，主要根据钎焊方法、接头特点以及生产量来选用钎料形状。例如，烙铁钎焊、火焰钎焊一般是手工送进钎料，适于使用棒状、条状和管状钎料；电阻钎焊以使用箔状钎料为便；感应钎焊和炉中钎焊可采用丝状、环状、垫圈状和膏状钎料；盐浴钎焊则以使用敷钎料板为宜。又如，对环形等呈封闭状的接头，便于使用成形丝状钎料；对短小的钎缝可选用丝状、颗粒状钎料；对大面积钎缝宜使用箔状钎料。

使用的钎料量应保证能充分填满钎缝间隙，并在其外沿形成圆滑的钎角。钎料量不足会使钎角成形不好，甚至不能填满间隙。钎料量过多，除了造成浪费外，还会引起母材的溶蚀、焊件表面的污损以及焊件与夹具的黏连等问题。但必须注意，选择钎料的用量时必须考虑一定的裕量，即钎料的实际用量应大于按钎缝几何尺寸求出的计算值。这是因为在钎焊加热和填缝过程中不可避免地会有某些损耗。这一点，对暗置钎料的接头尤其应注意。

4.2.4　钎料的放置

钎料在焊件上的放置有两种方式：一种是明置方式，即钎料安放在钎缝间隙的外缘；另一种是暗置方式，是把钎料置于间隙内特制的钎料槽中。

不论以哪种方式放置钎料，均应遵循下述原则：①尽可能利用钎料的重力作用和钎缝间隙的毛细作用来促进钎料填满间隙；②钎料要安放在不易润湿或加热中温度较低的零件上；③安放要牢靠，不致在钎焊过程中因意外干扰而错动位置；④保证钎料填缝时间隙内的钎剂和气体有排出的通路；⑤应使钎料的填缝路程最短；⑥防止对母材产生明显的溶蚀或钎料的局部堆积，对薄件尤应注意。

钎料的明置方式与暗置方式相比，具有钎料易向间隙外的零件表面流失，钎料易受意外干扰而错位以及填缝路程较长等缺点，因此不利于保证稳定的钎焊质量。但是，明置方式简便易行，而暗置方式则需要对零件作预先加工，切出钎料槽，不仅增加了工作量，并且降低了零件的承载能力。因此，对于薄件以及简单的钎焊面积不大的接头仍多采用明置方式。至于钎焊面积大或构造复杂的接头，则宜采用暗置方式。一般暗置时的钎料槽应开在较厚的零件上。

图4-11为环状钎料的放置方法。其中图4-11（a）、（b）所示的放置方法是合理的，为避免钎料沿平面流失，应将钎料放置在稍高于间隙的部位。为了防止钎料沿法兰平面流失，可采用图4-11（c）、（d）形式的接头。在图4-11（e）、（f）中工件是水平放置的，必须使钎料紧贴接头，方能依靠毛细作用吸入缝隙。对于紧配合和搭接长度大的接头可采用图4-11（g）、（h）形式，即在接头上开出钎料安置槽。

箔状或垫片状的钎料均应以与钎缝相同的形状、稍大的面积，直接放置在钎缝间隙内。钎焊时要加一定的压力压紧接头，以保证填满间隙，如图4-12所示。必须注意，不能在钎缝间隙内开槽安放箔状钎料。膏状钎料应直接涂在钎焊处。粉末状钎料可用黏结剂调合后黏附在接头上。

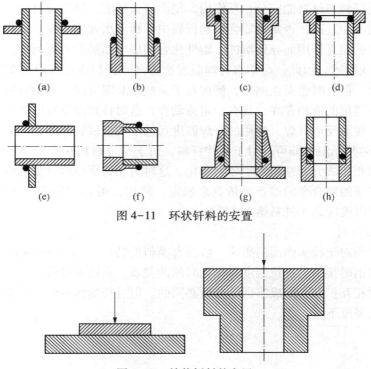

图 4-11　环状钎料的安置

图 4-12　箔状钎料的安置

4.2.5　钎料流动的控制

钎焊时，要求钎料熔化后全部充填钎缝间隙而不要向间隙外的零件表面流失。正确地确定间隙大小、钎料用量并合理放置，适当地控制钎焊温度、保温时间以及保护气体成分，能有助于防止钎料流失。但为了完全防止钎料流失，有时需要涂阻流剂。阻流剂主要是由氧化物，如氧化铝、氧化钛和氧化镁等稳定氧化物与适当的黏接剂组成。

钎焊前将糊状阻流剂涂在邻近接头的零件表面上。由于钎料不能润湿这些物质，故被阻止流动。钎焊后再把它们除去。阻流剂在保护气氛炉中钎焊和真空炉中钎焊中用得最多，这是因为零件入炉后很难用其他方法来控制钎料的流动。但需要注意的是，取得良好的阻流效果并不需要使用大量的阻流剂，过量使用却会带来焊后清洗的困难。

4.2.6　钎焊工艺参数的确定

钎焊操作过程是指从加热开始，到某一温度并停留，最后冷却形成接头的整个过程。在这个过程中，所涉及到的最主要的工艺参数就是钎焊温度和保温时间，其对钎料填缝和钎料与母材的相互作用过程有着重大影响，对接头质量具有决定性的作用。此外，加热速度和冷却速度也是较重要的工艺参数，对接头质量也有不可忽视的影响。

1. 钎焊温度

钎焊温度是钎焊过程最主要的工艺参数之一，在钎焊温度下，除了钎料熔化，填缝和与母材相互作用形成接头外，对于某些钎焊方法（如炉中钎焊等），还可完成钎焊后的热处理工序（如固溶处理等），以提高钎焊接头的质量。

确定钎焊温度的主要根据是所选用钎料的熔点。为了减小液态钎料的表面张力、改善润湿和填缝，并使钎料与母材能充分相互作用，提高接头强度，钎焊温度应适当地高于钎料熔点。但钎焊温度不能过高，否则可能会引起钎料中低沸点组元的蒸发、母材晶粒的长大以及钎料与母材过分的相互作用而导致溶蚀、脆性化合物层、晶间渗入等问题，从而使接头强度下降，如图 4-13 所示。因此，通常将钎焊温度选为高于钎料液相线温度 25~60℃，以保证钎料能填满间隙，但有时也发生例外，例如对于某些结晶温度间隔宽的钎料，由于在液相线温度以下已有相当量的液相存在，具有一定流动性，这时钎焊温度可以等于或稍低于钎料液相线温度。对于接触反应钎焊，使用的钎焊温度远低于纯金属钎料的熔点，只要求稍高于钎料-母材二元系的共晶温度即可。对于某些钎料，由于与母材相互作用很强，使填缝的液态合金与原始钎料相比成分和性能发生较大变化，这时为了保证填缝过程的顺利进行，钎焊温度应以间隙中形成的新合金的熔点为依据来确定。例如，用 Ni-Cr-B-Si-Fe 钎料钎焊不锈钢，合适的钎焊温度应高于钎料熔点 140℃ 左右。

2. 钎焊保温时间

钎焊保温时间对于接头强度的影响一般具有类似的特性。如图 4-14 所示为还原性气体炉中铜钎焊低碳钢时接头的抗拉强度与保温时间的关系。由图可以看出，一定的保温时间是促使钎料与母材相互扩散，形成牢固结合所必需的。但过长的保温时间将会导致溶蚀等缺陷的产生，使接头强度下降。

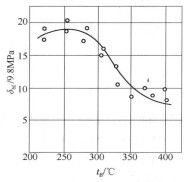

图 4-13　锡铅钎料钎焊铜时接头
强度与钎焊温度的关系

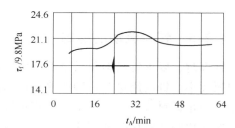

图 4-14　铜钎焊低碳钢时接头的
抗拉强度与保温时间的关系

钎焊保温时间视工件大小、钎缝间隙值、钎料与母材相互作用的剧烈程度而定。大件的保温时间应比小件的长，以保证加热均匀。钎缝间隙大时，为了保证钎料同母材必要的相互作用，应有较长的保温时间。当钎料与母材的相互作用强烈时，保温时间要短。相反，如果通过二者的相互作用能消除钎缝中的脆性相或低熔组织时，则应适当延长保温时间。

值得注意的是，对钎焊温度和保温时间不应孤立地来确定，它们之间存在一定的互补关系，可以相关地在一定范围内变化。因此应根据上述的一些原则通过试验来确定。

3. 钎焊时的加热速度和冷却速度

加热速度对钎焊接头的质量也有一定影响。加热速度过快会使焊件温度分布不均匀而产生应力和变形，加热速度过慢又会导致母材晶粒长大、钎料低沸点组元蒸发、金属氧化、钎剂分解等有害过程的发生。因此应在保证均匀加热的前提下尽量缩短加热时间，即提高加热速度。具体确定时，应考虑焊件尺寸、母材和钎料特性等因素。对于大件、厚件以及热导性差的母材，加热速度不能太快，在母材活泼、钎料含有易蒸发组分以及母材与钎料、钎剂间存在有害作用时，加热速度应尽量快些。

焊件冷却虽是在钎焊保温结束后进行的，但冷却速度对接头的质量也有影响。冷却速度过慢，可能会引起母材晶粒长大，强化相析出或残余奥氏体出现；加快冷却速度，有利于细化钎缝组织并减小枝晶偏析，从而提高接头强度。但是冷却速度过快，可能使焊件因形成过大的热应力而产生裂纹，也可能因钎缝迅速凝固使气体来不及逸出而产生气孔。因此，确定冷却速度时，也必须考虑焊件尺寸、母材和钎料的特性等因素。

4.2.7 钎焊后热处理

钎焊后热处理具有两个作用，一是提高产品的性能，如强化合金母材；二是改善工艺性，提高接头的性能。前者应尽量借助于选择一种具有合适的钎焊温度范围的钎料，使所要求的热处理可结合钎焊过程或焊后冷却过程来完成。工艺性钎焊后热处理一般有两种类型：一种是为了改善接头组织进行的扩散热处理，其特点是在低于钎料固相线温度的条件下长时间保温；另一种是为了消除钎焊产生的内应力而进行的低温退火处理。

如果焊件是在夹具中完成钎焊的，则其钎焊后热处理也应在夹具中进行，以避免变形。

4.2.8 钎焊后清除

钎焊后，残留的钎剂及其反应产物大多会对钎焊接头产生腐蚀，因此必须去除。去除方法包括机械、物理、化学及电化学的方法。

软钎剂松香不会起腐蚀作用，不必清除。含松香的活性钎剂残渣不溶于水，可用异丙醇、汽油、酒精、三氯乙烯等有机溶剂除去。

由有机酸及盐组成的钎剂，一般都溶于水，可采用热水洗涤。若为由凡士林调制的膏状钎剂，则可用有机溶剂去除。

由无机酸组成的软钎剂溶于水，因此可用热水洗涤。含碱金属和碱土金属氯化物的钎剂（例如氯化锌），可用 2% 的盐酸溶液洗涤，其目的是溶解不溶于水的金属氧化物与氯化锌相互作用的产物。为了中和盐酸，再用含少量 NaOH 的热水洗涤。若为由凡士林调成的含氯化锌的钎剂，则可先用有机溶剂清除残留的油脂，再用上述方法洗涤。

硬钎焊用的硼砂和硼酸钎剂，钎焊后呈玻璃状，在水中的溶解度小，去除困难，一般用机械方法（如喷砂）除去；或者将已钎焊的工件在沸水中长时间浸煮，而且最好在钎焊后工件尚未完全冷却以前便放入水中，这样产生的热冲击使钎剂残渣开裂而易于去除。但这种方法不能用于对热冲击有敏感性的钎焊接头。此外，还可把工件放在温度较高（70～90℃）的 2%～3% 重铬酸钾溶液中较长时间浸洗。

含氟化物的硬钎剂残渣也较难清除。含氟化钙时，残渣可先在沸水中洗 10～15min，然后在 120～140℃ 的 300～500g/LNaOH 和 50～80g/LNaF 的水溶液中长时间浸煮。含其他氟化物的钎剂残渣，如在不锈钢或铜合金表面，可先用 70～90℃ 的热水清洗 15～20min，再用冷水清洗 30min。如为结构钢接头，则需按以下方法清理：用 70～90℃ 的质量分数为 2%～3% 的铬酸钠或铬酸钾溶液清洗 20～30min，再在质量分数为 1% 的重铬酸盐溶液中洗涤 10～15min，最后以清水洗净重铬酸盐并干燥。清洗均不应迟于钎焊后 1h。

铝用软钎剂残渣可用有机溶剂（例如甲醇）清除。铝用硬钎剂的残渣对铝有极大的腐蚀性，钎焊后应立即清除。下面列出了一些清除方法，可以得到较好的效果。如有可能，可将热态工件放入冷水中，使钎剂残渣崩裂。

（1）60～80℃ 热水中浸泡 10min，用毛刷仔细清洗钎缝上的残渣，冷水冲洗，在 15%

HNO_3水溶液中浸泡约 30min，再用冷水冲洗。

（2）60~80℃流动热水中冲洗 10~15min，放在 65~75℃的 2%Cr_2O_3，5%H_3PO_4水溶液中浸泡 5min，再用冷水冲洗，热水煮，冷水浸泡 8h。

（3）60~80℃流动热水中冲洗 10~15min，流动冷水冲洗 30min，放在 2%~4%草酸、1%~7%NaF、0.05%海鸥牌洗涤剂溶液中浸泡 5~10min，再用流动冷水冲洗 20min，然后放在 10%~15%HNO_3溶液中浸泡 5~10min，取出后再用冷水冲洗。

对于有氟化物组成的无腐蚀性铝钎剂，可将工件放在 7%草酸与 7%硝酸组成的水溶液中，先用刷子刷洗钎缝，再浸泡 1.5h，取出后用冷水冲洗。

钎焊后清除的对象有时还有阻流剂。对于只与母材机械黏附的阻流剂物质，可用空气吹、水冲洗或金属丝刷等机械方法清除。若阻流剂物质与母材表面存在相互作用时，用热硝酸-氢氟酸浸洗，可取得良好的效果。

【综合训练】

4-1 钎焊时接头间隙的大致范围是多少？

4-2 接头间隙为什么会影响接头强度？

4-3 不锈钢用 Ni-B 钎料钎焊时为什么采用非常小的间隙？

4-4 铝合金钎焊时为什么采用比较大的间隙？

4-5 钎焊接头的搭接长度计算方法是什么？

4-6 如何设计接头工艺孔？

4-7 钎焊生产工艺包括哪些工序？

4-8 零件表面的预镀覆有什么作用？其方法有哪些？

4-9 钎料的放置应注意哪些原则？

4-10 如何选择钎焊工艺参数？

第5章 火焰钎焊

5.1 火焰钎焊的特点及应用

火焰钎焊是利用可燃气体或液体燃料的气化产物与氧或空气混合燃烧所形成的火焰来进行钎焊加热的。

火焰钎焊应用很广。它通用性大，工艺过程较简单，操作技术容易掌握，也容易实现自动化的操作；设备的初期投资低，燃烧气体的种类很多，来源方便可靠；火焰钎焊在空气中完成，不需要保护气体，通常需要使用钎剂；钎料的选择范围宽，从低温的银基钎料到高温的镍和铜基钎料，都可以应用，并且对钎料的形状几乎没有要求，丝状、片状、预成形或膏状形式的钎料都可以应用在火焰钎焊中。

火焰钎焊也存在一些缺点，如火焰钎焊是在一个氧化环境中完成的，钎焊后接头表面有钎剂残渣和热垢；手工操作时加热温度难掌握，因此要求工人有较高的技术水平；不适宜钎焊钛和锆等容易氧化的金属；火焰钎焊是一个局部加热过程，可能在母材中引起应力或变形。

火焰钎焊主要用于以铜基钎料、银基钎料钎焊碳钢、铝合金。低合金钢、不锈钢、铜及铜合金的薄壁和小型焊件，也用于以铝基钎料钎焊铝及铝合金。

5.2 火焰钎焊用燃气

火焰钎焊所用的燃气可以是乙炔、丙烷、石油气、雾化汽油、煤气等。助燃气体是氧和压缩气体。火焰有两层结构，外层淡蓝色的冠状焰是氧化焰，燃烧完全，温度最高，富氧，过度加热容易使工件金属表面氧化；内层深蓝色的焰心是还原焰，温度较低，缺氧，富一氧化碳，能保护金属免于氧化。

氧乙炔焰是最常用的火焰。氧乙炔焰的内焰区温度最高，可达3000℃以上，因此广泛用于气焊。但钎焊时只需把母材加热到比钎料熔点高一些的温度即可，故常用火焰的外焰来加热，因为该区火焰的温度较低而体积大，加热比较均匀。一般使用中性焰或碳化焰，以防止母材和钎料氧化。

当加热温度不要求太高时，可以采用压缩空气来代替纯氧，用丙烷、石油气、雾化汽油代替乙炔。这些火焰的温度较低，而且不用乙炔的火焰不会污染钎剂，适用于钎焊比较小的工件以及铝及铝合金。

5.3 火焰钎焊设备

火焰钎焊设备的主要组成部分包括气源、阀门、传输气体的软管或管路系统、焊炬、喷嘴、安全装置以及其他辅助装置。

1. 手工火焰钎焊设备

用于手工火焰钎焊的设备从本质上来讲与氧-燃气焊接设备相同,主要差别是喷嘴,所以在此主要讲解喷嘴的结构。

各种火焰钎焊的喷嘴根据焊炬尺寸、被加热的工件尺寸和选择的燃气来确定。喷嘴通常由铜合金制造。乙炔气或氢气使用的喷嘴口是平的;用于丙烷或液化石油气的喷嘴,在喷嘴口有一个凹面,以防止侧向风吹灭火焰。

热负荷取决于焊炬型号和喷嘴孔面积;火焰长度取决于孔道比,即喷嘴孔直径/喷嘴孔长度。孔道比减小,火焰缩短。火焰噪声取决于喷嘴孔数量,喷嘴孔多噪声会减弱。图5-1为特种多孔喷嘴。

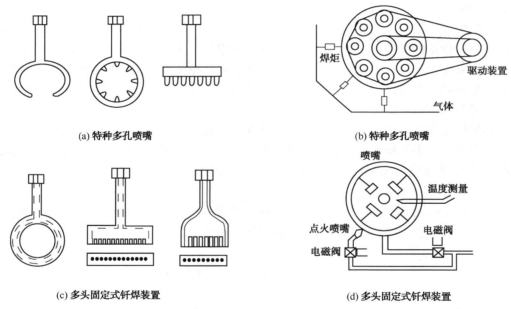

(a) 特种多孔喷嘴   (b) 特种多孔喷嘴

(c) 多头固定式钎焊装置   (d) 多头固定式钎焊装置

图5-1　特种火焰钎焊设备

2. 自动化的火焰钎焊设备

自动化设备通常被设计成使用多位焊炬。增加加热组件焊炬的数量,能够增加加热速度和批量生产效率。使用在自动化钎焊生产中的三种主要设备类型是旋转转位火焰钎焊机、联机输送线钎焊设备、往返装置。

1)旋转转位火焰钎焊机

机械钎焊最常见的设备是旋转转位火焰钎焊机。驱动装置常用断续行进的转位形式,但可以使用连续驱动,这些机器使用了逐步加热,即部件随着转台的转位通过多处加热站后,温度增加,直到在最后的加热站完成钎焊。

例如,如果转台有5个加热站,每个加热站停留12s(为了简化,在这个例子中不包括转位时间），组件总共经历了 1min 的加热时间。操作者或自动装置每 12s 卸下一个完工的部件，而手工钎焊完成同样的工作花费 1min 甚至更多。

典型的多工位旋转转位火焰钎焊焊机的加工工位示意图如图 5-2 所示。

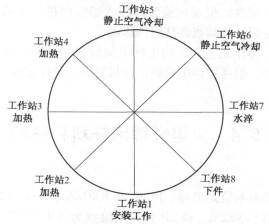

图 5-2　典型的多工位旋转转位火焰钎焊焊机的加工工位示意图

旋转转位火焰钎焊机可以设计成任何数量的转位站，一般情况下设计成有固定数量的转位装置。转台需要稳定和有力，运转时无振动。由于钎剂具有腐蚀性，旋转工作台的上部通常采用不锈钢制作。驱动器需要为在加热过程中的部件提供稳定和精确的定位，它需要在通过一周的转位时平稳地加速和减速，以防止在加热过程中夹具对不准，并且避免钎料在凝固过程中移动。

转台上的夹具用抗腐蚀和耐热材料制成。通过使用一些简单的插条，一组类似的钎焊件，具有同样接头尺寸和位置的部件可以在同一台机器上钎焊。

2）联机线形输送线钎焊设备

联机线形输送线钎焊设备是由输送带、组件操作系统和燃烧系统组成。图 5-3 所示为一个用于空调两器钎焊的联机线形输送线系统。

图 5-3　用于空调两器钎焊的联机线形输送线系统

燃烧系统设计成与预期的生产速度相匹配，歧管的长度和每个歧管上的燃烧器数量是可以改变的。歧管越长，允许的线速越快。歧管系统的长度和多头的歧管在满足组件要求更高热量时是有限制的。

3）往返装置

往返装置在单一的位置提供了一个固定的加热方式，多焊炬布置，这将得到比一个焊工在一个工位上更快的生产速度，但要比旋转转位火焰钎焊机和联机线形输送线钎焊设备要慢。在往返系统中或者是焊炬移动或者是组件移动。

典型的工作顺序是：操作工上件，向工件上加钎料、钎剂，固定的组件被移送到热源中；在钎料完成流动之后，组件被移出热源，钎料凝固，组件被水冷；完成冷却之后，操作者取下钎焊组件。

5.4　火焰钎焊用钎料和钎剂

1. 钎料

火焰钎焊中使用的钎料系统是 BAg、BCuP 和 RBCuZn。BAg 钎料的熔点为 593~815℃，RBCuZn 钎料的熔点为 815~982℃，BCuP 钎料的熔点为 704~926℃，尤其适合钎焊铜及铜合金。

BAg 钎料具有钎焊温度低、容易操作、易实现自动化、能量消耗低、具有较高的生产速度等优点，但其成本较高。BAg 钎料适用于大部分黑色金属和有色金属的火焰钎焊，它们具有优良的工艺性能，适合于在接头上预置或手工送进，在所有金属中使用 BAg 钎料都需要钎剂。

BCuP 钎料主要用于钎焊铜及铜合金，由于 P 易和 Fe、Ni 等金属形成脆性金属间化合物，故不能用于黑色金属、镍及镍合金和含有 10% 以上镍的铜合金的钎焊。BCuP 钎料在钎焊纯铜时为自钎剂钎料，不需要再加入其他的钎剂。钎焊其他金属时（包括铜合金），要使用钎剂。BCuP 钎料不能钎焊在含硫的工作环境中使用的接头，其耐腐蚀性较差。

RBCuZn 钎料可用于钎焊各种黑色金属和有色金属。其钎焊温度较高，钎焊过程中，要防止母材过热和 Zn 的挥发。

2. 钎剂

火焰钎焊用钎剂为氟化物-硼酸盐型。按照美国焊接学会分类的钎剂和典型应用见表 5-1。

表 5-1　美国焊接协会（AWS）钎剂的标准特性

AWS 钎剂的分类	应　　　用
FB-3A	通用，使用在钎焊黑色金属和有色金属的低温钎剂
FB-3C	使用在钎焊高铬不锈钢、碳化钨、碳化铬和钼合金
FB-3D	使用温度为 870~1100℃
FB-3E	液体钎剂，具有有限的活性，使用在贫气的炉中钎焊或在 625℃ 以上连接珠宝部件
FB-3F	干燥的粉状钎剂，使用温度为 650~815℃
FB-3G	糊状钎剂，类似于 FB-3A
FB-3H	糊状钎剂，类似于 FB-3A
FB-4A	使用在钎焊铝青铜和其他含有少量铝和钛的合金

火焰钎焊时，通常是用手进给棒状或丝状的钎料，采用钎剂去膜。膏状钎剂或钎剂溶液是最便于使用的。加热前即可把它们均匀地涂在母材和钎料棒上，这样能防止母材在加热过

90

程中氧化。利用烧热的钎料棒黏附粉末钎剂，然后再进给到接头上的方式，有可能使母材在加热初期失去保护而遭到氧化。钎焊时，开始应将钎炬沿钎缝来回运动，使之均匀地加热到接近钎焊温度，然后再从一端用火焰连续向前熔化钎料，直至填满钎缝间隙。

5.5 火焰钎焊工艺

钎焊前，首先对工件表面进行严格的清理。然后调节火焰，在钎焊区域进行加热。钎焊时，要保持一个均匀的温度，尤其是在结合面上的温度要均匀一致地达到钎焊温度，故应尽可能地在钎焊温度下维持一段时间，以完成钎料向接头缝隙的流入和气体的析出。为了达到这个目的，在手工钎焊的过程中，焊炬要不停地摆动；在自动化操作中，工件通过加热区域时，要摆动和旋转工件，或者将火焰围绕着工件移动。

手工火焰钎焊操作中通常采用送进式加钎焊材料，在自动化火焰钎焊操作中，可以使用预制的钎料或钎剂。当采用手工将钎料丝送到接头上时，先将钎料丝浸在钎剂中，然后用钎料黏钎剂抹到接头上，工件加热过程中可以多次完成这个动作，甚至在加了钎料以后，如果有阻碍钎料流动的现象，也可以通过增加钎剂的办法来弥补，同时控制热量使熔化的钎料贯穿接头流动。完成钎焊后，必须使接头在静止的状态下冷却到钎料的固相线以下，以防止接头开裂。

【综合训练】

5-1 火焰钎焊的原理及特点是什么？

5-2 火焰钎焊氧乙炔焰的最高加热温度是多少？

5-3 火焰钎焊设备由哪几部分组成？

5-4 火焰钎焊有哪些常用的钎料和钎剂？

5-5 火焰钎焊的工艺要点有哪些？

第6章　炉中钎焊

【学习目标】
　　(1) 了解炉中钎焊的主要工序、特点、分类及应用；
　　(2) 掌握空气炉中钎焊、保护气氛炉中钎焊和真空炉中钎焊的工艺；
　　(3) 重点掌握钎焊炉的安全操作注意事项，并能进行简单的钎焊炉操作。

　　炉中钎焊是适合于大批量生产的劳动效率较高的自动化钎焊方法，钎焊质量与炉中钎焊的设备及工艺密切相关。炉中钎焊前的设备维护、工艺编制、前期准备工作以及对方法、工艺和设备的理解和掌握，对最终形成优质钎焊接头十分重要。

6.1　炉中钎焊的特点及应用

　　炉中钎焊利用加热炉来加热焊件，其所用的加热炉种类很多，有金属电阻丝（块、板）加热炉、石墨加热炉、火焰加热炉。目前应用得最广泛的是电阻炉。电阻炉炉中钎焊是利用电阻炉的热源来加热焊件和实现钎焊的一种方法。

6.1.1　炉中钎焊的分类及工序

　　按炉中钎焊过程中钎焊区的气氛组成不同，可分为空气炉中钎焊、保护气氛炉中钎焊（又可分为中性气氛及活性气氛两种）及真空炉中钎焊。只要能在钎焊前将钎料置于接头上，并在钎焊过程中保持钎料位置不变，炉中钎焊就是可行的。

　　为了防止钢组件在钎焊和冷却（冷却是在钎焊炉的冷却室中进行）过程中氧化或脱碳，炉中钎焊要求采用适当的气氛。通常在不用钎剂的情况下，适当的钎焊气氛能促进熔态钎料适当润湿接头表面。

　　炉中钎焊碳钢和低合金钢时一般使用铜钎料，但也可使用铜钎料以外的其他钎料，因为铜钎料进行钎焊时，需要很高的钎焊温度（1090~1500℃），这对于钎焊后要求热处理的钢件来说是有利的。

　　炉中钎焊有四道工序：清理工件、组装和夹持、钎焊、冷却。

　　1. 清理工件

　　该工序通常限于去除机械加工时工件表面的油类。比较好的清理方法是碱洗、溶剂清洗和蒸汽去油。使用碱洗后，很重要的一点是，在钎焊件进炉前要除去工件上的全部碱性化合物。对于含铅的拉拔用有色乳剂，一般要用机械清理方法去除，如干喷砂或磨料浆湿喷砂。若未完全清除含铅的拉拔用乳剂就装炉进行钎焊，对钎焊接头的质量和炉子构件的寿命都是极为有害的。

　　2. 组装和夹持

　　炉中钎焊的组件一般都设计成能用压配合、扩口、铆接或其他不需采用夹具的方法进行组装。但是，为了保持各零件间的相互位置关系，或为了在钎焊炉中适当放置组件，以便熔态钎料能按所需方向漫流，偶尔也需要使用夹具。

将清理过的零件组装起来，并在待钎焊接头内或附近预置钎料。然后，将组件放在托盘上（在间歇或辊底连续炉中钎焊时），或直接放在传送带上（在网带传送炉中钎焊时）送入钎焊炉中。

3. 钎焊

将装配好的组件送进炉子的钎焊室，在适当的保护气氛中加热。当工件的温度达到高于钎料熔点的温度时，钎料润湿并漫流于钢组件的表面，在毛细作用下进入接头。钎料与未熔化的钢件表面形成固溶体，从而实现结合。大多数钢件炉中钎焊的加热时间为 10~15min。

4. 冷却

将组件移入炉子的冷却室，在保护气氛（通常与钎焊室中的气氛相同）中冷却。直到组件被冷却到足够低的温度，即处于空气中也不会变色的温度（通常约为 150℃）时，才将组件移出冷却室。

6.1.2　炉中钎焊的特点

1. 炉中钎焊的优点

（1）与其他钎焊方法相比，炉中钎焊作为钎焊材料的保护气氛很便宜，工厂能大量生产，工业氨基气氛可以液态储存在厂房外面。这些气氛具有极好的防氧化能力，根据需要可以制成具有约 0.2%~1.0%以上范围内任何碳势的气氛。这个碳势范围足以适应所有的碳钢和低合金钢，包括钎焊前已经渗碳的钢。当所用气氛的碳势与工件金属的碳含量相匹配时，工件金属钎焊时可既不渗碳也不脱碳。

（2）炉中钎焊的保护气氛能充分还原铁的氧化物，所以在用铜钎料钎焊碳钢时一般不需要使用钎剂。这些气氛能还原工件表面存在的薄氧化膜，还能在钎焊过程中防止工件表面进一步氧化，无氧化表面通常能促进熔融态钎料对工件的润湿。但钎焊铬、锰、铝和硅的总含量超过 2%或 3%的某些低合金钢时，因其表面可形成比较稳定的氧化物，需要强还原气氛（如干燥的氢或分解氨）、钎剂或镍镀层，才能获得良好的润湿作用。

（3）无论用间歇式炉或连续炉，都能以较低的单件成本钎焊大批量的组件。炉中钎焊用于大量生产时是最有效和最经济的，但它对偶尔的低装炉量和小量生产也有很好的适应性，只是单位成本较高。

（4）在钎焊的各个阶段，包括冷却阶段，炉中钎焊都能精确地控制温度并使温度均匀化。在加热和冷却过程中，可以提供不同的保护。在炉子的各个室中或不同区域内，还能提供不同的保护气氛。这种情况对于保护气氛为工业氨基气氛时是常用的。为了提高生产率，有时用炉中钎焊代替其他钎焊方法。

（5）在钎焊温度下，炉中钎焊能使整个工件的温度均匀分布。但是，若被钎焊组件的断面厚度相差很大时，有时就需要将它们先预热到接近钎料熔点的温度并保温到温度均匀，然后再将温度升高到钎焊温度范围。如果接头结构设计和装配良好，钎料的数量和形式正确，那么钎焊接头就具有均匀一致的强度和致密性。同一组件上的几个接头可在一道工序内完成钎焊。当用适当的气氛保护时，从炉子冷却室（约 150℃）出来的已钎焊件清洁而光亮，无需再做进一步清理。

2. 炉中钎焊的缺点

（1）炉中钎焊的大多数缺点都与以铜钎料钎焊钢时所需要的较高温度有关。铜钎料钎焊钢时的温度比银基钎料钎焊钢时所要求的钎焊温度高约 300℃以上。这种高温足以使中碳钢、高碳钢和低合金钢的晶粒粗化（可通过焊后热处理使晶粒细化）；这样高的钎焊温度对于加热炉构件的寿命也是有害的，特别是那些处于高温工作的构件，如炉衬、电热元件、马弗罐、轨道、托盘和传送带等。

小知识

对于一个新项目来说，如果产量很低，那么购置炉中钎焊设备就不合算，必须考虑采用其他的钎焊方法。但是，如果已经有了钎焊炉，也能经济地钎焊少量组件。

（2）与其他许多钎焊设备相比，炉中钎焊加热设备和气氛发生器的初次投资很高。

（3）工业气氛和发生器制备的气氛可能含有一些有毒化合物；含有 5%或更多可燃气体（H_2、CO 和 CH_4）的气氛具有潜在的火灾和爆炸危险，安全操作和对炉子、发生器与排气系统的预防性维护都是必要的。通过改进炉子的设计和材料，与炉子构件寿命有关的大多数缺点都可以克服。

6.1.3 炉中钎焊的应用

通常可进行炉中钎焊的钢零件包括中小型冲压件、深拉延的薄板金属件、小型锻件和某些铸件。常常将零件设计成"自锁"型，不使用夹具组装即可钎焊，冲毛边、扩口、旋压铆接、滚花、收口、压配合和定位焊等能保证钎焊所需的良好组装。有时也需要使用夹具，但尽可能不用。因为夹具既增加质量，又会在反复经历高温之后发生尺寸和形状变化。

6.2 炉中钎焊工艺

炉中钎焊按钎焊过程中钎焊区的气氛组成可分为三大类，即空气炉中钎焊、保护气氛炉中钎焊和真空炉中钎焊。

6.2.1 空气炉中钎焊

这种方法的原理很简单，将钎料预先放置在接头附近或放入接头内，预先放置的钎料可以是丝、箔、碎屑、棒、粉末、膏和带状等多种形式。将所选适量的粉状或糊状钎剂覆盖于接头上，一起置于一般的工业电炉中，加热至钎焊温度。依靠钎剂去除钎焊接头处的表面氧化膜，熔化的钎料流入钎缝间隙，冷凝后形成钎焊接头，如图 6-1 所示。

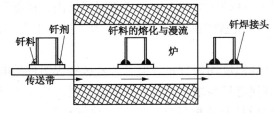

图 6-1　炉中钎焊工作示意图

这种钎焊方法加热均匀，焊件变形小，需用的设备简单通用，成本较低。虽然炉中钎焊的加热速度较慢，但由于一炉可同时钎焊很多件，生产率仍很高。它的缺点是：由于加热速度较慢，加热时间长，又是对焊件整体加热，因此钎焊过程中焊件会遭到严重氧化，钎料温度高时尤为显著。因此，其应用受到一定限制。国内较多地用于钎焊碳钢、合金钢、铜及其合金、铝及其合金等。

钎剂可以粉状使用，也可以用水溶液调成糊状使用。以水溶液或膏状使用最方便。一般是在焊件放入炉中加热前把钎剂涂在钎焊处。为了缩短焊件在高温停留的时间，钎焊时可先把炉温升到稍高于钎焊温度，再放入焊件进行钎焊。有强腐蚀性的钎剂，应待焊件加热到接近钎焊温度后再加。

严格控制焊件加热均匀是保证炉中钎焊质量的重要环节。对体积较大且结构比较复杂、组合件各处的截面相差大的焊件钎焊时，应尽量保证炉内温度的均匀。焊件钎焊前先在低于钎焊温度下保温一段时间，力求整个焊件加热温度的一致；对于截面差异大的焊件，可在薄截面一侧与加热体之间放置隔热屏(金属块或板)。

6.2.2 保护气氛炉中钎焊

保护气氛炉中钎焊亦称控制气氛炉中钎焊，当空气炉中钎焊所用的钎剂保护能力不能满足钎焊过程需要量时，必须采用可控气氛或真空。保护气氛炉中钎焊的特点是：加有钎料的焊件是在保护气氛(活性或者中性气氛)下的电炉中加热钎焊，它可有效地阻止空气的不利影响。按使用气氛的不同，可分为活性气氛(如氢气)炉中钎焊和中性气氛(如氮、氩、氦气等)炉中钎焊。

1. 保护性的炉中气氛

活性气体以氢和一氧化碳为主要成分，不仅能防止空气侵入，还能还原工件表面的氧化物，有助于钎料润湿母材。

保护气氛炉中钎焊常用的中性气体主要有氮、氩、氦气等。氩气保护炉中钎焊可用来焊接一些复杂结构及在空气中易与氧、氮、氢等作用的材料，如 1Cr18Ni9Ti 不锈钢散热器、钛热交换器等。氮气保护气氛钎焊时一般需要氮气浓度达到 99.9995% 以上，所以必须对氮气进行纯化处理。在这种气氛保护中焊接，由于氮气是纯净、干燥、惰性的，因此不会引起金属氧化，但也不能去除氧化物，不能改变碳的含量，因此可以加入一些氢、甲烷、甲醇等，以便为特殊应用提供所需的氧化-还原作用或碳势值。这种方法主要用于汽车铝制散热器、汽车空调蒸发器、冷凝器、水箱等铝制产品的钎焊。

2. 保护气氛炉中钎焊设备

保护气氛炉中钎焊设备由供气系统、钎焊炉和温度控制装置组成。供气系统包括气源、净气装置及管道、阀门等。

以氢作为活性气体时，可使用由氢气发生站输送来的或瓶装供应的气体。采用分解氨时，常用瓶装的液体氨，通过专门的分解器进行分解。分解器是通过加热至 650℃ 左右的铁屑或磁铁矿，把氨加热分解为氮和氢。作为中性气体使用的氩和氮一般均以瓶装供应。

净气装置用来清除所用气体中的水和氧等杂质，降低气体的露点和氧分压，提高它们的去膜能力。装置包括除水和除氧两部分。对于氢气，通常的净化过程是将它顺序通过下列物质：硅胶—分子筛—105 催化剂—分子筛。硅胶和分子筛起脱水作用；105 催化剂起触媒作用，使氢与所含的氧化合成水，因此需再次通过分子筛脱水。这样净化过的氢露点可降至-60℃。氩可以同样方式脱水，但不能使用 105 催化剂去氧，而是把氩通过温度为 850~920℃ 的海绵钛来解决。

保护气氛钎焊炉一般设有钎焊室和冷却室。较先进的为三室结构，即除钎焊室、冷却室外，还有预热室。

在钎焊加热中，外界空气的渗入、器壁和零件表面吸附气体的释放、氧化物的分解或还原等，将导致保护气氛中氧、水气等杂质增多。应指出，若保护气氛处于静止状态，气体介质与零件表面氧化膜反应的结果，使有害杂质可能在焊件表面形成局部聚积，使去膜过程中止，甚至逆转为氧化。因此，在钎焊加热的全过程中，应连续地向炉中或容器内送入新鲜的保护气体，排出其中已混杂了的气体，使焊件在流动的纯净的保护气氛中完成钎焊。这是保持钎焊区保护气体高纯度的需要，也是使炉内气氛对炉外大气保持一定的剩余压力，阻止空气渗入所必须的。对于排出的氢，应点火使之在出气管口烧掉，以消除它在炉旁积聚的危险。

钎焊结束断电后，应等炉中或容器中的温度降至150℃以下，再停止输送保护气体。这既是为了保护加热元件和焊件不被氧化，对于氢气来说也是为了防止爆炸。

保护气氛炉中钎焊时，不能满足于通过检测炉温来控制加热，必须直接监测焊件的温度，对于大件或复杂结构，还必须监测其多点的温度。

6.2.3 真空炉中钎焊

这种钎焊方法是在抽出空气的炉中或钎焊室中，不施加钎剂的一种比较新的钎焊方法。特别适用于钎焊面积很大且连续的接头，已经成功地用于钎焊那些难钎焊的金属和合金，如铝合金、钛合金、高温合金以及难熔金属等。所钎焊的接头光亮致密，具有良好的力学性能和抗腐蚀性能。因此在一些尖端技术部门中得到越来越多的应用。

1. 真空炉中钎焊设备

真空炉中钎焊的设备主要由真空钎焊炉和真空系统两部分组成。真空钎焊炉有热壁炉和冷壁炉两种类型。两种类型可用燃气加热或电热，可设计成侧装炉、底装炉或顶装炉结构，真空系统可以通用。

1）热壁炉

热壁真空钎焊炉实质上是一个真空钎焊容器，如图6-2（a）所示。采用真空钎焊室与加

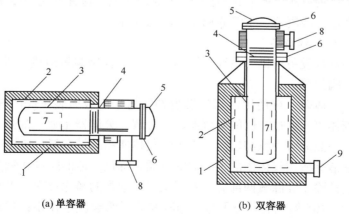

(a) 单容器　　　　　　　　　　　(b) 双容器

图6-2　热壁真空炉简图

1—炉壳；2—加热器；3—真空容器；4—反射屏；5—炉门；
6—密封环；7—工件；8—接扩散泵；9—接机械真空泵

热炉分开的形式，焊件放在容器内，容器抽真空后送入炉中加热钎焊。加热炉可采用通用的工业电炉。这种真空容器内部没有加热元件和隔热材料，不但结构简单，容易制作，而且加热中释放的气体少，有利于保持真空。工作时，抽真空与加热升温同时进行；钎焊后，容器可退出炉外空冷，缩短了生产周期，防止了母材晶粒长大。因此，设备投资少，生产率高。但容器在高温、真空条件下受到外围大气压力的作用，易变形，故适于小件小量生产。大型热壁炉则常采用双容器结构，即加热炉的外壳也设计成低真空容器，如图 6-2（b）。但结构的复杂化使其应用受到限制。

2）冷壁炉

冷壁炉的结构特点是加热炉与真空钎焊室为一体，如图 6-3 所示。炉壁为双层水冷结构。内置热反射屏，它由多层表面光洁的薄金属板组成。视炉子使用温度不同，材料可选用铝片或不锈钢片。其作用是防止热量向外辐射，减轻炉壳受热且提高加热效率。在反射屏内侧分布着加热元件。依据炉子的额定温度不同而选用不同的发热体：中温炉一般使用镍-铬和铁-铬-铝合金；高温炉主要使用钼（1800℃）、钽（2200℃）、钨（2500℃）、石墨（2000℃）。冷壁炉工作时，炉壳由于水冷和受反射屏屏蔽，温度不高，能很好地承受外界的大气压力，故适于大型焊件的高温钎焊。它的加热效率也较高，使用比较方便安全。缺点是结构较复杂，制造费用高；使用时需先抽真空后加热，钎焊后焊件只能随炉冷却，且低温阶段炉温下降缓慢，因此生产率低。但如采用双室或多室连续冷壁炉，不破坏加热室真空状况，焊件的装炉、钎焊、冷却及出炉可连续操作，生产率可以提高。

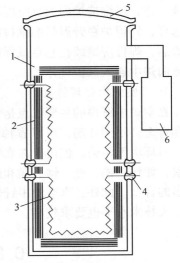

图 6-3　冷壁真空炉简图
1—炉壳；2—反射屏；3—加热元件；
4—绝缘子；5—炉盖；6—真空泵

3）真空系统

真空系统主要包括真空机组、真空管道、真空阀门等，如图 6-4 所示。真空机组通常由旋片式机械泵和油扩散泵组成。单用机械泵只能得到低于 133mPa 的真空度。要获得高真空必须同时使用油扩散泵，此时能达到 133×10^{-3} mPa 级的真空度。

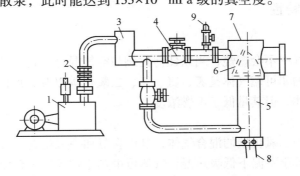

图 6-4　真空系统简图
1—机械真空泵；2—波纹管补偿器；3—过滤器；4—真空阀；5—油扩散泵；
6—真空转向阀阀门；7—真空转向阀；8—油扩散泵加热器；9—通气阀

系统内的气体压力用真空计测量。通常，低于 133mPa 的真空度多使用热偶真空计；

$133 \sim 133 \times 10^{-3}$ mPa 真空度范围用电离真空计测定。

2. 真空炉中钎焊过程

真空炉中钎焊过程如下：加有钎料的焊件放入炉中后，加热前先抽真空。开始时用转向阀断开扩散泵，使机械泵直接连通钎焊炉；启动机械泵，待真空度达到 1.33Pa 后转动转向阀，关断机械泵与钎焊炉的直接通路，使机械泵通过扩散泵与钎焊炉相通，依靠机械泵与扩散泵同时工作，将钎焊炉抽至要求的真空度，然后开始通电加热。在升温加热的全过程中真空机组应持续工作，以维持炉内的真空度。即使是这样，钎焊炉在升温后能维持的真空度也往往比常温时要低半个至一个数量级。加热保温结束后，焊件应继续在真空或保护气氛中冷却至 150℃ 以下以防氧化，因此，仍须继续抽真空或向炉中通入保护气体。

小知识

影响炉内真空度的因素主要有：真空系统和钎焊炉各接口处的空气渗漏；炉壁、夹具和焊件等吸附的气体和水气的释放；金属与氧化物的挥发等。

3. 真空炉中钎焊特点

真空炉中钎焊的主要优点是钎焊质量高，可以方便地钎焊那些用其他方法难以钎焊的金属和合金。不用钎剂，可以省掉钎焊后清理残余钎剂的工序，节省了时间，改善了劳动条件，对环境无污染。但由于在真空中金属易挥发，因此真空炉中钎焊不宜使用含蒸气压高的元素，如锌、镉、锂、锰、镁和磷等较多的钎料（特殊情况例外），也不适于钎焊含这些元素多的合金。此外，真空炉中钎焊设备比较复杂，一次性投资大，维修费用高；对工作环境和工人技术水平也要求较高。

6.3 钎焊炉的安全操作

在对充有保护气氛的钎焊设备进行开炉、操作、停炉和维修时，为了人员和设备的安全，必须遵守特殊的操作规程。现代设备中装有各种安全设施，以防止发生不幸事故，但最好的安全措施是对操作者进行培训，使他完全熟悉设备，了解所用气体的特征，并掌握正确的操作规程。

6.3.1 气体的特性

1. 非可燃气体

非可燃气体在空气中不会燃烧，当以任何比例与空气混合并处于可燃混合气体起爆温度时也不会爆炸。典型的非可燃气体是氮、氩、氦、二氧化碳以及它们的混合气体（亦含有氢和一氧化碳等可燃气体，但其量低于可燃浓度）。

2. 低放热气体

低放热气体是氮和二氧化碳的混合气体，其中含氢和一氧化碳的百分数很低，氢和一氧化碳的这个含量明显低于室温下低吸热混合气体可由热态炉元件引起爆炸的氢和一氧化碳的最低含量。在热炉中被加热的混合气体更易起爆，但在上述正常含量时是不可燃的。不超过这些最大值的混合气体可被认为是非可燃气体。

可以任意地在炉内使用由各种比例的非可燃气体与空气构成的混合气体，不会因炉子加热或停止加热而造成爆炸的危险，也不会因引燃装置的点燃或未点燃而造成爆炸的危险，然而，使用一氧化碳时要小心，因为它具有毒性。此外，还要注意比空气密度大的气体，如氩气和二氧化碳，它们可能从炉中逸出，停留在坑槽内或其他低洼处，使进入此处的人员窒息。

3. 可燃气体

炉气体中常见的可燃气体是一氧化碳和甲烷（CH_4）。制备的含有氢、一氧化碳、少量甲烷和一定百分数非可燃气体的混合气体包括：多放热基气体、净化的多放热基气体和吸热基气体。分解氨（$75\%H_2$，$25\%N_2$）是强可燃气体。

当钎焊室中含有3%或更少的氢和相似数量的一氧化碳，或含有75%以上的氢和一氧化碳时，在起爆温度下与空气混合仍是安全的，不会爆炸。然而，在上述两个百分数之间的任何比例的可燃气体与空气混合时，都能发生爆炸，产生压力、热和火焰，可毁坏设备和伤害人员。炉子操作者必须懂得这些基本原理，并应采取预防措施，以保证不发生诸如由接通热源或点燃引燃装置而造成的起爆。

实验结果表明，当氢含量低到4%或高到75%（体积分数）时，氢-空气混合气体能在室温下爆炸，也能由玻璃管中的热火花起爆。如果在起爆前加热这种混合气体，则随着温度的提高，起爆下限降低而上限提高。因此，建议将氢浓度超过2%的所有混合气体都认为是可燃的。

虽然室温时氢-空气混合气体的可燃上限是75%氢，但剩下的25%是由21%氧和79%氮组成的空气。在室温下，含5%或更多氧的氢-空气混合气体是可爆的。在提高温度时，氧气的危险值降到3%，在含空气的混合气体中，一氧化碳含量为12%（体积分数）或更多时，在室温下是可爆的；在温度升高时，一氧化碳含量超过9%即可引起爆炸。

在确定爆炸极限的实验室中，采用热电火花作为起爆源。但在钎焊炉中，热态加热元件、热态马弗罐或其他构件都可以是起爆源。在气体流动的地方还可能有静电，这就会出现静电放电的可能性。

4. 起爆温度

氢在空气或氧气中的最低起爆温度约为574℃；一氧化碳的最低起爆温度约为650℃。这样，可爆性混合气体如处于该温度或更高温度时将会起爆。如果采用烧尽法净化炉子，那么直到炉温达到760℃或更高之前，不应将可燃气体送入炉子，这样就可保证可燃气体进入充满空气的炉子时能够点燃。

5. 净化

净化是用另外一种气体置换炉子或甑内的空气，随后再用可燃保护气氛置换，或者采用烧尽法。在停炉时，用非可燃气体置换可燃炉气（或采用烧尽法），接着向炉内或甑内充满空气。

6. 危险过程

在操作含有可燃保护气氛的炉子时，在下列情况下可能出现危险：

（1）将可燃保护气氛引入炉室；

（2）打开充有可燃气体的冷室；

（3）除去可燃气氛并让空气重新进入炉子；

（4）在本来正常的操作期间，进入炉子的可燃气流意外受阻，使空气得以进入。

6.3.2 冷室

除非采用适当防护和正确操作，否则含有可燃气氛的冷室（如与加热室相连的卧式水套冷却室和冷却钟)是危险的。为安全点燃与室内空气接触的可燃气体，防止在冷室内形成爆炸性混合气体，特别推荐在两端门处安置气体火焰引燃装置和火帘。

如果可能，端门应只开到最小高度，以防止空气渗入。如果常闭端门制成倾斜的而不是直立的，那么在端门打开时，可使保护气体离开炉子时更快地点燃。

由敞开的门窗引起的室内气流应保持最小。如果可能，炉子的布置应使正常的室内气流方向与炉子长度方向交叉，而不是平行。安排通风扇和补给空气用的室内进气口的位置时都要考虑这一点。或者将挡板垂直安装在炉端，以阻挡正常的室内气流，或使以外的气流改变方向。

6.3.3　可燃气流受阻时的应急操作步骤

每当流向炉子的可燃气流受到阻碍时，操作者必须立即设法恢复流通。如果无法立即恢复，应采用非可燃气体法或烧尽法净化炉子，以恢复压力，从而防止空气进入。炉子的类型及其位置、气流、温度和气体的可燃程度都对净化前允许的时间延迟有影响，但安全的措施是立即自动开始用非可燃气体净化炉子。应发出警报，让所有人员离开现场。

如果无法紧急供应非可燃气体，又不能立即恢复气体的流动，则应采用烧尽法净化。对于间歇式箱形炉和其他直通炉，可将连续燃烧的气体引燃装置作为点火源。如果这些办法都不能采用或者无效，则应采用轻便式火焰炬，或应在外门开口处的整个宽度上摆放搓揉的报纸或油棉纱，并且点燃，然后应把门完全打开。

在残余气体烧尽前，应使引燃装置、火焰炬、报纸或棉纱连续燃烧。对于带甑的钟式或提升机式钎焊炉，建议存储备用的非可燃气体，并安装一套在可燃气体供给中断时用非可燃气体对甑进行净化的自动系统，还应设置一套报警系统。

6.3.4　漏气

1. 气阀漏气

可燃气体管道上的安全截流阀和手动截流阀在关闭后都会漏气。显然，在准备阶段，这样的漏气会让可燃气体渗入炉室、马弗罐内，所以气阀漏气孕育着危险。例如，当炉子处于冷态时，假若微量的漏气在整个较长的停炉期间使可燃气体进入充满空气的炉子或冷却室，则会形成爆炸性的混合气体。

在净化前，当炉子启动接通热源时，混合气体就会起爆，造成危险性爆炸。可采取几种简单的预防措施减小或防止由气阀漏气引起的爆炸，其中最好的措施是使用"堵-通"阀。首先，在可燃气体管道上安装一个安全截流阀，再在其后安装一个常闭的电磁控制的(或安全截流的)堵塞阀。两个阀之间的连接管子应接到通向户外安全区域的排气管道上，而且应在该排气管道上安装电磁控制的常开排气阀。

当上述两个主管道阀关闭时，排气阀应是开通的，以便使所有的从关闭的安全截流阀漏出的可燃气体都排掉。一个主管气体安全的专家应验收所有的装置。

2. 马弗罐漏气

钎焊炉的马弗罐的漏气肯定会呈现出它们自身的警告迹象。工作外观和质量变坏、马弗罐内气氛的露点温度明显提高是漏气的主要标志。尽管如此，所有马弗罐都要定期进行压力试验或抽真空试验，一旦发现漏气，必须及时修理。如果马弗罐可从炉中取出，则试验就更加方便，且不影响周围的炉子。

许多马弗罐在炉内安装，难于取出。内装式马弗罐试验时，需要取出网带，还要密封炉子两端，以便进行压力试验或抽真空试验。通常的密封办法是：将带密封垫的钢板卡到炉子的进口端和出口端。当怀疑马弗罐漏气而炉子正在高温工作时，应允许将热室温度降到760℃，然后用非可燃气体法或烧尽法进行净化。

6.3.5　一氧化碳中毒和窒息危险

当炉气中含有一氧化碳时，在保护气氛炉和气体发生器周围总是存在中毒的可能性。通过适当的室内通风或排气系统一般能使从炉子逸出的保护气氛的浓度保持在安全、卫生范围内。在火帘处使逸出气体燃烧，也能保持室内气氛安全。因为一氧化碳无色、无味、无刺激，所以人们不会察觉已经吸入了被一氧化碳污染的空气。因此，应将一氧化碳中毒的影响和症状预先告诉操作者。

相当小的一氧化碳浓度也能给人带来显著的影响。一般认为一氧化碳在空气中的安全浓度应小于0.01%。如浓度为0.04%，经过1.5h的接触后可产生头痛、智力迟钝和身体无力等主要症状，更大的浓度或更长的接触时间可以致命。因此，当发觉有症状时，全体人员应立即离开现场，并向有关部门报告情况。可以购置能检测一氧化碳并且对其存在进行报警的设备。

如果要对给定的工作环境确定一氧化碳的安全限度，则应请教医疗部门。如果人员要进入停炉待修的炉子，则需特别仔细地用空气将炉内所有的气体、特别是（但不仅是）含一氧化碳的气体从炉内冲掉。

另外，在修理过程中要用风扇或鼓风机连续向炉子送进新鲜空气。为安全起见，一些用户要求在修理期间，炉气供给管道应与炉气进口管道断开。这就消除了截流阀漏气造成的危险。窒息和死亡可能因炉内或炉外缺氧而发生。当比空气密度大的气体（氩和二氧化碳）逸出炉外时，它们停留在地面附近，从而切断了可得到的氧气供给。

【综合训练】

6-1　炉中钎焊的优、缺点各有哪些？

6-2　按炉中钎焊过程中钎焊区的气氛组成不同，可将其分为几类？

6-3　保护气氛炉中钎焊常采用什么样的气氛进行保护？

6-4　真空炉中钎焊的特点是什么？

6-5　典型的非可燃气体、低放热性气体和可燃性气体分别有哪些？

第7章 感应钎焊

【学习目标】
  (1) 了解感应钎焊的加热方式、特点、分类及应用;
  (2) 掌握感应钎焊设备的组成及主要部件的设计和选择;
  (3) 重点掌握感应钎焊工艺要点和安全事项,能进行简单的感应钎焊操作。

一些产品的零部件可以通过感应钎焊来进行连接,作为最后一道工序完成加工。连接区域的部件,包括将要被连接的部件表面,可以有选择地加热到钎焊温度。感应钎焊是靠感应线圈或感应器使接头内部产生感应电能实现加热的。近年来,感应钎焊在工业中的应用越来越受到人们的重视。

7.1 感应钎焊的特点及应用

7.1.1 感应钎焊的加热方式

感应钎焊是通过感应电流加热的,感应电流流过工件时的电阻热是主要热源,有时被称

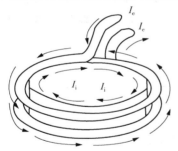

图 7-1 由电磁场感生出在被感应的
工件中出现的感应电流

I_c—线圈电流;I_i—工件内的感应电流

做 I^2R 损耗。如果部件是一个电导体,被放置在有快速变化的交变电流流动的感应线圈的电磁场中时,电阻热将发生在每个部件上,如图 7-1 所示。

感应电流在工件表面上是最大的,向内部逐步减小。因此,在高频情况下,表面热可能具有最高的功率密度(kW/cm^2)。

实际工件的加热深度取决于频率中出现的感应电流和所感应的表面开始发热后的加热速度。感应钎焊通常应用相对较低的功率密度($0.08\sim0.24kW/cm^2$),以防止产生过量的表面热。感应加热的主要目的是将局部加热的接头区域达到所需的恒定温度。

7.1.2 感应钎焊的特点

1. 感应钎焊的优点

(1) 选择感应电流作为热源,充分利用局部加热的方式对工件进行加热,通常可以减少构件的性能变化,如在连接高强度部件时,材料在回火或退火时会有强度的损失。选择这种加热方式通常还可以减少工件变形,消除可能发生的对接头周围工件的烧损。

(2) 精确的加热控制,精确稳定的工艺循环,提供了外观平整、光滑、均匀的接头。它生产的接头工艺一致性强,加热造成的合金损耗最小。当不同的接头被紧密地靠在一起时,

由于该方法有精确的热量控制和集中加热能力，所以能够使用递减钎焊温度的钎料进行顺序钎焊。

（3）加热速度快。正常的感应加热循环因为加热速度快，变色轻并避免结垢，一般来说允许在空气中加热。

（4）在需要时，感应器和控制箱可采用柔性连接，满足在工件移动的过程中钎焊接头。感应钎焊可应用在生产线上，允许在组装装配线上布置设备，如果需要可以遥控控制。自动或半自动生产线以预置钎料的方式进行，可以节省人力资源。

（5）使用感应钎焊可减少和简化夹持工装。感应钎焊的加热范围小，增加了所用工装的寿命，保持了被连接部件的尺寸精度。

（6）产量不高时，如果没有现成的感应发生器，用铜管制成的简单的感应器也可以很经济地完成感应钎焊操作。

2. 感应钎焊的缺点

（1）配套系统复杂　尽管通过设计感应器能成功地加热几何形状复杂的接头，但对于包含几个钎焊接头的复杂组件，加热难度很大甚至不可能实现，对这种组合接头推荐采用炉中钎焊方法。

（2）部件的装配难度大　感应钎焊要求将要连接零件的装配间隙适当缩小。采用手推入钎料的钎焊时，适当增加推入钎料的量有助于填满配合很差的装配空间。感应钎焊多是将钎料预置在接头上，如果使用固液相之间有明显温差的钎料，钎料在钎焊过程中流动性较差，间隙变化太大，将阻碍填满焊缝，导致不完整的结合。

（3）设备的初装费用高　感应钎焊设备特别适合半自动或全自动操作。初期投资包括：感应发生器、易于搬运产品的布置、辅助设备（例如匹配的电路）和冷却系统等，投资费用较高。因此，在加工件的数量有限、没有现成的感应加热设备、无特殊要求（例如局部加热）的情况下，从经济角度考虑，不推荐优先采用感应钎焊方法施焊。

（4）需要专门知识　在使用感应钎焊方法时，不仅要选择感应发生器和合适的部件操作设备，而且要设计符合加热方式的线圈、载荷（工件、线圈、机头）和发生器之间电的绝缘耦合。发生器也要求最好的特性，工艺要求比其他的钎焊方法更严格。在使用时，需感应加热专家提供更多的专门知识。

7.1.3　感应钎焊的分类

感应钎焊可分为手工的、半自动的和自动的三种方式。手工感应钎焊时，焊件的装卸、钎焊过程的实施和调节都靠手工操作。这种方式只适用于简单焊件的小批量生产，生产效率低，对工人的技术水平要求高，但它具有较大的灵活性。例如，当钎焊设备技术规格不合适而又需钎焊厚件时，有时可借助断续通电加热来解决。半自动感应钎焊，焊件的装卸和通电加热仍靠人操作，但钎焊过程的断电结束是借助于时间继电器或光电控制器自动控制。自动感应钎焊，使用的感应圈是盘式或隧道式。工作时感应圈一直通电，利用传送带或转盘把焊件连续送入感应圈中。焊件所需的加热是靠调整传送机构的运动速度、控制焊件在感应圈中的时间来保证。这种方式生产率高，主要用于小件的大批量生产。

7.1.4　感应钎焊的应用

感应钎焊广泛用于钎焊钢、铜及铜合金、不锈钢、高温合金等，既可用于软钎焊，也可用于硬钎焊。主要用来钎焊比较小的工件，特别适用于具有对称形状的焊件，如管状接头、管和法兰、轴和轴套之类的接头。对于铝合金的硬钎焊，由于温度不易控制，不宜使用这种方法。另外，由于感应钎焊易于实现自动化和局部迅速加热，对于工具的大批量生产，也是一种很有效的工艺。

图 7-2 和图 7-3 所示为紫铜件构成的管件靠感应钎焊组合在一起，使用 BCu91PAg 钎料环，不使用钎剂。

图 7-2　采用预置钎料环的感应钎焊图

图 7-3　完成感应钎焊的接头

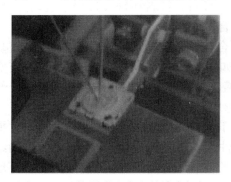

图 7-4　温控器膜盒底座的感应钎焊

图 7-4 所示为使用平板感应器对表面镀锡 $\phi1.9mm$ 纯铜毛细管与同样镀锡壁厚为 1mm 的温控器钢制膜盒底座进行钎焊的示意图。在这种应用中使用软钎焊，这是一个两步软钎焊工艺。第一步，使用锡铅材料将毛细管钎焊到底座上，钎料棒被自动从上部或下部加入。第二步，钎焊铜的膜盒。兆周级的频率可用来调节循环是继续还是停止，即使此类钎焊的 1.7s 钎焊循环时也容易实现。

7.2　感应钎焊设备

感应钎焊所用设备主要由二部分组成，即交流电源和感应圈。另外，为了夹持和定位零件，还需使用辅助夹具。

交流电源按频率可分为工频、中频和高频三种。工频电源很少直接用于钎焊。中频电源可以是电动机-发电机组，也可以是固体变频设备，它们适用于钎焊大厚件。高频电源分真空管振荡器和火花隙谐振器二种。真空管振荡器能产生的频率范围从 200kHz 至高于 8MHz，一般最常用的设备频率约为 500kHz，其频率较高，加热迅速，特别适合于钎焊薄件，但也具有通用性，因此得到广泛应用。火花隙谐振器则很少应用。

感应圈是感应钎焊设备的重要器件，交流电源的能量是通过它传递给焊件而实现加热的。因此，感应圈的结构是否合理，对于保证钎焊质量和提高生产率有重大影响。

感应钎焊时，往往需要使用一些辅助夹具来夹持和定位焊件，以保证其装配准确性及与感应圈的相对位置。它们对于提高生产率和保证钎焊质量有重要作用。特别是在自动和半自动感应钎焊设备中已经发展为一套复杂装置。在设计夹具时应注意的是，与感应圈邻近的夹具零件不应使用金属，以免被感应加热。

综上所述，良好的感应加热设备可以对所加工的接头部件提供恰好合适的热量。这主要取决于感应线圈的设计、加热速度、被连接材料的电导率和热导率，以及所包含的部件的质量。另外，成功的感应钎焊还取决于对钎料和钎剂的正确选择。

7.2.1 感应钎焊加热线圈的设计

在生产中，为感应钎焊特定接头而设计的感应线圈，尤其是对复杂形状接头的线圈设计，是采用经验和试验的方法完成的，基本的线圈设计和一些导向性的原则也是必不可少的。正确设计和选用感应圈的基本原则是：保证工件加热速度、均匀及效率高。

图 7-5 所示为几种最基本的感应线圈的设计方案。感应线圈通常采用直径为 4.75 ~ 9.52mm 的圆的或扁的铜管制成。线圈也可以是方的和特殊的矩形截面，取决于将要被钎焊工件的外形、线圈中电流的流动以及水冷的要求。

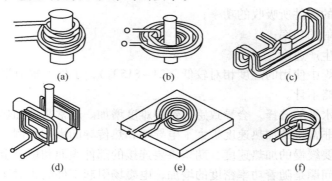

图 7-5　几种最基本的感应线圈设计方案

设计感应线圈的种类非常多，包括从高效的外部圆筒形线圈[见图 7-5(a)]到低效率的内藏式线圈[见图 7-5(f)]。在图 7-5(a)中圆筒形线圈外部的电磁场比部件中的略少，热效率高。板状集中式(变压器式)线圈[见图 7-5(b)]在小的工件面积上汇聚了高密度的电磁场。图 7-5(c)的输送线圈允许连续输送待钎焊部件。中开式筒形线圈[见图 7-5(d)]为将要连接的垂直管组面提供了均匀的加热。图 7-5(e)为饼形线圈。

当然，还有许多尺寸、形状、轮廓、线圈数量、线圈间距和其他参数没有标出。每一种基本设计具有适合于各种部件几何尺寸的特色。实际上，感应线圈是为　　　　　　加热方式最终取决于流经感应线圈的回路电流所产生的电磁场强度、单位长度的线圈数量、线圈之间的距离和部件支配的电磁场强度。加热方式的微量调整可以通过改变线圈与连接器的距离来解决。

每一种特殊应用设计的。当必须钎焊大小不一截面的部件时，可以通过合并各种基本设计形式，来调节加热方式。

7.2.2 感应发生器的形式和规格

常用的三种感应发生器形式是：电动机、固态和摆管发生器。固态装置单元的频率范围在 10kHz 以下，一般用于代替电动机单元。具有几百千瓦功率的固态单元输出频率可以达到 50kHz，能够产生 100~200kHz 的产品最近已被研制出。

使用在感应钎焊领域的摆管发生器工作频率在 150~450kHz，功率水平可以达到 200kW，特殊要求时可以更高。摆管发生器工作在兆周范围(2~8MHz)，通常使用在非常薄的钎焊工件上。

接头区域的温度明显地受到加热速度的影响，加热速度取决于感应发生器的规格和控制线圈中交流电的能力。低功率一般会减慢加热速度，提高热传导的时间，从而平衡加热区域的温度。0.08~0.24kW/cm² 的功率密度是常用的取值范围，减慢加热速度有时也是需要的，一般来说其结果是降低了生产效率。感应发生器的规格取决于将要连接部件的尺寸和质量。

7.2.3 感应发生器尺寸

因为加热速度能够通过感应发生器输出功率来计算，达到所规划产品范围的加热器容量的计算是很重要的。一般地，给定应用所要求的最小规格感应发生器最好通过试验确定。初步的估算可以考虑以下因素：

（1）将要连接的部件所吸收的功率；

（2）工件上辐射的功率；

（3）所要求的生产速度。

因为在感应钎焊中使用的温度相对较低(621~815℃)，工件上辐射损耗相对较少，一般在初步的估算中忽略不计。

不合理的功率水平的选择，会导致感应钎焊难度增加。通常是使加热速度过快，当感应钎焊异种材料时，非常快的加热速度扩大了电导率和热传导的影响。例如一个接头中包含钢和铜，一般来说需要缓慢的加热速度，期望将要连接的部件表面和填充金属的表面温度尽可能地均匀。另一个问题是随着功率密度的增加，电磁场引起工件的相对运动，这样也容易导致不合格的组件。

同样，接头两端部件质量明显不同时，低的加热速度有助于使两边的温度均匀。在感应钎焊薄壁管与厚壁管接头时，低的加热速度提高了通过热传导达到均匀温度的时间。为了调整两端部件质量差造成的潜在问题，感应发生器应该是无级调节，整个范围的功率控制意味着从零到额定载荷。

7.2.4 耦合装置

载荷吸收的实际能量取决于电源到载荷(线圈、工件、线圈架)之间的能量转换方式。当电源输出阻抗等于线圈的输入阻抗时，可以实现最合适的转换，构成载荷的回路应该是平衡的。

大多数发生器提供了容易进行内部调节的感应值或容量以帮助耦合。另外，外部装置(例如耦合转换或改变容量)也经常被使用。

7.2.5 感应钎焊用夹具和工件的传输

在大多数涉及感应钎焊的应用中，需要用夹具将连接的部件保持在合适的位置上，并且允许被焊部件进出感应线圈。这些搬运夹具包括锁紧固定和定位销。

对所有靠近感应线圈的夹具和输送设备的材料有一些特殊要求。采用无感应和热阻材料，例如人工或自然生成的陶瓷、石墨和玻璃填充夹层等，不能被电磁场影响并且能够使用封闭的环形设计。其中许多材料还具有能够被加工、加热或铸造成形的能力。

当金属材料使用在夹具和传输设备上时，应该使用非电磁材料。例如奥氏体不锈钢或铝及铝合金。在夹具

感应线圈所产生的电磁场并不完全包含在该线圈内部，而是伸展到线圈的外部，虽然距离很小。当夹具和辅助设备是电导体或距离线圈很近时，有可能被感应加热。所以对所有靠近感应线圈的夹具和输送设备的材料有一些特殊要求。

上，连接感应线圈的感应连接器或机头中的金属回路应该避免采用封闭式的设计。为了安全应该记住，感应线圈应采用陶瓷铸造包敷或用绝缘材料包缠，裸露的线圈是危险的。

7.3 感应钎焊工艺

7.3.1 感应钎焊用钎料和钎剂

1. 感应钎焊用钎料

适合于感应钎焊钎料的基本要求如下：

（1）能够湿润并合金化将要连接的表面；

（2）熔点低于被连接材料部件的熔点；

（3）靠毛细作用，适当的流动性可以使钎料填满缝隙；

（4）接头具有合适的强度、导电性、抗腐蚀性，满足应用中的机械、电气、化学特点。

许多材料可以采用感应钎焊连接，包括碳钢、低合金钢、不锈钢、铸铁，还有铜及铜合金、镍、钴和耐热合金、钛和锆合金、钼合金以及其他新材料（如陶瓷和石墨等）。许多钎料可以满足钎焊合金比金属熔点低以及连接表面合金化的要求。

银基钎料的应用领域非常广泛，可以通过感应方法钎焊黑色金属或有色金属。

感应钎焊温度一般在621~843℃范围变化，钎料固相线和液相线温度差的变化，能明显地影响钎料的流动性。在感应钎焊中，偶然也使用其他的银基或铜基钎料，钎焊温度的变化最高能达到纯铜的熔点1083℃。BAg45CuZnCd钎料熔点为620℃，允许使用在相对较低的温度下，因此消耗较小的能量。在感应钎焊的部件上，有限的冶金变化会减小工件氧化，并且降低清除残渣的难度。这种钎料的熔化范围窄，流动性好。

钎料BAg35CuZnCd具有一个宽的熔化温度范围（542~702℃），流动性好，有利于填满钎缝或填充装配很差的接头。在BAg50CuZnCdNi中镍的加入有助于改善湿润性和塑性，用于连接铸铁与钢、不锈钢，或连接碳钢等。含有接近15%银、80%铜和5%磷的三元合金钎料（BCu80AgP），因为与铜有自钎剂作用，经常被使用在连接铜或铜合金中。BCu80AgP钎料不能使用于黑色金属，因为它易形成磷铁脆性化合物。

共晶钎料（72%银及28%铜）的熔点接近780℃，因为不含有挥发性成分（如钙和锌），故经常使用在控制气氛的感应钎焊中。银含量为65%~72%的钎料，在珠宝工业中连接银部件时，会形成良好的相匹配的颜色。当金属需要高的连接温度时，Cu-Au或Cu钎料能够在控制气氛的感应钎焊中体现优势。

2. 感应钎焊用钎剂

预清理对于加工出理想的钎焊接头是必要的。将要钎焊的表面在加热之前进行化学清理，以清除热处理附着物、腐蚀产物和油脂等。预清理过的接头区域应尽快用钎剂处理，防止在空气中加热氧化，避免在搬运和暴露中污染。在用钎剂处理和感应钎焊之前，如果部件首先经过电处理移去了表面的石墨碳，则钎焊铸铁部件的质量取决于气密性、致密性和强度。

含有氟盐和碱，有时还含有钾的钎剂，尤其是使用银钎料时，一般可用在感应钎焊上，这些钎剂一般以膏状形式使用，用刷子或用自动处理设备喷洒在工件上。温度在593℃时钎剂变成流体并具有活性，分解了残余的氧化物，保护了将要连接的金属表面。这些钎剂也促进了润湿性和钎料在熔点以上的流动性。许多市场上获得的适合感应钎焊的钎剂是专利产品。

7.3.2　感应钎焊工艺要点

1. 感应钎焊的接头设计

感应钎焊接头设计的注意事项包括：

（1）加热方式；

（2）预置钎料的方式；

（3）装配部件的间隙；

（4）将要连接材料的热膨胀系数和电特性。

小知识　存在应力集中、较高的残余应力或在不同材料中收缩量不同的接头，当接头部件的强度超过钎料的强度或接头部件材料的热膨胀系数不同时是危险的。碳化钨钢（3.3×10^{-6}℃$^{-1}$）和碳钢（6.7×10^{-6}℃$^{-1}$）之间存在明显的热膨胀差别，当碳化钨钢处于拉应力时特别不利，通常导致碳化钨钢一侧开裂。在这种条件下，一种叫做"夹芯"钎焊的方法是有帮助的。利用一个覆盖钎料的带钢（如在钢带双面镀银铜钎料），在这样一种钎焊条件下，如同在低的屈服强度条件下的塑性变形一样，使铜层的应力减小。

2. 接头的间隙

接头间隙0.038~0.051mm通常使用在银基钎料、同类材料感应钎焊的部件间。如果使用不同的加热或不同的材料，将要钎焊的部件将以不同的速度膨胀，因此要设计由于不同的膨胀而预留的间隙，以保证在加热到钎焊温度时合适的接头间隙。

3. 钎料成形

可以使用各种形状的钎料以适应感应钎焊快速加热或局部加热的要求。一些钎料也可以通过在基本金属表面镀上一层复合层来获得，例如在铜的两面分别镀上一层薄的钎料（0.06~0.25mm），这种包敷材料在接头冷却过程收缩时或使用中承受相当大的应力时使用。

成形钎料可以被预置在自动操作和控制钎料数量的场合，它们节约了材料，并能生产出外形均匀的产品。

4. 同时进行钎焊和淬火的工艺

在特殊场合下，钎焊和淬火可以在单一的感应加热过程中完成。例如，硬质合金刀头能被钎焊到钢刀杆上，在钎焊同时钢刀杆被淬硬。

对钎料进行适当的选择，一般使用钎焊温度在815~900℃范围内的钎料，事实上提供了奥氏体化的钢刀杆，刀杆材料的组织没有过分粗化。

钎焊和淬火的工艺过程包括：

（1）固定硬质合金刀头、钢杆和预置的钎料（涂有钎剂）；

（2）加热达到钎料流动的温度；

（3）冷却到钢杆的转变温度（取决于钢的类型，一般650℃或更低），同时钎焊接头凝固；

（4）在适当的淬火介质中淬火硬化；

（5）如果需要的话，回火至所需要的硬度，如果接头以这样的方式被设计，硬质合金由于不同的收缩率而被压缩的话，可以获得最好的结果。

在采矿工业中，大多数硬质合金工具在1038℃下铜钎焊，冷却到870～900℃范围内，然后在油中或合适的水-聚合物的淬火溶液中淬火。

根据感应钎焊速度快的工艺优点，已开发出更多的可以采用钎焊连接的材料，如钛、锆、钼、陶瓷和石墨。这些材料通常被使用在控制环境中，即在还原性气氛或真空中，以避免被氧化和挥发。在还原性气氛中的钎焊可以在某些关键的电子件和空间部件装配时不使用钎剂，这样就排除了清除钎剂问题。

控制环境下的感应钎焊利用了感应加热快的优点，包括加热的局部性和快的速度来实现对重复结果的精确控制。

5. 感应钎焊的安全事项

在过去的几十年中，感应钎焊在工业生产中应用得越来越多，安全事项主要体现在以下几个方面：

（1）电器设备；

（2）含有腐蚀性的钎剂；

（3）热的材料；

（4）在控制气氛钎焊中潜在的爆炸危险；

（5）在清洗和工艺中使用的化学品。

主要预防措施有：

（1）为接通发生器提供安全的开关；

（2）在感应线圈上加涂层，用胶囊包裹及机械覆盖；

（3）隔离机头和其他附属电器设备。

在一些材料被感应钎焊连接的同时，从钎剂和一些钎料中散发出的有毒的烟尘和气体，在缺少通风的场合下会危害操作者。大多数钎焊熔剂在高温时会散发出具有腐蚀性的烟尘，某些钎焊材料含有挥发性的镉，因此钎焊场所要求通风良好。

【综合训练】

7-1　感应钎焊的特点有哪些？感应钎焊方法常用来钎焊哪些材料？

7-2　正确设计和选用感应圈的基本原则是什么？

7-3　适合于感应钎焊钎料的基本要求有哪些？

7-4　感应钎焊接头设计应注意哪些事项？

7-5　感应钎焊可分为哪三种方式？各适用于什么生产情况？

第8章 其他钎焊方法

【学习目标】
　　(1) 熟悉烙铁钎焊、电阻钎焊、浸沾钎焊等常用钎焊方法的原理及特点，掌握其设备组成及工艺过程；
　　(2) 了解扩散钎焊、放热反应钎焊、光学及激光钎焊、超声波钎焊等特种钎焊方法的原理及特点。

8.1 烙铁钎焊

　　烙铁钎焊是利用烙铁工作部(烙铁头)积聚的热量来熔化钎料，并加热钎焊处的母材而完成钎焊接头的。

　　烙铁是一种软钎焊工具。烙铁种类很多，结构也各不相同。最简单的烙铁只是由一个作为工作部的金属块通过金属杆与手柄相连而成，本身不具备热源，需靠外部热源(如煤火，气体火焰等)加热，因此只能断续地工作。使用最广的一类烙铁是本身具备恒定作用的热源使烙铁头的温度保持在一定范围内，可以连续工作。所装备的热源，除少数(特大型烙铁)为气体火焰外，一般均为电加热元件，这就是当前广泛使用的电烙铁。电烙铁所用的加热元件有两种：一种是绕在云母或其他绝缘材料上的镍铬丝；另一种是陶瓷加热器，是把特殊金属化合物印刷在耐热陶瓷上经烧制而成。电烙铁有外热式和内热式两种。内热式电烙铁加热器热效率和绝缘电阻高，静电容量小，寿命长，因此在相同功率下内热式电烙铁外形比外热式小巧，特别适于钎焊电子器件。

　　烙铁的工作部为烙铁头，是一金属杆或金属块，为了便于钎焊时进给钎料及加热母材。它的顶端常呈楔形等形状。烙铁头一般采用紫铜制作，它具有导热性好、易为钎料润湿的优点，但也易被钎料溶蚀，也不耐高温氧化和钎剂腐蚀。为了克服这些缺点，现在已较多使用镀铁的烙铁头。这种烙铁头仍用铜制作，但表面均匀地镀有一层厚度为 0.2~0.6mm 的铁。由于铁不易溶于锡，因而与一般铜烙铁头相比，这种烙铁头的寿命可延长 20~50 倍。为了改善对钎料的黏附能力，镀铁烙铁头的工作面常镀银或镀锡。

　　烙铁钎焊时，选用的烙铁大小(电功率)应与焊件的质量相适应，才能保证必要的加热速度和钎焊质量。由于手工操作，为了便于使用，烙铁的重量不能太大，通常限制在一千克以下。但是，这就使烙铁所能积聚的热量受到限制。因此，烙铁钎焊只适用于以软钎料钎焊薄件和小件，故多应用于电子、仪表等工业部门。

　　用烙铁进行钎焊时，应使烙铁头与焊件间保持最大的接触面积，并首先在接触处添加少量钎料，使烙铁与母材间形成紧密的接触，以加速加热过程。一般是将母材加热到钎焊温度，钎料常以丝材或棒材形式手工进给到接头上，直至钎料完全填满间隙，并沿钎缝另一边形成圆滑的钎角为止。烙铁钎焊时，一般采用钎剂去膜，钎剂可以单独使用。但在电子工业中多以松香芯钎料丝的形式使用。对于某些金属，烙铁钎焊时可采用刮擦和超声波的去膜方法。超声波烙铁的烙铁头应由蒙乃尔合金或镍铬钢等制造。与紫铜相比，它们在液态钎料中因空化作用产生的破坏较小。

8.2 电阻钎焊

电阻钎焊又称为接触钎焊，是利用电流通过焊件或与焊件接触的加热块所产生的电阻热加热焊件和熔化钎料的钎焊方法。钎焊时对钎焊处应施加一定的压力，电阻钎焊分为直接加热和间接加热两种方式，如图 8-1 所示。

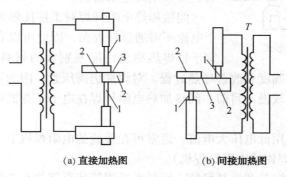

(a) 直接加热图　　　　(b) 间接加热图

图 8-1　电阻钎焊原理图

1—电极；2—焊件；3—钎料

直接加热电阻钎焊是用电极压紧二个零件的钎焊处，使电流流经钎焊面形成回路〔见图 8-1(a)〕，主要靠钎焊面及毗连的部分母材中产生的电阻热来加热。其特点是钎焊处由电流直接加热，加热速度很快。但要求零件钎焊面彼此保持紧密贴合。否则，将因接触不良而造成母材局部过热或接头严重未钎透等缺陷。加热程度视电流大小和压力而定，加热电流为 6000~15000A，压力在 100~2000N 之间。电极材料可选用铜、铬铜、钼、钨、石墨和铜钨烧结合金。为了保证加热均匀，通常电极的端面应制成与钎焊接头相应的形状和大小。它们的性能列于表 8-1、表 8-2 中。图 8-2 是几种电极形式示意图。

表 8-1　电极的特性

材　　质	电阻率/(Ω·cm²/m)	硬度/HV	软化温度/℃
钢	1.89	95	150
铜合金	2.0~2.13	110~150	250~450
铜钨合金	5.3~5.9	200~280	1000
钨	5.5	450~480	1000 以上
钼	5.7	150~190	1000 以上

电阻钎焊可采用钎剂和气体介质去膜。但对于直接加热电阻钎焊，不能使用固态钎剂，因其不导电。因此，尤其适合自钎剂钎料。当必须采用钎剂时，应以水溶液或酒精溶液形式使用。

表 8-2　石墨电极特性

状态及特性	软质	中等	硬质
电阻率/($\Omega \cdot cm^2/m$)	0.001	0.002	0.0061
热导率/($W \cdot m^{-1} \cdot K^{-1}$)	151	50	33.5

间接加热电阻钎焊，电流只通过焊件中的一个零件[见图 8-1(b)]，钎料的熔化和其他零件的加热均靠导热来实现；也可以将电流通过一个较大的石墨板，工件放在此板上，依靠

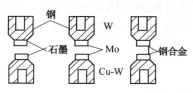

图 8-2　几种电极形式

由电流加热的石墨板的传热实现加热。间接加热电阻钎焊的加热电流为 100~3000A，压力在 50~500N 之间。电极材料需采用高电阻材料。

间接加热电阻钎焊对工件接触面配合的要求较低，由于电流不需通过钎焊面，因此可以直接使用固态钎剂，适宜于钎焊热物理性能差别大的材料和厚度相差悬殊的焊件。但为了保证装配准确度和改善导热过程，对焊件仍需压紧。因为不是依靠电流直接通过加热的，因此加热速度较慢。目前，间接加热电阻钎焊在电子工业的印刷板电路生产中使用广泛。

电阻钎焊适宜于使用低电压大电流，通常可在普通的电阻焊机上进行，也可使用专门的电阻钎焊设备(电阻钎焊钳或电阻钎焊机)。

电阻钎焊广泛使用铜基和银基钎料。钎料常采用箔状直接放在零件的钎焊面之间。在某些情况下，工件表面可电镀或包覆一层金属作钎料用。若使用钎料丝，应使钎焊面加热到钎焊温度后，将钎料丝末端靠紧钎缝间隙，直至钎料熔化，填满间隙，并使全部边缘呈现平缓的钎角为止。

电阻钎焊的优点是加热迅速、生产率高，加热十分集中，对周围的热影响小，工艺较简单、劳动条件好，而且过程容易实现自动化。其适于钎焊接头尺寸不大，形状不太复杂的工件。目前主要用于钎焊刀具、带锯、电动机的定子线圈、导线端头、电触点以及电子设备中印刷电路板上集成电路块和晶体管等元器件的连接。

8.3　浸沾钎焊(液体介质中钎焊)

浸沾钎焊是把工件局部或整体地浸入盐混合物(称盐浴)或钎料溶液(称金属浴)中，依靠这些液体介质的热量来实现钎焊过程。

浸沾钎焊由于液体介质的热容量大、导热快，因此能迅速而均匀地加热焊件，生产率高，焊件的变形、晶粒长大和脱碳等现象都不显著。钎焊过程中液体介质能保护焊件不受氧化，并且熔液温度能精确地控制在 ±5℃ 范围内，因此，钎焊过程容易实现机械化，有时还能同时完成淬火、渗碳等热处理过程，特别适用于大批量生产。

浸沾钎焊可分为盐浴钎焊和金属浴钎焊。

8.3.1　盐浴钎焊

盐浴钎焊主要用于硬钎焊。钎焊过程中，焊件的加热和保护都是靠盐浴来实现的，因此，必须正确选择盐混合物的成分。盐浴的成分应满足的要求有：具有合适的熔化温度；对工件起保护作用而无不良影响；成分和性能稳定。盐浴的组分通常可分为以下几

类：①中性氯盐，它可以防止工件氧化。除了用铜钎焊低碳钢外，用铜基钎料和银基钎料钎焊时，应在工件上施加钎剂。②在中性氯盐中加入少量钎剂，如硼砂，以提高盐浴的去氧化能力。这时，在工件上不必再施加钎剂。为了保持盐液的去氧化能力，需要周期性地加入补充钎剂。③渗碳和氮化盐，这些盐本身具有钎剂作用，而且在钎焊钢时，可对钢表面起渗碳和渗氮作用。④钎焊铝及铝合金时，盐液既是导热的介质，又是钎焊过程中的钎剂。为了保证钎焊质量，在使用中必须定期检查盐液的组成及杂质含量并加以调整。

盐浴钎焊的基本设备是盐浴槽。现在工业上用的盐浴槽大多是电热的，其加热方式有两种：一种是外热式的，即由槽外电阻丝加热，它的加热速度慢，必须用导热好的金属制作，由于不耐盐液的腐蚀，因此应用不广；另一种是内热式的，它靠电流通过盐液时产生的电阻热来加热盐液并进行钎焊，应用较广。

内热式盐浴槽的典型结构如图8-3所示。其内壁采用耐盐液腐蚀的材料制成，通常为不锈钢或高铝砖；而铝钎焊用盐浴槽材料为碳钢或纯铜。加热电流通过插入盐浴槽中的电极导入，电极材料也视盐熔液成分而定，一般可用碳钢、紫铜；而铝钎焊盐浴槽的电极材料应采用石墨或不锈钢。为了操作安全，常使用低电压(10~15V)大电流的交流电工作。

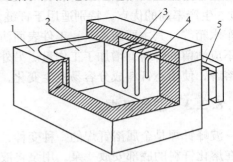

图8-3　内热式盐浴槽
1—炉壁；2—槽；3—电极；4—热电偶；5—变压器

盐浴钎焊时，当电流通过盐液时，由于电磁场的搅拌作用，整个盐液温度比较均匀，可控制在±3℃范围内。但由于盐液的黏滞作用和电磁循环，焊件浸入时零件和钎料可能发生错位，因此必须进行可靠的定位。在这种条件下，使用敷钎料板是最方便的，其次是使用钎料箱，将其预置于钎缝间隙内。将钎料丝置于间隙外的方式应慎重采用，因为除有可能发生错位外，还可能出现钎料过早熔化的问题。

在盐浴钎焊中，由于盐液的保护作用，对去膜的要求有所降低。但除了在用铜基钎料钎焊结构钢时可以不用钎剂去膜，其他仍需使用钎剂。加钎剂的方法，是把焊件浸入熔化的钎剂中或钎剂水溶液中，取出后加热到120~150℃除去水分。

钎焊前，一切要接触盐液的器具和工件均应预热除水，防止接触盐液时引起盐液猛烈喷溅，预热温度一般为120~150℃。为了减小工件进入时盐液温度的下降，缩短钎焊时间，并保持均匀加热，预热温度可提高。

钎焊时，为了防止空气被堵塞而阻碍盐液流入，造成漏钎，工件通常以一定的倾角浸入。钎焊结束后，工件也应以一定的倾角取出，以便盐液流出，不致冷凝在里面。但倾角不能过大，以免尚未凝固的钎料流积在接头一端或流失。

盐浴钎焊的优点是生产率高，容易实现机械化，适宜于批量生产。不足之处是需要使用大量的盐类，特别是钎焊铝时要大量使用含氯化锂的钎剂，成本很高；盐液大量散热和放出腐蚀性蒸气，同时遇水有爆炸危险，劳动条件较差，污染严重；不适于间歇操作，工件的形状必须便于盐液完全充满和流出。由于这些缺点，这种钎焊方法现在已很少使用。

8.3.2 金属浴钎焊

这种钎焊方法是将装配好的工件进行钎剂处理，然后浸入熔化的钎料中，依靠熔化的钎

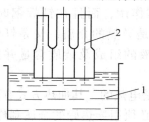

图 8-4 熔化钎料中浸沾钎焊
1—熔化的钎料；2—焊件

料把工件钎焊处加热到钎焊温度，同时渗入接头间隙中，并在工件提起时保持在间隙内，凝固形成接头。图 8-4 是这种方法的原理图。

施加钎剂的方式有两种：一种是先将工件浸入熔化的钎剂中，取出干燥后再浸入熔化钎料中；另一种是在熔化的钎料表面覆盖一层钎剂，工件通过熔态钎料时就沾上了钎剂。为了防止熔态钎剂的失效，必须不断更换或补充新的钎剂。后一种方式又可防止熔态钎料的氧化，因此，如果钎料在熔化状态下氧

化严重，则必须采用后一种方式。

这种方法主要用于以软钎料钎焊钢、铜及铜合金。该方法具有装配较容易（不必安放钎料）、生产率高的优点，特别适用于钎缝多而密集的产品，诸如蜂窝式换热器、电机电枢、汽车水箱等。其主要缺点是，工件表面沾满钎料，增加了钎料的消耗量，必要时还需清除表面不应沾留的钎料，增加了工作量。另外，由于钎料表面的氧化，浸沾时混入污物以及母材的溶解，使熔态钎料成分容易发生变化，需要经常更新。

8.3.3 波峰钎焊

波峰钎焊是金属浴钎焊的一种变种，主要用于印刷电路板的钎焊。波峰钎焊过程的特点是在熔化钎料的底部安放一泵，用泵将液态钎料通过喷嘴向上喷起，形成波峰去接触随传送带前进的印刷电路板底面，实现元器件的引线和铜箔电路的钎焊连接。图 8-5 为波峰钎焊的原理图。

波峰钎焊可分为单波峰钎焊、双波峰钎焊及喷射空心波钎焊等。图 8-6 所示的是双波峰钎焊的示意图。

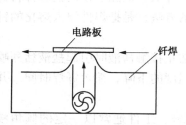

图 8-5　波峰钎焊原理图

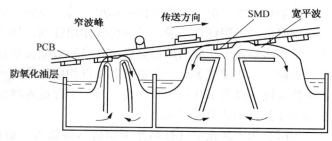

图 8-6　双波峰焊示意图

波峰钎焊使用的设备是波峰钎焊机。它是一个自动系统，能完成印刷板电路钎剂处理、预热、钎焊、冷却等工序。其核心部件为一内部装备着泵和喷管的、能加热和控制温度的熔化钎料槽。

波峰钎焊的特点是钎料波峰上没有氧化膜和污物，能使电路板与钎料保持良好的接触，导热好，因而可大大加快钎焊速度，提高生产率；因钎料在液态不断流动，容易氧化，为此在表面常施加覆盖剂，或采用抗氧化锡铅钎料；只要求印刷电路板作直线等速运动，故使用的传送带系统简单易行。但是其设备投资大、维修费用高。

8.4 特种钎焊

8.4.1 扩散钎焊

扩散钎焊是把互相接触的固态异质金属或合金加热到他们的熔点以下，利用相互的扩散作用，在接触处产生一定深度的熔化而实现连接。当加热金属能形成共晶或一系列具有低熔点的固溶体时，就能实现这样的扩散钎焊。接触处所形成的液态合金在冷却时是连接两种材料的钎料，这种钎焊方法也称"接触-反应钎焊"或"自身钎焊"。当两种金属或合金不能形成共晶时，可在工件间放置垫圈状的其他金属或合金，以同时与两种金属形成共晶实现扩散钎焊。

在钎焊加热过程中钎缝间隙内形成的液态合金，不是像一般钎焊方法那样因随后降温凝固而形成钎缝，而是在高于钎料的固相线温度的条件下长时间保温，使之等温凝固而形成钎缝的。钎缝等温凝固的机理是，在加热保温过程中，间隙中的钎料熔化后，随着母材的溶入和钎料中的低熔点组元或起降低钎料熔点作用的组元(降凝剂)的散失，间隙中液态合金的固相线温度逐渐升高，当这种过程持续进行而使合金的固相线温度升高到超过加热温度后，合金即发生等温凝固。扩散钎焊方法的热过程和钎缝凝固过程及其与一般钎焊方法的区别可以用图8-7来表明。

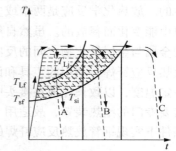

图8-7 一般钎焊方法(A、B)和扩散钎焊方法(C)的热过程和钎缝凝固过程

T_{sf}，T_{Lf}，T_{sj}，T_{Lj}—分别为钎料的固相线、液相线温度、钎缝的固相线、液相线温度；实线—加热过程；虚线—冷却过程

在扩散钎焊的等温凝固钎缝中，由于母材的溶解是有限度的，因此母材的溶入不起主要作用，而钎料的低熔点组元或起降低熔点作用的组元的散失对等温凝固有决定性的意义。这些组元从钎缝中散失可依靠下列不同过程实现：向母材中扩散；往周围介质中蒸发；与母材形成高熔点金属间化合物。目前，以钎料组元向母材中扩散为基础的扩散钎焊方法应用较广。

实现这类扩散钎焊过程的基本条件是，在钎焊温度下母材对于钎料中的低熔点组元或降凝剂组元具有足够宽的固溶体区域。扩散钎焊过程可分为三个阶段。首先是接触处在固态下进行扩散，合金接触处附近的合金元素饱和，但未达到共晶的浓度。接着，接触处达到共晶成分的地方形成液相，促进合金元素的继续扩散，共晶的合金层将随时间增加。最后停止加热，接触处合金凝固。

扩散钎焊由于需要长时间加热保温，故最适宜于采用保护气氛炉中加热和真空炉中加热的方法。扩散钎焊使用的钎料成分一般不同于常规钎料，且大多数是通过加在母材表面的金属镀层或夹在间隙中的金属箔在加热中与母材接触反应来形成的。扩散钎焊的主要工艺参数是温度、压力和时间。尤其是温度对扩散系数的影响最大。压力有助于消除结合面微细的凹凸不平，它与温度、时间有着密切关系。

和一般钎焊方法相比，扩散钎焊的优点是能改善钎缝的结晶过程，可以保证得到平衡的钎缝组织，提高它的强度、塑性、抗腐蚀性以及重熔温度等，消除在某些情况下钎缝结晶中可能出现的低熔组织或脆性相。但其生产周期长，成本也较高。

8.4.2 电子束钎焊

电子束钎焊的加热原理与电子束焊相同，是利用在高真空下，被聚焦棱镜聚焦的电子流在强电场中高速地由阴极向阳极运动中，电子与零件的钎焊面（阳极）碰撞的动能转变为热能来实现钎焊加热的。与电子束焊不同的是，由于钎焊要求的加热温度要低得多，因此通常采用扫描的或散焦的电子束。

电子束钎焊能实现对微小面积的高速加热，且对母材的影响小。但是它要求使用高真空和高精度的操纵装置，设备复杂、钎焊过程生产率低、成本高。

8.4.3 放热反应钎焊

放热反应钎焊是另一种特殊硬钎焊方法。使钎料熔化和流动所需的热量是由放热化学反应产生的。放热化学反应是两个或多个反应物之间的任何反应，并且反应中的热量是由于系统的自由能变化而释放的。虽然自然界为我们提供了无数的这类反应，但只有固态或接近于固态的金属与金属氧化物之间的反应才适用于放热反应钎焊装置。

放热反应钎焊，利用的工具和设备很简易。该法利用反应热使邻近或靠近的金属连接面达到一定温度，以致预先放在接头中的钎料熔化并润湿金属交接面的表面。放热反应的特点是不需要专门的绝热装置，故适用于难以加热的部位或在野外钎焊的场合。目前已有在宇宙空间条件下实现钢管放热反应钎焊的实例。

8.4.4 光学及激光钎焊

光学钎焊是利用光的能量使焊点处发热，将钎料熔化、浸润被焊零件，填充连接的空隙。目前常用的光学钎焊法有两种。一种是红外灯直接照射，使钎料熔化，一般用于集成电路封盖。另一种是利用透镜和反射镜等光学系统，将点光源的射线经聚光透镜成平行光束，光束的大小由一组透镜聚焦调节，光线与被焊物的作用时间长短靠一个特殊的快门来控制。根据不同的设备可以应用在微电子器件内引线焊接和管壳的封装。它所用的钎料一般是预成形的环形、圆形、矩形、球形的钎料。

激光钎焊是使用激光束作为钎焊加热的热源。激光束是用激光器发射的高相干性的、几乎是单色的、高强度的细电磁辐射波束，它能聚焦在直径仅为 $1 \sim 10 \mu m$ 的小面积中，从而得到很高的能量密度。因此可以使用激光来实现对微小面积的高速加热并保证对毗连的母材性能不产生明显影响。它的这种加热特性适宜于钎焊连接对加热敏感的微电子器件。与电子束钎焊比较而言，其优点是激光辐射可以用简单的光学系统来实现聚焦，而且它不要求真空环境，可在任何气氛中使用，因此设备较简单、成本较低、生产率高。

8.4.5 超声波钎焊

超声波钎焊法是利用超声波振动传入熔化钎料，利用钎料内发生的空化现象破坏和去除母材表面的氧化物，使熔化钎料润湿纯净的母材表面而实现钎焊。其特点是钎焊时不需使用钎剂。超声波钎焊法常应用于低温软钎焊工艺。随着温度升高，空化破坏加剧，当零件受热超过 $400℃$，则超声波振动不仅使钎料的氧化膜微粒脱落，而且钎料本身也会小块小块地脱落。因此，通常先将零件搪上钎料，再利用超声波烙铁进行钎焊。

【综合训练】

8-1　烙铁钎焊是软钎焊方法还是硬钎焊方法？

8-2　烙铁钎焊的原理及特点是什么？

8-3　电阻钎焊的原理及特点是什么？

8-4　浸沾钎焊的原理及特点是什么？

8-5　盐浴浸沾钎焊所用的加热介质有哪些？需要注意哪些安全事项？

8-6　扩散钎焊的原理及过程是什么？

8-7　什么是超声波钎焊？

8-8　什么是波峰钎焊？

8-9　汽车水箱的常用钎焊方法有哪些？

8-10　微电子产品的常用钎焊方法有哪些？

第9章　常用金属材料的钎焊工艺

【学习目标】
　　(1) 了解碳钢、低合金钢、不锈钢、工具钢及硬质合金、铸铁等常用金属材料的钎焊特点，能够选择钎焊材料；掌握碳钢、低合金钢、不锈钢、工具钢及硬质合金、铸铁等常用金属材料的钎焊工艺；
　　(2) 掌握铝及其合金的钎焊性、软钎焊和硬钎焊的工艺特点、钎焊方法等知识；
　　(3) 掌握铜及其合金的钎焊性、钎焊材料及钎焊工艺等知识；
　　(4) 了解镁及其合金的钎焊性、钎焊工艺等知识。

9.1　材料的钎焊性

　　根据国际焊接学会对材料焊接性的定义可以推出，材料的钎焊性是指材料在一定的钎焊条件下获得优质接头的难易程度。对某种材料而言，若采用的钎焊工艺越简单，钎焊接头的质量越好，则该种材料的钎焊性越好；反之，如果采用复杂的钎焊工艺也难获得优质接头，那么该种材料的钎焊性就差。

　　影响材料钎焊性的因素有材料因素和工艺因素。材料因素是指材料本身的性质，如 Cu 和 Fe 的表面氧化物稳定性低而易去除，因而 Cu 和 Fe 的钎焊性好；Al 的表面氧化物非常致密稳定而难于去除，因而铝的钎焊性差。

　　工艺因素是指钎料、钎剂和钎焊方法等。例如大多数钎料对 Cu 和 Fe 的润湿作用都比较好，而对 W 和 Mo 的润湿性差，因而 Cu 和 Fe 的钎焊性好，而 W 和 Mo 的钎焊性差；又如 Ti 及其合金同大多数钎料作用后，会在界面形成脆性化合物，故 Ti 的钎焊性差；再如低碳钢在炉中钎焊时对保护气氛的要求较低，而含 Al、Ti 的高温合金只有在真空钎焊时才能获得良好的接头，故碳钢的钎焊性好，而高温合金的钎焊性差。

9.2　碳钢和低合金钢的钎焊

9.2.1　钎焊性

　　碳钢和低合金钢的钎焊性很大程度上取决于表面形成的氧化物成分和结构。焊接时，在碳钢表面上往往会形成 $\alpha\text{-}Fe_2O_3$、$\gamma\text{-}Fe_2O_3$、$Fe_3O_4(FeO \cdot Fe_2O_3)$ 和 FeO 四种类型的氧化物。这些氧化物除了 Fe_3O_4 之外都是多孔和不稳定的，它们容易被还原性气体所还原，也容易被钎剂所去除，因而碳钢的钎焊性较好。

　　对低合金钢而言，如果所含的合金元素含量相当低，则材料表面上所存在的氧化物基本上是铁的氧化物，这时的低合金钢具有与碳钢一样的钎焊性。如果所含的合金元素含量增多，特别是像 Al 和 Cr 这样易形成稳定氧化物的元素增多，会使低合金钢的钎焊性变差，这时应选用活性较大的钎剂或露点较低的保护气体进行钎焊。

另外，合金钢常在淬火和回火状态下使用，所以还必须考虑钎焊时发生的退火软化等问题。

9.2.2　钎焊材料

1. 钎料

碳钢和低合金钢的钎焊包括软钎焊和硬钎焊。软钎焊中应用最广的钎料是锡铅钎料，这种钎料对钢的润湿性随含锡量的增加而提高，因而对密封接头宜采用含锡量高的钎料。锡铅钎料的钎焊温度低，对母材性能不产生有害影响。但锡铅钎料与钢能形成 FeSn 金属间化合物，为避免该层化合物的形成，所以要适当控制钎焊温度及保温时间。用锡铅钎料钎焊的低碳钢接头的抗剪强度列于表 9-1 中，其中以 $\omega(\mathrm{Sn})$ 为 50% 的钎料钎焊的接头强度最高，不含锑的钎料所焊的接头强度比含锑的高。

表 9-1　锡铅钎料钎焊的碳钢接头的抗剪强度

钎料牌号	S-Pb90Sn	S-Pb80Sn	S-Pb70Sn	S-Pb60Sn	S-Sn50Pb	S-Sn60Pb
抗剪强度/MPa	19	28	32	34	34	30
钎料牌号	S-Pb90SnSb	S-Pb80SnSb	S-Pb70SnSb	S-Pb60SnSb	S-Sn50PbSb	S-Sn60PbSb
抗剪强度/MPa	12	21	28	32	34	31

碳钢和低合金钢硬钎焊时，主要采用纯铜、铜锌和银铜锌钎料。纯铜由于熔点高，钎焊时易使母材氧化，主要用于气体保护钎焊和真空钎焊。但应注意的是接头间隙应小于 0.05mm，以免产生因铜的流动性好而使接头间隙不能填满的问题。钎焊时，铁有溶于铜中的倾向，而铜又能向铁的晶间渗入，由于钎料和母材的合金化，钎缝强度大大提高，一般抗剪强度在 150～215MPa 之间，而抗拉强度在 170～340MPa 之间。

与纯铜相比，铜锌钎料因 Zn 的加入而使钎料熔点降低。使用黄铜钎料时，为了防止锌的蒸发，一方面可在铜锌钎料中加入少量的 Si；另一方面必须采用快速加热的方法，如火焰钎焊、感应钎焊、浸沾钎焊等。黄铜钎料的钎焊温度比较低，钢不会发生晶粒长大，钎焊接头的强度和塑性均较好，例如用 B-Cu62Zn 钎料钎焊的低碳钢接头的抗拉强度可达 420MPa，抗剪强度可达 290MPa。

采用银铜锌钎料时，主要采用 BAg25CuZn、BAg45CuZn、BAg40CuZnCd 和 BAg50CuZnCd 钎料。银铜锌钎料工艺性能好，钎焊温度比铜基钎料低，在钢表面具有良好的铺展性，钎焊接头的强度和塑性均较好，主要用来钎焊重要的结构。其钎焊接头的抗剪强度和抗拉强度列于表 9-2 中。银铜锌钎料适用于碳钢和低合金钢的火焰钎焊、感应钎焊和炉中钎焊，但炉中钎焊时要尽量降低 Zn 的含量，同时应提高加热的温度。

表 9-2　银铜钎料钎焊的低碳钢接头的强度

钎料牌号	B-Ag25CuZn	B-Ag45CuZn	B-Ag50CuZn	B-Ag40CuZnCd	B-Ag50CuZnCd
抗剪强度/MPa	199	197	201	203	231
抗拉强度/MPa	375	362	377	386	401

钎焊淬火的合金钢，如 30CrMnSiA 时，应防止钎焊过程中发生退火，以致降低合金钢的机械性能，钎焊温度应限制在高温回火温度以下。这时必须使用 BAg40CuZnCd 钎料，它可以保

证得到高质量的接头，使接头的抗剪强度达到 349~431MPa，抗拉强度为 476~651MPa。

2. 钎剂

钎焊碳钢和低合金钢时均需使用钎剂或保护气体。钎剂常按所选的钎料和钎焊方法而定，当采用锡铅钎料时，可选用氯化锌与氯化铵的混合液作钎剂或选用其他专用钎剂。这种钎剂的残渣一般都具有强烈的腐蚀性，钎焊后应对接头进行严格的清洗。

采用铜锌钎料进行硬钎焊时，应选用 FB301 或 FB302 钎剂（参见 JB/T 6045—1992《硬钎焊用钎剂》，下同），即硼砂或硼砂与硼酸的混合物；在火焰钎焊时，还可采用硼酸甲酯与甲酸的混合液作钎剂，其中起去膜作用的是 B_2O_3 蒸气。

当采用银铜锌钎料时，可选用 FB102、FB103 和 FB104 钎剂，即硼砂、硼酸和某些氟化物的混合物。这种钎剂的残渣具有一定腐蚀性，钎焊后应清除干净。

9.2.3 钎焊工艺

采用机械或化学方法清理待焊表面，确保氧化膜和有机物彻底清除。清理后的表面不宜过于粗糙，不得黏附金属屑粒或其他污物。

低碳钢和低合金钢可以用各种方法钎焊。火焰钎焊时，宜用中性或稍带还原性的火焰，操作时应尽量避免火焰直接加热钎料和钎剂。感应钎焊和浸沾钎焊等快速加热方法非常适合于调质钢的钎焊，同时宜选择淬火或低于回火的温度进行钎焊，以防母材发生软化。

在保护气氛中钎焊低碳钢时，由于氧化铁容易还原，对气体纯度要求不高。钎焊低合金钢如 30CrMnSiA 时，因金属表面尚有其他氧化物存在，因此对气体纯度要求高些。但是在低于650℃温度下钎焊时，即使纯度很高的气体，也不能使钎料铺展，必须配合使用气体钎剂，如 BCl_2、PCl_3、BBr_3 等，才能保证 BAg40CuZnCd 钎料在低合金钢表面上铺展。

钎剂的残渣可以采取化学或机械的方法来清除。有机钎剂的残渣可用汽油、酒精、丙酮等有机溶剂擦拭或清洗；氯化锌和氯化铵等强腐蚀性钎剂的残渣，应先在 NaOH 水溶液中中和，然后再用热水和冷水清洗；硼酸和硼酸盐钎剂的残渣不易清除，只能用机械方法或在沸水中长时间浸煮解决。

9.3 铝及其合金的钎焊

9.3.1 铝及其合金的钎焊性

应该说，从冶金钎焊性角度看，所有材料在一定条件下都是可以钎焊的。由冶金钎焊性所表征的材料获得优质接头的能力，又必须通过钎焊工艺来实现。而对钎焊工艺的适应能力，不同材料相差很大。影响材料工艺钎焊性的主要因素是材料表面氧化膜的特性、材料对钎焊加热的敏感性及材料与所用钎料、钎剂的相互作用特性等。

就上述各因素考察，铝及铝合金与其他金属相比，钎焊较困难，工艺钎焊性较差，其主要原因是：

（1）铝对氧的亲和力极大，表面很容易生成一层致密而稳定且熔点很高（约 2050℃）的氧化铝膜，很难去除。室温时氧化膜的厚度为 50Å 左右；在 500~600℃ 的钎焊温度下，膜厚剧增至 1000~2000Å，它们会严重阻碍钎料和母材的润湿和结合，成为钎焊时的主要障碍之一，只有采用合适的钎剂才能使钎焊过程得以进行。

（2）铝及铝合金钎焊的操作难度大。用硬钎料钎焊时，由于钎料的熔点同铝及铝合金的熔点相差不大，所以必须严格控制钎焊温度。温度控制稍有不当就容易造成母材过热甚至熔化，使钎焊过程难以进行。炉中钎焊和浸沾钎焊时，还应保持加热温度均匀；火焰钎焊时，因铝合金在加热过程中颜色不改变，而不易判断温度的高低，故对操作者技术水平要求较高。对一些热处理强化的铝合金，还会因钎焊加热引起过时效或退火等软化现象，导致钎焊接头性能降低。

（3）铝及铝合金钎焊接头的耐腐蚀性易受钎料和钎剂的影响。铝及铝合金的电极电位与钎料相差较大，使接头的耐腐蚀性降低，尤其是对软钎焊接头的影响更为明显。

（4）铝及铝合金中采用的大部分钎剂都具有强烈的腐蚀性，如果钎焊后不立即清除干净，接头有很快被腐蚀破坏的危险。即使钎焊后进行了清理，也不会完全消除钎剂对接头耐腐蚀性的影响。

应该指出，材料的工艺钎焊性不是不可改变的，随着钎焊技术的发展，新的钎焊方法、钎焊材料的出现，材料的工艺钎焊性相应地会得到改善。

9.3.2 铝及其合金的软钎焊

1. 铝及其合金的软钎焊性

常用的铝和铝合金的钎焊性如表9-3所示。

表9-3 铝及铝合金的钎焊性

牌 号	名 称	t_m/℃	名义成分 ω/%	软钎焊性	硬钎焊性
L2~L6	2~6 号纯铝	~660	Al>99	优良①	优良
LF21	21 号防锈铝	643~654	Al-1.3Mn	优良	优良
LF1	1 号防锈铝	634~654	Al-1Mg	良好②	优良
LF2	2 号防锈铝	593~648	Al-2.4Mg	困难③	良好
LF3	3 号防锈铝		Al-3.5Mg	困难	很差
LF5	5 号防锈铝	568~638	Al-4.7Mg	困难	很差
LY11	11 号硬铝	515~641	Al-4.3Cu-0.6Mg-0.6Mn	很差④	很差
LY12	12 号硬铝	505~638	Al-4.3Cu-1.5Mg-0.6Mn	很差	很差
LD2	2 号锻铝	593~651	Al-0.4Cu-0.7Mg-0.8Si-0.25Cr	良好	良好
LD6	6 号锻铝	~555	Al-2.4Cu-0.6Mg-0.9Si-0.15Ti	困难	困难
LC4	4 号超硬铝	477~638	Al-1.7Cu-2.3Mg-6Zn-0.2Cr-0.4Mn	很差	很差
ZL102		577~582	Al-12Si	很差	困难
ZL202(ZL7)		549~584	Al-5Cu-0.8Mn-0.25Ti	困难	困难
ZL301(ZL5)		525~615	Al-10.5Mg	很差	很差

① 表示容易进行钎焊。

② 表示一般能够保证钎焊质量。

③ 表示除非采用特殊的措施，否则不易进行钎焊。

④ 表示难以进行钎焊。

铝及铝合金的软钎焊是不常应用的方法，因为软钎焊中钎料与母材的成分及电极电位相差较大，易使接头产生电化学腐蚀。就软钎焊来说，纯铝（L2～L6）和铝锰合金（LF21）的钎焊性优良，容易进行钎焊。

铝镁合金的钎焊性与合金的含镁量有关，如图9-1所示。当用有机软钎剂钎焊时，随着合金含镁量的增多，Pb-Sn-Zn低温软钎料的铺展面积急剧减小。这是由于含镁量高的铝合金表面镁的氧化物增多，有机软钎剂难以去除它们，致使钎料难以铺展。用锌-铝钎料和反应钎剂钎焊铝镁合金时，钎料的铺展性基本不受含镁量的影响（见图9-1），因为反应钎剂是依靠与母材反应而破坏和清除母材表面氧化物，并在母材表面沉积纯金属层来保证锌-铝钎料铺展的。对铝镁合金来说，一般镁的质量分数小于1.5%时，钎焊性较好；镁的质量分数高于1.5%时，用有机软钎剂和低温软钎料钎焊比较困难；用高温软钎料和反应钎剂比较容易钎焊。此外，ω_{Mg}>0.5%的铝合金用含锡钎料钎焊时可能产生晶间渗入现象；对于锌基钎料也存在类似倾向，但远不及含锡钎料明显。合金中如有冷加工引起的应力，会加剧晶间渗入的倾向。钎焊前采取加热至370℃消除应力的处理，可以有效地减轻晶间渗入。

铝合金的含硅量对其钎焊性也有很大影响。从图9-2可以看出，不论是使用低温软钎料和有机软钎剂，还是使用高温软钎料和反应钎剂，随着铝合金中含硅量的增高，钎料的铺展性均下降。尤其是对后一种情况影响更大。这是因为铝硅合金表面上的氧化硅在有机软钎剂，特别是在反应钎剂中溶解量很小，所以影响钎料的铺展。因此，ω_{Si}高于5%的铝合金一般只宜采用超声波或机械刮擦方法清除氧化膜来钎焊。

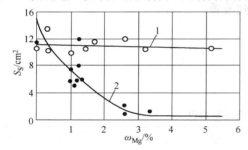

图9-1 钎料铺展性与铝合金含镁量的关系
1—Zn-Al钎料和反应钎剂；
2—Pb-Sn-Zn钎料和有机软钎料

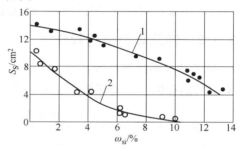

图9-2 钎料铺展性同铝合金含硅量的关系
1—Pb-Sn-Zn钎料和有机软钎料；
2—Zn-Al钎料和反应钎剂

热处理强化的铝合金，如LY11、LY12、锻造铝合金等，在钎焊加热时将发生过时效和退火等现象。例如，LY12铝合金试件在空气炉中加热到250～540℃温度范围，分别保温5min、10min和20min，空冷后再经五昼夜时效，其强度和塑性的变化如图9-3所示。由图可知，加热低于300℃，合金不出现软化现象；加热至300～420℃范围，由于析出的$CuAl_2$集聚粗化，发生强度下降、塑性回升的软化现象；经过460～500℃加热的合金，强度和塑性都好，强度可达314～323MPa，延伸率为15%～20%。因此，对这种热处理强化铝合金来说，适于在300℃以下或450℃以上的温度钎焊，即不宜采用高温软钎料钎焊。但采用低温软钎料钎焊，接头强度低，又不能发挥高强度铝合金的作用，加上这些合金大多有被钎料晶间渗入的倾向，故一般不宜采用软钎焊。

2. 钎焊工艺特点

铝及铝合金的软钎焊主要采用锌基钎料，按使用温度范围可分为低温（150～260℃）、中

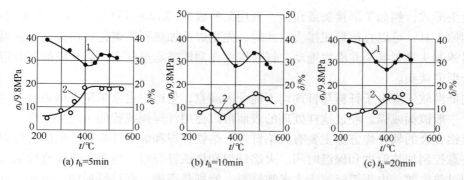

图 9-3　LY12 铝合金试件的强度和塑性随加热温度和保温时间的变化

1—σ_b；2—δ

温（260~370℃）和高温（370~430℃）铝用软钎料。各类软钎料的钎焊特点如表 9-4 所示。由表中数据可知，高温的锌基软钎料具有较好的性能。用锌基钎料钎焊的接头强度见表 9-5。

表 9-4　铝用软钎料的钎焊特点

钎料	t_m/℃	钎料成分	操作	润湿性	强度	抗腐蚀性	对母材的影响
低温软钎料	150~260	Sn-Zn 系 Sn-Pb 系 Sn-Zn-Cd 系	容易	较差	低	差	无影响
中温软钎料	260~370	Zn-Cd 系 Zn-Sn 系	中等	优秀 良好	中	中	热处理合金 有软化现象
高温软钎料	370~430	Zn-Al 系 Zn-Al-Cu 系	困难	良好	好	好	热处理合金 有软化现象

表 9-5　用锌基钎料钎焊的铝合金接头的抗拉强度

钎料牌号	σ_{bf}/MPa	σ_{bj}/MPa			
		纯铝	LF21	LY12	LD2
HL501	98	58.8	83.3		
HL502		63.7	84.3		
HL505	196-245	63.7	94	137	132.3

铝及铝合金软钎焊时常采用钎剂去膜。与低温软钎料（钎焊温度低于 275℃）配用的是以三乙醇胺为基的有机软钎剂。这类钎剂作用时产生大量气体，影响钎料的润湿效果，且使钎料难以填充间隙。但钎剂对母材的腐蚀性小，例如钎焊 LF21 铝合金时，QJ204 的残渣在湿空气下保留 1000h 而没有引起明显的腐蚀。与中温和高温软钎料（钎焊温度高于 275℃）配用的是反应钎剂。含氯化锡的反应钎剂一般约在 315~340℃ 温度作用，主要配合有类似熔化特性的 Sn-Zn 钎料使用。此钎剂不宜用于高温软钎料，因其会使 Sn 进入钎焊接头中，严重降低它的抗腐蚀性。以氯化锌为基的反应钎剂反应温度约为 340~380℃，适用于高温软钎料。其中 $88ZnCl_2-10NH_4Cl-2NaF$ 钎剂性能最好。使用时为了防止钎剂失效，钎料应预先放在钎焊处。反应钎剂具有强腐蚀性，其残渣必须在钎焊后仔细地清除干净。

此外，铝及其合金的软钎焊也可采用机械去膜方法和物理去膜方法，如刮擦钎焊和超声波钎焊等方法。这些方法一般不用来直接钎焊接头，而是向零件的钎焊面上涂覆钎料。但对于有些接头形式，例如T形接头或角接，利用某些成分(如Zn-5Al-4.5Ag-1.5Cu)的锌基钎料棒作刮擦工具，可以直接形成接头。此时，先把焊件加热到能熔化钎料棒端头的温度，然后用钎料棒端头靠紧接头并沿之拖动，钎料端头在刮擦破除母材表面氧化膜的同时熔化而与母材结合形成接头。

铝的低温软钎焊由于钎料与钎剂均不能令人满意，生产中也常采用母材表面预镀金属层的工艺，一般镀铜或镍。经过这样处理的表面可以使用钎焊铜或镍的工艺来钎焊。

铝及铝合金的软钎焊方法主要有火焰钎焊、烙铁钎焊和炉中钎焊等。但应比钎焊其他金属时更注意控制加热温度和保温时间。火焰钎焊和烙铁钎焊时，应避免热源直接加热钎剂以防止钎剂过热失效。由于铝能溶于大多数钎料，特别是高锡、高锌钎料中，因此一旦接头已完成应立即中止加热，以免发生母材溶蚀。

3. 接头的抗腐蚀性

铝和铝合金软钎焊的一个重要问题是接头的抗腐蚀性比较差。图9-4是铝合金软钎焊接头的强度随时间变化(降低)的情况。这主要是由钎料和母材的成分差别大、相互作用弱等因素造成的。

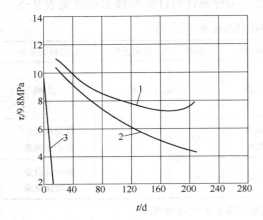

图9-4 用软钎料钎焊的铝合金接头强度随时间而减弱的情况

1—Zn-40Cd；2—Sn-10Zn；3—Sn-40Pb

因钎料和母材的成分截然不同，其电极电位也就不同，当接头相互接触时，如有电解质存在，在钎料-母材界面处将形成微电池，使接头发生电化学腐蚀，电极电位低的合金作为阳极将被腐蚀掉。表9-6列出了一些金属的电极电位。由表可见，锡和铅的电极电位比铝高，所以用锡铅钎料钎焊的铝合金接头，当形成微电池时铝为阳极。按理被腐蚀的应该是铝，而不是锡铅钎料，但实际情况并非如此。图9-5为接头的电极电位分布情况，由图可知，接头的电极电位分布出现了异常现象，即在铝和钎料的界面处形成了比铝更负的电极电位，致使界面处产生强烈腐蚀。形成这种电位分布的原因可能是锡铅钎料和铝的结合较差，界面往往存在空隙和微孔，促使缝隙腐蚀得到发展，接头很快从界面破坏。

表9-6 一些金属的电极电位

金 属	电极电位/V	金 属	电极电位/V
Zn	-1.10	Sn	-0.49
Al	-0.83	Cu	-0.20
Cd	-0.83	Bi	-0.18
Fe	-0.63	Ag	-0.08
Pb	-0.55	Ni	-0.07

低温软钎料中加入锌可以提高其抗腐蚀性。这是由于铝与锌能互溶，因而随着钎料含锌量的增加钎料和母材之间的结合加强，界面处的电极电位得到提高，接头的抗腐蚀性也因此得到改善(见图9-6)。

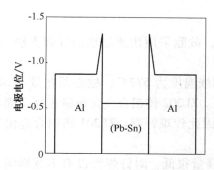
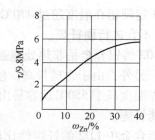

图9-5　用锡铅钎料钎焊铝时
接头电极电位分布图

图9-6　锡锌钎料含锌量对LF21
接头抗腐蚀性的影响(在3%NaCl+
0.1%H₂O₂溶液中腐蚀48h)

　　用锌基钎料钎焊铝时,接头的电极电位分布将发生根本的变化(见图9-7)。此时,钎料的电极电位比铝低,成为阳极。同时,钎焊时界面处钎料与铝作用较充分,形成一个较宽且致密的中间过渡层,所以从铝到钎料电极电位的过渡比较平缓。在这种情况下,钎料虽发生腐蚀,但由于钎缝有一定的宽度,且与铝的电极电位相差不多,故抗腐蚀能力仍很好。

　　当采用在铝表面预先镀铜或镍,再用锡铅钎料钎焊的工艺时,不但简化了去膜,且接头的电位分布也发生了有利的变化(见图9-8)。此时不会在界面和钎缝上发生腐蚀。所以生产上常采用这种工艺。

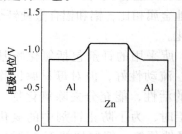
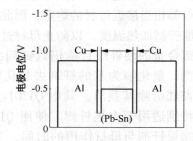

图9-7　锌基钎料钎焊铝时接头
电极电位分布图

图9-8　镀铜的铝接头电极电位图

9.3.3　铝及其合金的硬钎焊

　　1. 铝及其合金的硬钎焊性

　　铝和铝合金硬钎焊时的钎焊性与其成分、熔化温度和热处理情况等有密切关系,其硬钎焊时的钎焊性见表9-3。

　　纯铝和LF21铝锰合金的钎焊性最好,其表面氧化物可以用钎剂清除。对于铝镁合金,镁的质量分数高于1.5%时对钎焊性有很大影响。随着含镁量的增加,合金表面的氧化镁也增多,现有的钎剂不能有效地去除它们,致使合金的钎焊性变坏。当合金的 ω_{Mg} 高达2.5%以上时,钎焊困难,不推荐用钎焊方法来连接。

　　硬铝的钎焊性很差,主要问题是出现过烧。以LY12硬铝为例,加热温度超过505℃后,由于发生过烧,合金的强度和塑性均显著下降(见图9-3)。保温时间越长,过烧越严重,强度和塑性下降也越多,因此钎焊温度应控制在505℃以下。由于缺少合适的钎料,硬铝合金的硬钎焊是困难的。

LC4 超硬铝在温度超过 470℃ 时就发生过烧，故除采用快速加热的钎焊方法（如浸沾钎焊）外，不宜进行硬钎焊。

ZL102 铸铝合金是非热处理强化合金，固相线温度为 577℃，故必须在低于 577℃ 温度下钎焊。另外，由于含硅量高，使钎料难以润湿。ZL202 铸铝合金含铜量较高，固相线温度低，钎焊温度高于 550℃ 就容易出现过烧现象，因此较难钎焊。ZL301 铸铝合金由于含镁量高，不能钎焊。

锻铝合金中 LD2 的钎焊性比较好，它的含镁量很低，对钎焊性没有不利影响。LD2 合金的固相线温度为 593℃，故在低于 590℃ 的温度进行炉中钎焊，合金不会发生过烧现象。如果钎焊温度超过其固相线温度，可能出现不连续的过烧组织；若钎焊温度超过 600℃，则将出现较明显的过烧组织。所以钎焊这种合金时应严格控制钎焊温度不超过它的固相线温度，钎焊保温时间也应尽量短些。

LD6 锻铝合金的含镁量也不高，对钎焊性没有影响。但它的固相线温度约在 555℃ 左右，因此过烧敏感性比 LD2 合金大得多。LD6 合金的硬钎焊温度以 500~550℃ 为宜。但在 600℃ 以下浸沾钎焊时，对其机械性能没有不良影响。这是因为浸沾钎焊加热过程迅速，使过烧过程来不及发展。

2. 钎焊工艺特点

铝和铝合金的硬钎焊只能使用铝基钎料进行，其中铝硅钎料应用最广。各钎料的适用范围示于表 9-7 中。用它们钎焊的某些铝合金接头的抗拉强度列于表 9-8 中。由于这些铝基钎料的熔点都相当接近母材的熔点，因此与钎焊其他金属相比，铝和铝合金硬钎焊时应更严格而精确地控制加热温度，以防止母材过热甚至熔化。

铝和铝合金的硬钎焊目前仍以钎剂去膜为主。所采用的钎剂包括氯化物基钎剂和氟化物基钎剂。氯化物为基的钎剂去氧化膜能力强，流动性好，但对母材腐蚀作用大，钎焊后必须彻底清除其残渣。其中 QJ201 具有较好的活性，能充分去除氧化物，保证钎料的铺展，特别适用于火焰钎焊。使用 QJ201 钎焊铝时，为了防止钎剂中的氯化锌溶蚀母材，必须缩短钎剂与母材作用的时间，为此可将焊件预热。例如加热至 450℃ 再加钎剂，但这将使工艺过程变得复杂。氯化物为基的钎剂对母材具有强腐蚀性，钎焊后必须仔细清除钎剂残渣，这就限制了此类钎剂在某些产品结构或工艺上的应用。所以近年来发展了一种新型的氟化物铝钎剂，它去膜效果好，不吸潮，而且对母材无腐蚀作用，但熔点高，热稳定性差，限制了它的使用范围，只能配合铝硅钎料使用。此外，气体介质去膜的方法也日益广泛地得到应用。

表 9-7　各铝基钎料钎焊铝和铝合金的适用范围

牌　号	t_m/℃	t_b/℃	可钎焊的金属
HL400	577~582	582~640	L2-L6、LF21、LF1、LF2、LD2
HL401	525~535	555~575	L2-L6、LF21、LF1、LF2、LD2、ZL102
HL402	521~585	585~604	L2-L6、LF21、LF1、LF2、LD2
HL403	516~560	562~582	L2-L6、LF21、LF1、LF2、LD2

表 9-8　各铝基钎料钎焊的某些铝合金接头的抗拉强度

牌　号	σ_{bj}/MPa		
	纯铝	LF21	LY12
HL400	58.8~78.4	98~117.6	—
HL401	58.8~78.4	88.2~107.8	117.6-196
HL402	58.8~78.4	98~117.6	—
HL403	58.8~78.4	98~117.6	—

3. 铝及其合金的硬钎焊方法

铝合金的硬钎焊方法主要有火焰钎焊、炉中钎焊、浸沾钎焊、真空钎焊及气体介质保护钎焊等。

1）火焰钎焊

火焰钎焊多用于钎焊小型焊件和单件生产。有多种火焰可以使用。为避免使用氧乙炔焰时因乙炔中的杂质同钎剂接触而使钎剂失效，目前较多使用的是汽油压缩空气火焰。不论使用何种火焰，应调节成轻微还原性火焰，以防止母材氧化。具体钎焊时，可预先将钎剂、钎料放置于被钎焊处，与工件同时加热；也可将工件加热到钎焊温度，然后将蘸有钎剂的钎料送到钎焊部位；待钎剂与钎料熔化后，视钎料均匀填缝后，慢慢撤去加热火焰。与其他金属的硬钎焊相比，铝和铝合金硬钎焊的另一困难是对加热温度的掌握。

2）炉中钎焊

空气炉中钎焊铝及铝合金时，一般应预置钎料，并将钎剂溶解在蒸馏水中，配成浓度为50%~75%（质量分数）的稠溶液，再将它涂敷或喷射在钎焊面上，也可将适量的粉末钎剂覆盖于钎料及钎焊面处，然后把装配好的焊件放入炉中再进行加热钎焊。为防止母材过热甚至熔化，必须严格控制加热温度，炉温波动应控制在±3℃范围内。

但是，这种普通的空气炉中钎焊方法在钎料熔化前的加热过程中大部分钎剂会因空气中的水分作用而失效，对钎剂的效用有不利的影响，使在钎焊温度下真正起去膜作用的只是一小部分钎剂。因此发展了干燥空气炉中钎焊铝的方法，它的技术价值可由图 9-9 所提供的数据中体现出来。图中曲线呈示出了在不同露点温度的干燥空气炉中钎焊时所需的最小钎剂浓度。可以看出，随着空气干燥度的提高，所需的钎剂浓度减小。例如，在普通空气炉中钎焊，钎剂溶液的质量分数一般为 50%~70%，而在 -40℃露点的干燥空气炉中钎焊，钎剂溶液的浓度最小，只要求质量分数 5% 左右。但为了克服焊件在清洗及装配中可能带来的不良影响，以确保钎焊质量，实际使用的钎剂溶液的质量分数以 10%~15% 为妥，仍远低于普通空气炉中钎焊所用的钎剂浓度。这不仅节省了大量钎剂，更重要的是大大减轻了钎焊后清洗残渣的困难，有利于保证清洗质量。例如，以 ω_f = 10% 的钎剂溶液钎焊的换热器，只要清洗 2min，氯化物的质量分数就降低到 1% 以下（见图 9-10）。这就有效地提高了产品的抗腐蚀性和使用寿命。

3）浸沾钎焊

铝和铝合金的浸沾钎焊属于盐浴浸沾钎焊，是把焊件浸入熔化的钎剂中实现的。它具有加热快而均匀、焊件不易变形、去膜充分等优点，因而钎焊质量好、生产率高。特别适合于大批量生产，尤其适用于复杂结构，例如热交换器和波导的钎焊。

铝合金浸沾钎焊的主要工艺特点可简述如下。

（1）钎焊材料

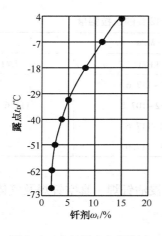

图 9-9　空气露点与钎剂水
溶液浓度的关系曲线

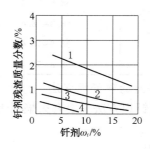

图 9-10　搅拌热水清洗对去除换热器
钎剂残渣的效果

1—$\omega_f = 50\%$；2—$\omega_f = 15\%$；3—$\omega_f = 10\%$；4—$\omega_f = 5\%$

铝的浸沾钎焊一般宜使用膏状或箔状钎料，可以方便地把它们敷在或夹在钎焊间隙中，不但可以防止钎料失落，而且可以避免钎料过早熔化。最佳的方式是敷钎料板，它是表面压敷有钎料层的铝板或铝合金板。使用这样的敷钎料板可以简化装配工艺、减少氧化膜的生成，使钎料更易流动形成接头。钎料的数量可通过调节包覆层的厚度加以控制：一般板厚小于 1.6mm 时，每侧包覆层厚度占总厚度的 10%；板厚大于 1.6mm 时，每侧包覆层厚度可降至 5%。早期多使用铝硅共晶成分的包覆层，它对温度和间隙的敏感性较大，钎焊温度稍高或是装配间隙过大，就难以保证钎焊质量。同时，含硅量高增大了硅向母材金属的扩散，使板的强度和塑性下降。相比之下，亚共晶成分的包覆层具有一定的熔化温度区间，如将钎焊温度控制在它的固、液相温度范围内，由于钎料未完全熔化、黏度比较大、不易流失，因而对温度及间隙的敏感性较小，钎焊工艺容易掌握。另外，由于含硅量低，硅向母材金属扩散少，对板材的机械性能影响不大，因此采用越来越多。表 9-9 例举了国产铝敷钎料板的牌号和成分。

表 9-9　铝敷钎料板的牌号和成分

牌号	板芯金属	包覆层成分 $\omega/\%$			$t_m/℃$	$t_b/℃$
		Si	Cu+Zn	Al		
LT-63	铝	11~12.5	0.15	余量	577~600	600~610
LT63-1	LF21	11~12.5	0.15	余量	577~600	600~610
LT-3	LF21	6.8~8.2		余量	577~612	593~615

浸沾钎焊时，钎剂不但起去膜作用，而且是加热介质。由于焊件在钎焊时要与大量的熔化钎剂接触，因此其成分中应避免使用重金属氯化物。钎剂用量（即盐槽尺寸）主要决定于焊件（连同使用的夹具）的最大尺寸和重量，以及所要求的生产率。首先，应保证在要求的生产率下最大的焊件浸入时，钎剂温度下降不致过多；其次，应保证焊件与盐槽之间有必要的间隔。这是由于铝比熔盐的导电性高得多，故必须防止焊件接触盐槽的电极和处于电极间所形成的电场中，否则，电流将经过焊件传导，使焊件有过热的危险。同时，焊件也必须避开槽底的沉渣。据资料介绍，钎剂用量可取为每小时（预热后）浸沾钎焊的焊件质量的 3~4

倍。总地说来，钎剂量偏多些为妥。虽然这将使钎焊成本提高，但钎焊时热容量变化小，易于控制温度，也有利于稳定钎焊质量。

正常的钎剂溶液应呈微酸性，pH 值介于 5.3~6.9 之间。钎焊过程中钎剂一直处于熔化状态。钎剂组分的挥发、与焊件的作用及从外界混入的其他脏物，都会引起钎剂成分和性能的变化。不正常的钎剂盐浴往往呈碱性，pH 值高于 7。另外，钎焊中焊件会带走部分钎剂。因此，必须经常补充钎剂并控制杂质含量，以保证钎剂正常的成分、性能和数量。

（2）钎焊工艺

① 预热　装配好的焊件在钎焊前应进行预热，使其温度接近钎焊温度，然后浸入钎剂中钎焊。预热是为了干燥零件，避免盐浴温度降低过多，以缩短浸沾时间。同时，防止钎剂在焊件上凝固阻塞焊件中的通道。预热温度一般在 540~560℃ 范围内。预热时间主要根据焊件大小确定，应保证焊件各部分都达到规定的预热温度。预热时间过长，将使氧化膜厚度激增；钎料层中的硅向母材金属中扩散，从而使钎料层成分变化、有效厚度减薄、熔点升高，影响钎焊质量。

② 钎焊　完成预热的焊件立即浸入盐浴中钎焊。钎焊时要严格控制钎焊温度、时间和焊件浸入方式等。

钎焊温度应根据焊件的材料、厚度、尺寸大小以及钎料的成分和熔点，并考虑具体工艺情况来确定。一般介于钎料液相线温度和母材固相线温度之间。对于亚共晶钎料层，也可取介于钎料结晶区间的温度。钎焊温度越高，钎料的润湿性、流动性越好。但是，温度过高，母材易被溶蚀，钎料也有流失的危险。温度过低，钎料熔化不够，可能产生大面积脱钎。同时盐浴温度的波动应控制在 ±3℃ 以内。

焊件在钎剂中的浸沾时间应保证钎料充分地熔化和流动，但时间不宜过长，否则钎料中的硅可能扩散入母材金属中去，使之变脆，且使钎缝钎角缩小。因此浸沾时间要严格控制。

钎焊时焊件应以一小角度倾斜浸入钎剂熔液中。浸入的角度和速度要适当，以免零件变形和错位。同时要使钎剂容易进入焊件内部，使其中的空气能自由排出。如焊件的不同部位质量相差较大，则应将质量大的部分首先浸入并保持一定时间，然后再将其余部分浸入，以使焊件加热均匀。对于大焊件，在浸入数分钟后，宜以一定倾角吊出盐浴表面，排出焊件内的钎剂溶液后再次浸入，即采用两次浸沾工艺。它不仅有利于去除焊件表面的氧化膜，而且有助于使焊件内部在较短的时间内达到钎焊温度。更大的焊件还可以采用多次浸沾方式。

当钎料已充分熔化填缝形成接头钎角后，即将焊件仍以微小倾角、缓慢平稳地吊离盐浴一小距离，保持到钎料凝固后再移开，进行钎焊后处理。

③ 钎焊后处理　主要是进行清洗以彻底清除残余的钎剂。清洗质量好坏对产品使用寿命影响很大。具体清洗工艺参看第 4 章 4.2 节（钎焊生产工艺）有关部分。

对清洗质量应进行检查：将清洗过的焊件存放 12h，取水样化验氯离子，要求 ≤20×10^{-6}。不合格者应重新清洗。最后进行钝化处理。

4）真空钎焊

为了根本排除使用钎剂去膜带来的问题，发展了铝的真空钎焊，并已应用于工业生产。

铝的真空钎焊与其他金属的真空钎焊相比具有特殊性：铝及铝合金的真空钎焊常采用金属镁作为活化剂。由于氧化铝膜十分稳定，单纯靠真空条件不能达到去膜的目的，必须同时借助于某些金属活化剂（或称吸气剂）的作用以使铝的表面氧化膜变质，保证钎料的润湿和铺展。用作金属活化剂的是一些蒸气压较高、对氧的亲和力比铝大的元素，诸如锑、钡、锶、铋、镁等。研究表明：以镁作活化剂效果最好，在 65mPa 真空度下就可取得良好的去膜效果。这是因为镁的蒸气压高，在真空中容易挥发，有利于清除氧化膜，且价格较低，因此目前普遍采用。

镁作为活化剂，可以以颗粒形式直接放在工件上使用，或以蒸气形式引入钎焊区，也可以将镁作为合金元素加入铝硅钎料中。第一种方式的主要缺点是镁的挥发将在远低于钎焊温度时发生，同时对结构复杂的焊件镁蒸气很难遍布；第二种方式的设备和工艺都比较复杂；最后一种方式没有上述缺点，可保证镁的蒸发与钎料的熔化相互适应且镁蒸气是在接头处就地产生。此外，镁能降低铝硅钎料的熔点（见图 9-11）。所以第三种是目前主要的使用方式。

钎料中镁的添加量对钎料的润湿性有显著的影响，如图 9-12 所示。由图中可见，随着含镁量的增多，钎料的流动系数均有提高。但是随着含镁量的增加，钎料对铝的溶蚀也加剧（见图 9-13），这是由于形成了 Al-Mg-Si 三元共晶的缘故；且含镁量过高，钎料易流失而损害焊件表面。综合考虑，钎料的 ω_{Mg} 以 1.0%～1.5% 为宜。研究表明，铝硅钎料在加镁的同时添加质量分数为 0.1% 左右的铋，可以减少钎料的加镁量，减少钎料的表面张力，改善润湿性，并可降低对真空度的要求（见图 9-14）。

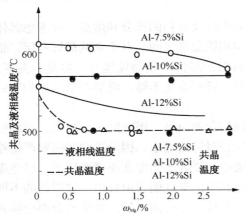

图 9-11　镁含量对 Al-Si 钎料
熔化温度的影响

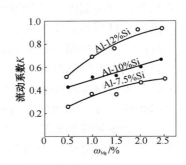

图 9-12　铝硅钎料含镁量同钎料流
动系数的关系（真空度 13.3mPa，
温度 615℃，时间 1min）

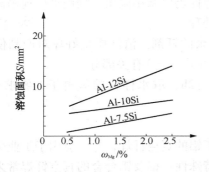

图 9-13　铝硅钎料含镁量同母材金属溶
蚀面积的关系（真空度 13.3mPa，
温度 615℃，时间 1min）

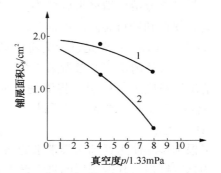

图 9-14　铋对钎料性能的影响
1-Al-10Si-1Mg-0.15Bi；
2-Al-10Si-1.5Mg

130

真空铝钎焊适于采用对接、T形及与之类似的接头形式，因为这些接头形式开敞性较好，间隙内的氧化膜容易排除。搭接接头间隙内的氧化膜则较难排出，故不推荐采用。

真空钎焊时钎料的铺展能力比浸沾钎焊时差，因此应使用较大的钎焊间隙。

铝的真空钎焊的工艺过程与其他金属的真空钎焊基本相同。但由于其去膜依靠镁活化剂的作用，对于结构复杂的焊件，为了保证母材获得镁蒸气的充分作用，常采取局部屏蔽的补充工艺措施，即先将焊件放入不锈钢盒内（通称工艺盒），然后置于真空炉中加热钎焊，这样可以明显改善钎焊质量。必要时，盒内还可补充使用少量纯镁粒来加强作用。真空钎焊的铝件表面光洁，钎缝致密，钎焊后不需进行清洗。

真空钎焊为铝的无钎剂钎焊开辟了一条道路，改善了钎焊产品的质量，但它也存在一定缺点，主要是：设备复杂，生产成本较高，真空系统的维修技术难度较大；镁蒸气沉积在炉壁、隔热屏及真空系统中，影响设备的工作性能，需要经常清理维护；依靠辐射加热，速度较慢、均匀性较差，尤其是对大型复杂焊件这种现象更为显著。故较适合于尺寸较小、结构较简单的焊件。

5）气体保护钎焊

铝的真空钎焊存在的某些技术和经济困难，当采用一个中性气氛环境来替代真空环境时就可以得到解决。例如，对系统渗漏率的要求可以降低，设备比较简单，而且减少了挥发性元素沉积引起的设备维修工作，因此生产成本较低。加热主要依靠对流，速度较快也较均匀，既有利于保证质量又有较高的生产率。因此，近年来中性气体保护钎焊铝的方法发展较快，是一种有前途的铝钎焊方法。

在中性气氛中钎焊铝，其表面氧化膜不能靠分解去除，仍然像在真空钎焊时一样，必须借助于镁的活化剂作用来去膜。不同的是取得好的钎焊效果的钎料含镁量远低于真空钎焊所需数值，$\omega_{Mg}=0.2\%\sim0.5\%$ 左右即可，高含镁量反将导致不良的接头质量。这是因为在中性气氛中，钎料中蒸发出来的未与母材反应的剩余镁蒸气，由于气体分子的阻挡，被拘留于母材表面而与表面吸附的气体中的氧和水反应，生成氧化镁，影响钎料的铺展和润湿。此外，钎料中添加少量的铋，有利于提高钎焊质量。

可以使用氩或纯净的氮作为中性气体，其露点温度应低于−40℃。

9.3.4 铝与其他金属的钎焊

铝与其他金属钎焊连接的主要困难在于：

（1）需要选择能满足两种不同母材表面氧化物要求的去膜措施，在钎缝中往往生成金属间化合物层而使接头脆化；

（2）铝同其他金属的热膨胀系数和电极电位差别很大。

为解决这两个问题，可在铝或另一母材表面镀覆金属层。

铝与铜、钢等金属软钎焊时，可先在铝表面镀锌，再镀铜或镍，然后可按一般钎焊工艺用锡铅钎料钎焊。

铝与镍、因康镍、可伐、蒙乃尔等合金以及铍连接，可以借助钎剂用铝基钎料直接钎焊。但可伐合金和蒙乃尔合金能与铝形成脆性金属化合物，因此最好钎焊前表面镀覆铝。

铝与钢可使用铝基钎料钎焊，但要注意防止钢在加热中表面氧化，因为铝钎剂不能保护钢。为此可采用保护气体钎焊。这时保护气体保护钢，同时使用铝钎剂去除氧化铝膜。这样直接钎焊的接头，界面区往往生成脆性的 Fe_3Al 相，因而对加热和冲击具有敏感性。性能较好的钢-铝接头可通过两种方式来制取：一种方式是钎焊前对钢表面镀覆适当的金属层，随后可用常规工艺钎焊，可用的金属镀层有电镀铜或镍，热浸镀锌、铝或银，最常使用的是锌和铝镀层，因为它们能改善钎料的润湿并使接头具有较好的韧性；另一种方式是采取高速加热并加压的工艺，可把 Fe_3Al 相脆性层控制在极薄的范围，使接头具有较好的性能。

铝与铜不论是采用一般方法钎焊，还是在高于 548℃ 的温度下接触反应钎焊，由于相互形成脆性金属间化合物，接头性能很差。但在一定工艺条件下，也可以获得较满意的钎焊结果。例如，快速进行钎焊加热和冷却，往往能使接头具有满足某些应用要求的韧性。钎焊时，可使用标准的钎料和钎剂。另一个更有效的解决办法是采用过渡接头形式，即将铝钎焊到一个镀铝的钢件上，然后把铜钎焊到钢件的另一端。

钛与铝的钎焊，必须先在钛表面热浸镀一层银铝合金（67Ag-33Al）或锌铝合金（50Zn-50Al），然后用浸沾钎焊来完成。此二种镀层相比，前者所得到的接头性能较佳。

铝和镁不宜相互钎焊，因为二者彼此间溶解度很大，且会形成极脆的铝镁化合物相。

铝和其他金属的钎焊，由于接头存在大的电极电位差，容易发生电化学腐蚀，通常必须加涂油漆、密封剂或不透水的涂层，以提高其抗腐蚀性能。

9.4　铜及其合金的钎焊

9.4.1　铜及其合金的钎焊

铜及其合金的钎焊性列于表 9-10 中。

表 9-10　常用的铜和铜合金的钎焊性

名　称	牌　号	名　义　成　分	钎焊性
铜	T2 T3	ω_{Cu}>99.9% ω_{Cu}>99.7%	优良 优良
无氧铜	TU1	ω_{Cu}>99.97%	优良
普通黄铜	H90 H68 H62	Cu-10Zn Cu-32Zn Cu-38Zn	优良 优良 优良
铅黄铜	HPb59-1	Cu-31Zn-1.5Pb	良好
锰黄铜	HMn58-2 HMn57-3-1	Cu-40Zn-2Mn Cu-39Zn-3Mn-1Al	良好 困难
铝黄铜	HAl60-1-1	Cu-40Zn-1Al-1Fe-0.35Mn	困难
锡青铜	QSn4-3 QSn6.5-0.1	Cu-4Sn-3Zn Cu-6.5Sn-0.1P	优良 良好
铝青铜	QAl9-2 QAl9-4 QAl10-3-1.5 QAl10-4-4	Cu-9Al-2Mn Cu-9Al-4Fe Cu-10Al-3Fe-1.5Mn Cu-10Al-4Fe-4Ni	困难 困难 困难 困难

名　称	牌　号	名义成分	钎焊性
铬青铜	QCr0.5	Cu-0.75Cr	优良
镉青铜	QCd1.0	Cu-1Cd	优良
铍青铜	QBe2	Cu-2Be-0.35Ni	良好
	QBe1.9	Cu-1.9Be-0.3Ni	良好
硅青铜	QSi3-1	Cu-3Si-1Mn	良好
锰白铜	BMn40-1.5	Cu-40Ni-1.5Mn	优良
锌白铜	BZn15-20	Cu-15Ni-20Zn	优良

1. 纯铜的钎焊性

在纯铜表面可能形成氧化铜和氧化亚铜两种氧化物。这两种铜的氧化物容易被还原性气体还原，也容易被钎剂去除。因此，纯铜的钎焊性是很好的。为防止氢脆现象，不能在含氢的还原气氛中进行钎焊。

铜及铜合金通常可分为纯铜、黄铜、青铜和白铜四大类。它们的钎焊性主要取决于表面氧化膜的稳定性及钎焊加热过程对材料性能的影响。

2. 黄铜的钎焊性

黄铜中锌的含量小于15%时，表面氧化物基本由 Cu_2O 组成，仅有微量的 ZnO；当锌含量大于20%时，其氧化膜主要由 ZnO 组成。ZnO 虽然比较稳定，但也不难除去。

锰黄铜表面的氧化锰比较稳定，很难去除；铝黄铜表面的氧化膜更难去除，应采用活性强的钎剂，以保证钎料的润湿性。铅黄铜中当铅的含量高达3%后，在钎焊温度下铅会渗出表面而恶化钎料的润湿和铺展，同时，铅黄铜还有自裂倾向。

3. 青铜的钎焊性

锡青铜表面生成两种氧化物：内层氧化物中有 SnO_2；外层主要是铜的氧化物。镉青铜表面往往有 CdO 存在。SnO_2 和 CdO 均易清除。硅青铜表面有 SiO_2 产生。铍青铜表面生成稳定的 BeO 氧化物。铬青铜表面上可能形成 Cr_2O_3。氧化硅、氧化铬和氧化铍虽然较稳定，但不难去除。而铝的质量分数超过10%的铝青铜表面可能形成 Al_2O_3 比较难去除，必须采用专门的钎剂。另外，硅青铜具有热脆性及在熔化钎料下的自裂倾向。

4. 白铜的钎焊性

铜镍合金的内层有氧化物 NiO，外层为铜的氧化物，这些氧化物都易于去除。应注意的是，应选用不含磷的钎料进行钎焊，如不采取正确的工艺措施，这种合金在熔化钎料下有产生自裂的可能。

总之，铜和绝大部分铜合金都是比较容易钎焊的。只有含铝的铜合金，由于形成氧化铝的缘故，比较难钎焊。

9.4.2　钎焊材料

1. 软钎料及钎剂

用锡铅钎料钎焊铜时，在钎料和母材界面上易形成脆性的金属间化合物 Cu_6Sn_5，所以必须注意钎焊温度和保温时间。一般烙铁钎焊时，由于化合物层很薄，对接头性能没有大的影响。用锡铅钎料钎焊的铜和黄铜接头的力学性能见表 9-11。用锡铅钎料钎焊的黄铜接头比用同样钎料钎焊的铜接头强度要高些，这是由于黄铜在液态钎料中的溶解比铜要慢，所以生成的脆性金属间化合物也较少所致。在软钎料中应用最广的就是锡铅钎料。

表 9-11　用锡铅钎料钎焊的铜和黄铜接头的强度

钎料牌号	τ_j/MPa		σ_{bj}/MPa	
	铜	黄铜	铜	黄铜
H1SnPb80-2	20.6	36.3	88.2	95.1
H1SnPb68-2	26.5	27.4	89.2	86.2
H1SnPb58-2	36.3	45.1	76.4	78.4
H1SnPb10	45.1	45.1	63.7	68.6

工作温度高于 100℃ 的接头可用 HL605 和 Sn-5Sb 钎料钎焊，它们具有优良的润湿性。H1AgPb97 钎料的工作温度更高些，但润湿性差，接头抗腐蚀性也不高，不如用 Bпр6 钎料钎焊。表 9-12 是用这两种钎料钎焊的黄铜接头经 6 个月热带条件腐蚀后的强度数据。用 Bпр6 钎料钎焊的钎缝没有腐蚀现象，强度下降率也低。

表 9-12　用 H1AgPb97 和 Bпр6 钎料钎焊的黄铜接头的抗腐蚀性

钎料牌号	腐蚀后的表面状态	τ_j/MPa		强度损失率/%
		原始	腐蚀后	
Bпр6	钎料发暗	82.3	73.5	10
H1AgPb97	钎缝腐蚀	29.4	22.5	23

用镉基钎料（HL503、H1AgCd96-1）钎焊的接头可以在高达 250℃ 的温度下工作。但是镉和铜极易形成脆性大的金属间化合物，所以必须控制加热温度和加热时间。

用易熔耐热钎料钎焊的铜接头强度见表 9-13。

表 9-13　用易熔耐热钎料钎焊的铜接头强度

钎料牌号	τ_j/MPa	σ_{bj}/MPa
H1AgPb97	—	49
H1AgCd96-1	73.5	57.8
Sn-5Sb	37.2	—
Bпр9	35.3	
HL605	39.2~49	39.2~49

用锡铅钎料钎焊铜时，可采用松香酒精溶液，钎焊后不必清除钎剂残渣。也可以使用 $ZnCl_2$-NH_4Cl 水溶液。钎焊黄铜、青铜和铍青铜时，应采用活性松香钎剂和 $ZnCl_2$-NH_4Cl 水溶液。钎焊铝黄铜、铝青铜、铬青铜和硅青铜时，则须采用氯化锌盐酸溶液。钎焊锰白铜时，钎剂应选磷酸溶液。

用铅基钎料钎焊时，钎焊温度较高，应采用氯化锌水溶液作为钎剂。

配合钎焊温度更高的镉基钎料，采用 QJ205 钎剂，它清除氧化物的能力很强，可以钎焊包括铝黄铜和铝青铜在内的所有铜合金。

2. 硬钎料及钎剂

硬钎焊铜时，可以采用黄铜钎料、铜磷钎料和银基钎料。银基钎料的熔点适中，工艺性好，并且有良好的力学性能、导电和导热性能，是应用最广的硬钎料。钎焊含铜量大的黄铜时，可用银基钎料、铜磷钎料和含锌量高的铜锌钎料。对含锌量大的黄铜，如 H62 黄铜，主要用铜磷钎料和银基钎料。用铜锌钎料、铜磷钎料和银基钎料钎焊的铜和黄铜接头的力学性能见表 9-14～表 9-16。

表 9-14　用铜锌钎料钎焊的铜接头的力学性能

钎料牌号	σ_{bj}/MPa	α/(°)	α_k/(J/cm^2)
H1CuZn64	147	30	17.6
H1CuZn52	167	60	21.6
BCu54Zn	172	90	24.5
BCu60ZnSn-R	181	120	36.8
BCu58ZnFe-R	186	120	31.4

表 9-15　用铜磷钎料钎焊的铜接头的力学性能

钎料牌号	σ_{bj}/MPa	τ_j/MPa	α/(°)	α_k/(J/cm^2)
BCu93P	186	132	25	6
HL202	191	127	–	–
BCu92PSb	233	138	90	7
BCu80PAg	255	154	120	23
HL205	242	140	120	21

表 9-16　用银基钎料钎焊的黄铜接头的力学性能

钎料牌号	σ_{bj}/MPa	τ_j/MPa	α_k/(J/cm^2)
BAg10CuZn	314	161	22
BAg25CuZn	316	184	34
BAg45CuZn	325	216	74
BAg50CuZn	328	196	42
BAg40CuZnCd	339	194	25

在铜锌钎料中，以 BCu58ZnFe-R 和 BCu60ZnSn-R 钎料钎焊的接头机械性能最好。

铜磷、铜银磷和铜磷锡钎料，具有自钎剂作用，不加钎剂在铜上就具有良好的润湿性。其中铜银磷和铜磷锡钎料钎焊的接头塑性较好。

用银钎料钎焊铜和黄铜时，可以得到性能很好的接头。在这些银钎料中，BAg45CuZn 钎料是综合性能最好的一种。在银铜锌镉钎料中，BAg40CuZnCd 的熔点最低，工艺性良好，接头强度高，只是接头的冲击韧性比不含镉的银钎料低些。

用黄铜钎焊铜时，可采用硼砂或 75%硼酸+25%硼砂作为钎剂。

用银基钎料钎焊铜和铜合金时，采用 QJ101 或 QJ102 可取得良好效果。钎焊铍青铜和硅青铜，最好采用 QJ102。用银铜锌镉钎料（BAg40CuZnCd、BAg50CuZnCd）钎焊时，应采用 QJ103。

钎焊铝青铜时，可以在钎剂中加入质量分数为 10%～20%的硅氟酸钠，或者加入质量分数为 10%～20%的 YJ-6，这样就能很好地去除工件表面的氧化物。

3. 气氛

燃烧的燃气在钎焊大多数铜基合金时是经济实用的保护气氛。但是高氢含量的气氛不能用于有氧铜，因为它们会导致母材发生脆性。除了有氧铜外，分解的氨和氢也是有用的。惰性气体(例如氩气和氦气)也包括氮气可以使用于所有的铜基金属，没有发现有害的影响。

真空气氛适合于在钎焊温度下没有高蒸发压力元素(铅、锌等)的铜和铜基合金，钎焊所用钎料被限制到含有少量高蒸发压力元素，例如锌和镉的真空等级。

9.4.3 钎焊工艺

1. 表面准备

铜及其铜合金在钎焊前，要采用机械清理或砂纸打磨的办法，清除工件表面的氧化物；用化学清洗的办法，去除油脂及其污物。不同种类的铜合金，应采用不同的清洗工艺。

（1）对于纯铜、黄铜和锡青铜，在体积分数为5%～15%的硫酸冷水溶液中浸洗。

（2）对于白铜及铬青铜，在体积分数为5%的硫酸热水溶液中浸洗。

（3）对于铝青铜，先在体积分数为2%的氢氟酸和体积分数为3%的硫酸组成的混合酸冷水溶液中浸洗，然后用体积分数为5%的硫酸温水溶液反复清洗。

（4）对于硅青铜，先在体积分数为5%的硫酸热水溶液中浸洗，然后在体积分数为2%的氢氟酸和体积分数为5%的硫酸组成的混合酸水溶液中浸洗。

（5）对于铍青铜，氧化膜较厚时应在体积分数为50%的硫酸热水溶液中浸洗，氧化膜较薄时先在体积分数为2%的硫酸热水溶液中浸洗，然后再体积分数为30%的硝酸水溶液中稍浸即可。

2. 钎焊要点

铜及其合金可用烙铁、浸沾、火焰、感应、电阻、炉中等方法钎焊。

（1）高频钎焊时，由于铜的电阻小，要求加热电流比较大。

（2）在还原性气氛中钎焊一般纯铜时，有产生"氢病"的危险，故只有无氧铜才能在还原性气体(如 H_2)中钎焊；用氮作为保护气体来钎焊铜是适宜的。

（3）黄铜在炉中钎焊时，为避免锌发生蒸发，使黄铜成分发生变化，最好在黄铜表面先镀铜，然后再进行钎焊。

（4）含铅的铜合金长时间加热容易析出铅，有可能在接头中产生缺陷，应控制好加热时间。

（5）铝青铜钎焊时，为了防止铝向银钎料扩散，而使接头质量变坏，钎焊加热时间应尽可能短，或在铝青铜表面上镀铜或镍等金属。

（6）铍青铜软钎焊时，最好选择钎焊温度低于300℃的钎料，以免发生时效软化。铍青铜的硬钎焊，应选择固相线温度高于淬火温度(780℃)的钎料，钎焊后再进行淬火-时效处理。

（7）对于一些容易产生自裂的合金，如硅青铜、磷青铜、铜镍合金，一定要避免产生热应力，不宜采用快速加热的方法。

9.5 镁及其合金的钎焊

9.5.1 镁及其合金的钎焊性

镁及其合金是迄今为止能够应用于工业的最轻、最便宜的金属结构材料之一，具有高比强度、高比刚度及良好的阻尼减震性、导热性等优点，且其在地壳中的蕴含量较高，可达到

2.1%~2.7%，我国的矿石镁资源和海水卤水镁资源也十分丰富。镁合金在提高材料利用率、减轻结构重量、降低成本等方面独占优势，成为国家重点发展与应用的新型结构材料。镁合金已经在航空、航天、汽车和电子设备等领域得到了应用，并发挥着重要作用。

镁是结构金属中化学活性最高的金属元素之一，在室温下或空气中加热时镁合金表面往往容易生成含有氧化镁和氢氧化镁的复杂氧化膜。这种氧化膜较稳定，在传统的活跃气体中不会发生反应，且不易去除，阻碍了钎料的铺展和填缝，严重时不能够形成钎缝，镁合金的这些特性阻碍了其钎焊工艺的发展。

从20世纪六七十年代起，镁合金钎焊技术开始研究和发展，镁及其合金的的钎焊技术与铝的钎焊技术类似，火焰钎焊、炉中钎焊和浸沾钎焊都可以广泛采用，但以浸沾钎焊应用最为广泛。到90年代，轻质材料在工业应用中越来越显示出优越性，掀起了镁合金钎焊工艺研究的热潮。但直到现在，镁合金钎焊的发展仍然比较缓慢。专用于镁合金的钎剂和钎料的研究与开发还刚刚起步，新型钎料与母材的润湿依然是制约镁合金钎焊技术发展的瓶颈。

9.5.2 镁及其合金的钎焊工艺

1. 钎焊前清理和表面准备

待钎焊的镁合金零件应彻底清洗并去毛刺。可用热碱洗槽或蒸发或溶剂把油、污清洗掉。零件上的铬酸盐镀层或表面氧化膜必须在钎焊前用机械或化学方法去除。用氧化铝砂布擦或钢刷刷可获得满意的效果。化学清洗是在热碱液中浸泡5~10min，然后在硝酸铁光亮液中浸泡2min。

2. 钎料

目前市场上适用于镁合金钎料的镁基钎料主要是美国和日本的牌号，如美国的BMg-1、BMg-2a及日本的MC3等（见表9-17）。BMg-1和BMg-2a分别代表美国牌号AZ92A和AZ125，MC3是日本的标准钎料，该钎料只能钎焊熔点较高的镁合金。然而，绝大多数的镁合金燃点和熔点都相对较低，这些钎料并不能广泛应用于低熔点的镁合金。因此，研制低熔点高强度的镁合金钎料，对变形镁合金的进一步开发和应用具有十分重要意义。

表9-17　商业钎料的化学成分及物理性质

AWS 牌号	成分/%							密度 /(g/cm³)	固相线 /℃	液相线 /℃	钎焊温度 /℃
	Al	Zn	Mn	Cu	Be	Ni	其他				
BMg-1	8.3~9.7	1.7~2.3	0.15~0.5	0.05	0.0002~0.0008	0.005	0.3	1.83	443	599	582~616
BMg-2a	11~13	4.5~5.5	—	—	0.008		0.3	2.10	410	565	570~595
MC3	8.3~9.7	1.6~2.4	0~0.1	0~0.25	0.0005	0~0.01	<0.3Si	1.83	443	599	605~615

镁合金钎焊的钎料主要以二元或三元镁基钎料合金为主（Mg-Al、Mg-Zn、Mg-Al-Zn），在此基础上添加不同的合金元素（如Cu、Mn、Y、La等）提高钎料的性能以获得较高质量的钎焊接头。但国内外还没有较成熟的适合于镁合金特别是变形镁合金（AZ31B）的钎焊材料和钎焊工艺，由于变形镁合金的熔点比较低（AZ31B熔点约为566℃），而Mg-Al-Zn系钎料尽管熔点很低，在339~350℃之间，但是钎焊接头强度较低，只有80MPa左右。提高强度、改善钎料性能最有效的方法就是合金化，即在Mg-Al-Zn钎料基础上添加合金元素。

大连理工大学采用廉价无毒的Al-Mg-Zn钎料，并通过对比试验确定钎料成分为Al2.5-

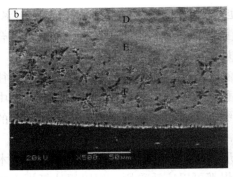

图9-15 过渡区高倍下组织形貌

Mg72-Zn25-Mn0.5，该钎料的液相线温度为416℃。在氩气保护下，筒式电阻炉中，钎焊温度为450℃钎焊AZ31B变形镁合金板材。结果表明：钎料的铺展面积约为1536mm²，润湿角为13.3°，浸润性较好。钎焊接头中出现较多以粗大树枝晶存在的α-Mg(见图9-15)，接头抗剪切强度可达60MPa。而且，钎焊结束后采用水冷方式可使剪切强度升高到80.42MPa。

3. 钎剂

镁合金钎剂一般是由氯化物和碱土金属组成，氯化钠或者氟化钠作活性剂。实际使用的钎剂见表9-18。要实现钎焊并得到质量较好的接头，母材和钎料表面氧化膜的彻底清除是十分必要的。钎焊技术中利用钎剂去膜是目前使用最广泛的一种方法。

表9-18 常用钎剂的化学成分及物理性质

| 钎剂牌号 | 成分/% | | | | | | | | | | | | 熔点/℃ | 钎焊温度/℃ |
	KCl	LiCl	NaCl	NaF	LiF	CaCl₂	CdCl₂	ZnF₂	ZnCl₂	冰晶石	光卤石	ZnO		
F380Mg	余量	37	10	10						0.5			380	380~600
F530Mg	余量	23	21	3.5	10								530	540~600
F540Mg	余量	23	26	6									540	540~650
F390Mg	余量	30				15	10	10					390	420~600
F535Mg	余量		12	4		30							535	540~650
F400Mg										8	89	3	400	415~620
F450Mg		9	15			余量							450	450~650

近年来，低熔点钎剂的研究已然成为热点。2004年，日本科学家通过调合含有Ca离子和Li离子的CaCl₂、LiCl和NaCl，成功开发了在450℃温度下能够去除镁合金表面氧化膜的钎剂。

T. Watanabe and H. Adachi发现了一种可行的镁合金表面处理方法。在钎焊前，用HF酸清洗镁合金表面产生MgF₂保护膜，提高了钎料的润湿性，从而实现无钎剂钎焊。

4. 组装

钎焊前，镁零件的组装方法有：销子固定、自身固定、加压弹簧夹具或点固焊。在镁钎焊中，通常使用中碳钢或不锈钢夹具。浸沾钎焊时，为了使钎剂浴的热损失最小，使钎剂容易从夹具中完全流出来，夹具应设计得小而简单。在小批量生产过程中，为了省去大而复杂的夹具，宜采用点固焊，推荐使用M1A焊丝，这是因为它的熔点高于钎焊温度。BMg钎料通常经热成形与接头配合，加热温度为260~310℃，可在加热的钢模具上成形。

5. 钎焊后的清理

不管采用何种钎焊方法，彻底清除所有的残余钎剂是极其重要的。钎焊后的零件应在流动的热水中彻底漂洗，以便去除零件表面的钎剂。使用硬毛刷子刷洗表面可加快清洗过程。随后，零件应在铬酸洗液中浸泡1~2min，再在残余钎剂清洗液中煮沸2h。

6. 抗腐蚀性

钎焊接头的抗腐蚀性能主要取决于钎剂去除的程度以及为防止钎剂夹带的接头设计形式。因为钎料是镁基合金，所以电化腐蚀的问题很小。

7. 检验

清理以后，对组件的外观检验如发现有钎料流动不良的地方，则可归因于清洁度不够、钎剂不够或温度太低。非破坏性检验如射线照相、荧光和染色渗透法及压力试验电阻法等都可使用。把接头放在湿度高的气氛(95%)中暴露几天，然后检查有无残余钎剂的显示。这个方法也可用来检测钎剂的夹杂物。

检验钎焊件的质量还可采用金相法。一般用于镁金相片的腐蚀剂虽可取得很好的效果，但是在5%~10%的醋酸溶液中腐蚀出的断面就可观察到足够的接头细节。

9.6 不锈钢的钎焊

9.6.1 钎焊性

根据组织不同，不锈钢可分为奥氏体不锈钢、铁素体不锈钢、马氏体不锈钢和沉淀硬化不锈钢。不锈钢钎焊接头广泛地应用于航空航天、电子通讯、核能及仪器仪表等工业领域，如蜂窝结构、火箭发动机推力室、微波波导组件、热交换器及各种工具等。此外，诸如不锈钢锅、不锈钢杯等日常用品也常用钎焊方法来制造。

钎焊不锈钢时，主要有以下几类问题。

1. 表面氧化膜复杂

不锈钢除含铁外，还含有铬、镍、锰、钛、钨等元素，它们在表面上能形成多种氧化物甚至复合氧化物。其中，Cr 和 Ti 的氧化物 Cr_2O_3 和 TiO_2 相当稳定，较难去除。在空气中钎焊时，必须采用活性强的钎剂才能去除它们；在保护气氛中钎焊时，只有在低露点(-52℃)的氢气保护下，加热至 1000℃ 以上才能将其还原；真空钎焊时，必须有足够高的真空度和足够高的温度才能取得良好的钎焊效果。

2. 钎焊加热温度对母材的组织有严重的影响

奥氏体不锈钢的钎焊加热温度不应高于 1150℃，否则晶粒将严重长大；若奥氏体不锈钢不含稳定元素 Ti 或 Nb，而含碳量又较高，还应避免在敏化温度(500~850℃)内钎焊，以防止因碳化铬的析出而降低耐蚀性能。

对于马氏体不锈钢来说，只有经过适当的淬火和回火才能获得优良的性能，所以钎焊温度的选择更为严格。这类钢的钎焊温度，或者选择与其淬火温度适应，使钎焊过程和淬火加热结合起来，或者选择不高于它们的回火温度。例如对于 1Cr13、Cr17Ni2、1Cr12Ni2W2Mo 等钢，钎焊温度可选在 1000℃ 左右，但后二种钢也可在低于 650℃ 温度下钎焊。

沉淀硬化不锈钢的钎焊温度选择原则与马氏体不锈钢相同，即钎焊温度必须与热处理制度相匹配，以获得最佳的力学性能。

3. 奥氏体不锈钢有应力腐蚀开裂倾向

奥氏体不锈钢有应力腐蚀开裂倾向，尤其是采用铜锌钎料钎焊更为明显，为了避免应力腐蚀开裂，工件在焊前应进行消除应力退火，且在钎焊过程中应尽量使工件均匀受热。

9.6.2 钎料

1. 锡铅钎料

不锈钢软钎焊主要采用锡铅钎料，并以含锡量高为宜。因钎料的含锡量越高，其在不锈钢上的润湿性越好。几种常见锡铅钎料钎焊的1Cr18Ni9Ti不锈钢接头的抗剪强度见表9-19。由于强度低，一般用于钎焊受载荷不大的焊件。

2. 银基钎料

银基钎料是钎焊不锈钢最常用的钎料，其中银铜锌和银铜锌镉钎料由于钎焊温度不太高，对母材的性能影响不大而应用最为广泛。

银基钎料钎焊的不锈钢接头很少用于强腐蚀性介质中，接头的工作温度一般也不超过300℃。几种常用银基钎料钎焊1Cr18Ni9Ti不锈钢接头的强度见表9-20。

表 9-19　锡铅钎料钎焊的1Cr18Ni9Ti不锈钢接头的抗剪强度

钎料牌号	Sn	S-Sn90Pb	S-Pb58SnSb	S-Pb68SnSb	S-Pb80SnSb	S-Pb97Ag
抗剪强度/MPa	30.3	32.3	31.3	32.3	21.5	20.5

表 9-20　银基钎料钎焊的1Cr18Ni9Ti不锈钢接头的强度

钎料牌号	B-Ag10CuZn	B-Ag25CuZn	B-Ag45CuZn	B-Ag50CuZn	B-Ag65CuZn
抗拉强度/MPa	386	343	395	375	382
抗剪强度/MPa	198	190	198	201	197
钎料牌号	B-Ag65CuZn	B-Ag35CuZnCd	B-Ag35CuZnCd	B-Ag35CuZnCd	B-Ag35CuZnCdNi
抗拉强度/MPa	361	360	375	418	428
抗剪强度/MPa	198	194	205	259	216

用某些银基钎料钎焊不锈钢，特别是不含镍的不锈钢，接头在潮湿空气中会发生缝隙腐蚀。为了消除这种现象，应采用含镍较多的钎料，如B-Ag50CuZnCdNi。这时钎缝与母材间形成明显的过渡层，钎缝和钢之间结合良好，电极电位的过渡比较平缓，因而提高了抗腐蚀性。

钎焊马氏体不锈钢时，为了保证母材不发生退火软化现象，须在不高于650℃的温度下钎焊，此时可选用BAg40CuZnCd钎料。

在保护气氛中钎焊不锈钢时，为去除表面氧化膜，可以采用含锂的自钎剂钎料，如B-Ag92CuLi、B-Ag72CuLi和H1AgCu25.5-5-3-0.5等。用B-Ag72CuLi钎料在氢气保护下钎焊的1Cr18Ni9Ti不锈钢的接头抗剪强度可达353MPa。用自钎剂钎料可以钎焊在400℃以下工作的不锈钢焊件。在真空中钎焊不锈钢时，为使钎料在不含易蒸发的Zn、Cd等元素时仍具有较好的润湿性，可选含Mn、Ni、Pb等元素的钎料。

3. 铜基钎料

钎焊不锈钢的铜基钎料主要有纯铜、铜镍和铜锰钴钎料。

纯铜钎料主要用于气体保护或真空条件下钎焊不锈钢，不锈钢接头工作温度不超过400℃，但接头抗氧化性不好。真空钎焊时，为了防止铜的蒸发，钎焊时间应短或充以部分氢气。

铜镍钎料主要用于火焰钎焊、感应钎焊等方法。所钎焊的1Cr18Ni9Ti不锈钢接头的强度见表9-21。如表所示，接头能与母材等强度，且工作温度较高。

表 9-21 高温铜基钎料钎焊的 1Cr18Ni9Ti 不锈钢接头的抗剪强度

钎 料 牌 号	抗剪强度/MPa			
	20℃	400℃	500℃	600℃
B-Cu68NiSiB	324~339	186~216	—	154~182
B-Cu69NiMnCoSiB	241~298	—	139~153	139~152

铜锰钴钎料主要用于保护气氛中钎焊马氏体不锈钢，接头强度和工作温度可与用金基钎料钎焊的接头相匹配。表 9-22 为用 B-Cu58MnCo、B-Au82Ni 和 B-Ag54CuPd 钎焊 1Cr13 不锈钢接头的抗剪强度。该表表明：在 538℃ 温度下，用 B-Cu58MnCo 钎料钎焊的 1Cr13 不锈钢接头的强度与用 B-Au82Ni 钎料钎焊的相近，比用 B-Ag54CuPd 钎料钎焊的高。因此 B-Cu58MnCo 钎料有可能代替 B-Au82Ni 钎料钎焊压气机不锈钢静子等重要部件，使生产成本大大下降。B-Cu58MnCo 钎料对母材的溶蚀小，可用来钎焊薄件。但因含锰量高，所以在 1000℃ 钎焊温度下要求保护气体的露点要低于-52℃。

表 9-22 1Cr13 不锈钢钎焊接头的抗剪强度

钎 料 牌 号	抗剪强度/MPa			
	室温	427℃	538℃	649℃
B-Cu58MnCo	415	217	221	104
B-Au82Ni	441	276	217	149
B-Ag54CuPd	299	207	141	100

4. 锰基钎料

锰基钎料主要用于气体保护钎焊，且要求气体的纯度较高。为避免母材晶粒长大，宜选用钎焊温度低于 1150℃ 的相应钎料。用锰基钎料钎焊的不锈钢接头可获得满意的钎焊效果，如表 9-23 所示，接头工作温度可达 600℃。

表 9-23 锰基钎料钎焊的 1Cr18Ni9Ti 不锈钢接头的抗剪强度

钎 料 牌 号	抗剪强度/MPa					
	20℃	300℃	500℃	600℃	700℃	800℃
B-Mn70NiCr	323	—	—	152	—	86
B-Mn40NiCrFeCo	284	255	216	—	157	108
B-Mn68NiCo	325	—	253	160	—	103
B-Mn50NiCuCrCo	353	294	225	137	—	69
B-Mn52NiCuCr	366	270	—	127	—	67

5. 镍基钎料

采用镍基钎料钎焊不锈钢，可以得到相当好的高温性能。这种钎料一般用于气体保护钎焊或真空钎焊。

采用这种钎料时，在接头形成过程中钎缝内易形成较多的脆性化合物而使接头强度和塑性严重降低，所以应尽量减小接头间隙，保证钎料中易形成脆性相的元素（B、Si、P）充分扩散到母材中去。另外，为了防止钎焊温度下因保温时间过长而使晶粒长大的现象，可采取短时保温并在焊后进行较低温度（与钎焊温度相比）扩散处理的工艺措施。用 BNi-2 钎料钎焊的 1Cr13 不锈钢在各种温度下的抗剪强度见表 9-24。

6. 贵金属钎料

钎焊不锈钢所用的贵金属钎料主要有金基钎料和含钯钎料，其中最典型的有 B-Au82Ni 和 B-Ag54CuPd。B-Au82Ni 钎料具有很好的润湿性，对间隙大小不敏感，所钎焊的不锈钢接头具有很高的高温强度和抗氧化性，最高工作温度可达 800℃。另外，钎料没有向不锈钢晶间渗入的现象，对母材的溶蚀也不大，可以钎焊薄件，但它的价格高昂。B-Ag54CuPd 钎料具有与 B-Au82Ni 相似的特性，且价格较低，因而有取代 B-Au82Ni 钎料的倾向。

表 9-24　BNi-2 钎料钎焊的 1Cr13 不锈钢在各种温度下的抗剪强度

钎　　料	τ_j/MPa			
	室温	427℃	538℃	649℃
BNi-2	196	217	—	172

9.6.3　钎剂和炉中气氛

使用钎剂钎焊不锈钢时，为了去除合金表面的 Cr_2O_3 和 TiO_2，必须采用活性强的钎剂。采用锡铅钎料钎焊不锈钢时应采用氯化锌盐酸溶液或磷酸水溶液。磷酸水溶液的活性时间短，必须采用快速加热的钎焊方法。采用银基钎料钎焊不锈钢时，可配用 FB102、FB103 或 FB104 钎剂。采用铜基钎料钎焊不锈钢时，由于钎焊温度较高，所以应采用 FB105 钎剂。

炉中钎焊不锈钢时，常采用真空气氛或氢气、氩气、分解氨等保护气氛。真空钎焊时，要求真空压力低于 10^{-2}Pa。保护气氛中钎焊时，要求气体的露点不高于-40℃，即必须采用高纯度的保护气体。如果气体纯度不够或钎焊温度不高，还可在气氛中添加少量的气体钎剂，如三氟化硼等。

采用保护气体炉中钎焊，在正常的钎焊温度下，不能使氧化铝和氧化钛还原。如果这些元素含量很少，则采用高纯度的保护气体和气化钎剂可以获得良好的接头。如果这些元素的质量分数超过 1% 或 2%，可通过表面镀镍来代替钎料进行钎焊。电解镍镀厚度应保持在 0.005~0.05mm 范围内。镀镍层过厚，会降低接头的强度，还可能在镀层上发生断裂。

9.6.4　钎焊工艺

不锈钢钎焊前的清理要求比碳钢更为严格。这是因为不锈钢表面的氧化物在钎焊时更难以用钎剂或还原性气氛加以清除。不锈钢钎焊前的清理应包括清除任何油脂和油膜的脱脂工作。待焊接头的表面还要进行机械清理或酸液清洗。但是，要避免用金属丝刷子擦刷，尤其要避免使用碳钢丝刷子擦刷。清理以后要防止灰尘、油脂或指痕重新沾污已清理过的表面。最好的办法是零件一经清洗之后立即进行钎焊。如果做不到这一点，就应该把清洗过的零件装入密封的塑料袋中，一直封存到钎焊前为止。

不锈钢可以用多种方法进行钎焊，如烙铁、火焰、感应、炉中钎焊等方法。炉中钎焊用的炉子必须具有良好的温度控制系统(钎焊温度的偏差要求±6℃)，并能快速冷却。

用氢气作为保护气体进行钎焊时，对氢气纯度的要求视钎焊温度和母材成分而定，即钎焊温度越低，母材含有稳定剂越多，要求氢气的露点越低。例如对于 1Cr13 和 Cr17Ni2 等马氏体不锈钢，在 1000℃ 温度下钎焊时要求氢气露点低于-40℃；对于不含稳定剂的 18-8 型铬镍不锈钢，在 1150℃ 钎焊时，要求氢气露点低于-25℃；但对含钛稳定剂的 1Cr18Ni9Ti，

1150℃钎焊时的氢气露点必须低于-40℃。

采用氩气保护进行钎焊时，要求用高纯度的氩气。若在不锈钢表面上镀铜或镀镍，则可降低对保护气体纯度的要求。氩气保护钎焊时，为了保证去除不锈钢表面的氧化膜，可以采用气体钎剂，常用的有加 BF_3 气体的氩气保护钎焊。采用含锂或硼等的自钎剂钎料时，即使不锈钢表面有轻微的氧化，也能保证钎料铺展，从而提高钎焊质量。

真空钎焊不锈钢时，真空度要视钎焊温度而定。表 9-25 是 18-8 型不锈钢在不同温度下钎焊的试验结果。可以看出，随着钎焊温度的提高，要求的真空度可以低些。

表 9-25　18-8 型不锈钢真空钎焊结果

温度 t/℃	压力 P/133Pa	润湿性	外　表
1150	10^{-4}	极好	光亮
1150	10^{-2}	好	淡绿
1150	1	无	厚氧化膜
900	10^{-4}	尚好	光亮
900	10^{-3}	无	—
850	10^{-4}	差	淡黄

不锈钢钎焊后的主要工序是清理残余钎剂和残余阻流剂，必要时进行钎焊后的热处理。非硬化不锈钢零件在还原性或惰性气氛中进行钎焊时，如果没有使用钎剂和没有必要清除阻流剂的话，则不必清理表面。

根据所采用的钎剂和钎焊方法，残余钎剂的清除可以用水冲洗、机械清理或化学清理。如果采用研磨剂来清洗钎剂或钎焊接头附近热区域的氧化膜时，应使用砂子或其他非金属细颗粒。不能使用不锈钢以外的其他金属细粒，以免引起锈斑或点状腐蚀。

马氏体不锈钢和沉淀硬化不锈钢制造的零件，钎焊后需要按材料的特殊要求进行热处理。用镍铬硼和镍铬硅钎料钎焊不锈钢时，钎焊后扩散处理常常是不可缺少的工序。扩散处理不但能够增大最大钎缝间隙，而且能改善钎焊接头组织。如用 BNi82CrSiBFe 钎料钎焊不锈钢接头经 1000℃扩散处理后，钎缝虽仍有脆性相存在，但只有硼化铬相，其他脆性相均已消失。而且硼化铬相呈断续状分布，这对改善接头的塑性是有利的。

9.7　工具钢及硬质合金的钎焊

9.7.1　钎焊性

工具钢通常包括碳素工具钢、合金工具钢及高速钢。碳素工具钢系高碳钢；合金工具钢通常含质量分数为百分之几的合金元素，某些钢中含合金元素高达 12%~14%，主要合金元素有 Cr、Mn、Si 等；高速钢是含 W、Cr、V、Mo 等元素的高合金钢，应用最广的是 W18Cr4V。硬质合金是碳化物（如 WC、TiC 等）与黏结金属（如 Co 等）经粉末烧结而成的。工具钢和硬质合金的钎焊主要用于刀具、量具、模具、采掘工具以及整体刀具的制造上。

这类工件在工作时受到相当大的应力，特别是压缩弯曲、冲击或交变载荷，因此要求接头强度高、质量可靠。对于工具钢，钎焊中的主要问题是它的组织和性能易受钎焊过程的影响。如果钎焊工艺不当，极易产生高温退火、氧化及脱碳等问题。如高速钢 W18Cr4V 的淬火温度为 1260~1280℃，W9Cr4MoV2 的淬火温度为 1240~1260℃，要求钎焊温度和淬火温度相适应，以便得到切削时最大的硬度和耐磨性。

硬质合金钎焊时钎料在母材上的润湿性较差，且接头易产生裂纹，故钎焊性较差。由于硬质合金的含碳量较高，未经清理的表面往往含有较多的游离碳，从而妨碍钎料的润湿。此外，硬质合金在钎焊的温度下容易氧化形成氧化膜，也会影响钎料的润湿。因此，钎焊前必须对其表面进行严格的清理，以改善润湿性，必要时还可采取表面镀铜或镀镍等措施。

硬质合金的线膨胀系数与普通钢相比差别很大，硬质合金约为 $6 \times 10^{-6} ℃^{-1}$，钢材为 $12 \times 10^{-6} ℃^{-1}$。当硬质合金与普通钢的基体钎焊时，由于两者线膨胀系数的不同，会使钎焊接头冷却后产生很大的热应力，从而产生裂纹。因此，硬质合金与不同材料钎焊时，必须采取措施减小钎焊应力，以防止开裂。

9.7.2 钎焊材料

1. 钎料

工具钢和硬质合金的钎焊通常采用纯铜、铜锌和银铜钎料。纯铜对各种硬质合金均有良好的润湿性，但需要在氢的还原性气氛中钎焊才能取得最佳效果。采用纯铜钎焊的接头抗剪强度约为 150MPa，接头塑性也较高。但由于钎焊温度高，接头中的应力较大，易导致开裂，故不适于高温工作。

铜锌钎料是钎焊工具钢和硬质合金最常用的钎料。为提高钎料的润湿性和接头的强度，在钎料中常添加 Mn、Ni、Fe 等元素。在铜锌钎料中加入锰，可提高钎料的强度，改善钎料对硬质合金的润湿性，钎焊接头强度也有很大提高。例如 BCu58ZnMn（其中 Mn 含量为 4%），使得硬质合金钎焊接头的抗剪强度在室温时达到 300~320MPa；在 320℃ 时仍能维持 220~240MPa。在 BCu58ZnMn 的基础上加入少量的 Co，可使钎焊接头的抗剪强度达到 350MPa，并且具有较高的冲击韧度和疲劳强度，显著提高了硬质合金刀具的使用寿命。

银铜钎料具有良好的强度和塑性，熔点较低，钎焊接头产生的热应力较小，硬质合金不易开裂。在钎料中加入 Mn、Ni 等合金元素，可以改善钎料的润湿性，提高接头的强度和工作温度。例如 BAg50CuZnCdNi（其中 Ni 含量为 3%）钎料对硬质合金有着优良的润湿性，强度及耐热性也高，钎焊接头具有良好的综合性能。

除了上述 3 种类型的钎料外，对于工作在 500℃ 以上且接头强度要求较高的硬质合金，可以选用 Mn 基和 Ni 基钎料，如 B-Mn50NiCuCrCo 和 B-Ni75CrSiB 等。

由于一般铜基钎料的熔化温度均低于高速钢的淬火温度，它们均不适合高速钢的钎焊。为此，钎焊高速钢都选择钎焊温度与淬火温度相匹配的专用钎料，其成分及液相线温度见表 9-26。这种钎料分为两类，一类为锰铁型钎料，主要由锰铁及硼砂组成，其中硼砂起钎剂作用。该类钎料的熔化温度为 1250℃ 左右，同高速钢的热处理温度相匹配，钎焊接头的抗剪强度一般为 100MPa 左右。由于它的收缩大，钎焊后容易出现裂纹。另一类为含 Ni、Fe、Mn 和 Si 的特殊铜合金，其熔点与锰铁大致相同，约为 1220~1280℃。由于这类合金的收缩量比锰铁减少了 2/3 左右，因此钎焊后不易产生裂纹，接头的抗剪强度也提高到 300MPa 以上。使用后一类钎料钎焊时，必须采用硼砂作钎剂。

表 9-26　钎焊高速钢专用钎料的成分及液相线温度

序号	组成成分(质量分数)/%									液相线温度/℃
	锰铁	硼砂	玻璃	硼酸	Ni	Fe	Mn	Si	Cu	
1	60	30	10	—	—	—	—	—	—	1250
2	80	15		5	—	—	—	—	—	1250
3	60	20	15		—	—	—	—	5	1230
4	—	—	—	—	30				70	1220
5	—	—	—	—	12	13	4.5	1.5	余量	1280
6					9	17	2.5	1	余量	1250

2. 钎剂和保护气体

钎剂的选择应与所焊的母材和所选的钎料相匹配。工具钢及硬质合金钎焊时，所用的钎剂主要以硼砂和硼酸为主，并加入一些氟化物(KF、NaF、CaF_2等)。铜锌钎料配用 FB301、FB302 和 FB105 钎剂，银铜钎料配用 FB101~FB104 钎剂。采用专用钎料钎焊高速钢时，主要配用硼砂钎剂。

工具钢及硬质合金钎焊时，可以采用气体保护，以防止在钎焊过程中的氧化。工具钢钎焊时保护气体可以是惰性气体，也可以是还原性气体，要求气体的露点低于-40℃。硬质合金可在氢气保护下进行钎焊，所需氢气的露点应低于-59℃。

9.7.3　钎焊工艺

工具钢在钎焊前必须进行清理，清除表面的油污、氧化物或其他外来杂质。机械加工的表面不必太光滑，这有利于钎料和钎剂的润湿和铺展。

硬质合金表面在钎焊前应经喷砂处理，或用碳化硅或金刚砂轮打磨，清除表面过多的碳，以便于钎焊时被钎料所润湿。钎焊前还应对工件进行脱脂处理。有一些比较难润湿的硬质合金(如碳化钛)有时还需电镀，或涂一层氧化铜或氧化镍配制的膏状物，然后放置在还原性气氛中烘烤，使铜或镍过渡到表面上去，从而增强钎料的润湿性。

碳素工具钢的钎焊最好在淬火工艺前进行或者同时进行。如果在淬火工序前进行钎焊，所用钎料的固相线温度应高于淬火温度范围，以使焊件在重新加热到淬火温度时仍然具有足够的强度而不致失效。当钎焊和淬火合并进行时，选用固相线温度接近淬火温度的钎料，采用这种工艺时，在钎焊中要注意避免裂纹，因为在淬火温度下，接头强度非常低。

合金工具钢的成分范围很宽，应根据具体钢种确定适宜的钎料、热处理工序以及将钎焊和热处理工序合并的技术，从而获得良好的接头性能。

高速钢的淬火温度一般高于银铜和铜锌钎料的熔化温度，因此需在钎焊前进行淬火，并在二次回火期间或之后进行钎焊。如果必须在钎焊后进行淬火，由于一般铜基钎料的熔化温度均低于高速钢的淬火温度，它们不适合于高速钢的钎焊，只能选用前述的专用钎料进行钎焊。钎焊高速钢刀具时采用焦炭炉比较合适，当钎料熔化后，取出刀具并立即加压，挤出多余的钎料，再进行油淬，然后在 550~570℃ 回火。

工具钢及硬质合金常用火焰、感应、炉中、电阻、浸沾等方法钎焊。火焰钎焊设备简单，适用于小批生产。感应钎焊、炉中钎焊及电阻钎焊生产率高，质量稳定。采用保护气氛炉中钎焊，还可避免钎焊时发生氧化。浸沾钎焊用于硬质合金钻探工具的生产，也是一种效率高、易于掌握的方法。

为了减少硬质合金刀片的钎焊应力和防止产生裂纹，可采用下列工艺措施：在钎缝中插入塑性好的补偿垫片；加大钎缝间隙；用30CrMnSiA钢作刀体，它由奥氏体变为马氏体时体积膨胀，可抵消部分收缩应力。图9-16所示即为采用双层包复的银钎料，即在两片银钎料中间插入镍或紫铜片，3层的厚度比为1∶2∶1。

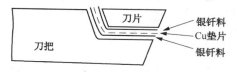

图9-16 采用补偿垫片的切削工具钎焊结构

冷却时热应力可被补偿垫片吸收。在采用铜基钎焊时则可用镍铁合金（其膨胀系数介于钢与硬质合金之间）作为补偿垫片。

在尺寸比例不协调的装配件中，只钎焊一面往往可以消除或减少它的应变。使用止钎剂涂层或加大一面的间隙都可以防止钎料流到不需钎焊的地方（见图9-17和图9-18）。钎焊较长的硬质合金片时，可将硬质合金切成几段来钎焊，见图9-19；另一种方法是，在支座的另一侧同时钎焊一块对称的硬质合金片，使应力平衡。这种方法既提高了钎焊组件的抗应变的能力，而且使它具有两个耐磨面，延长了该组件的使用寿命。

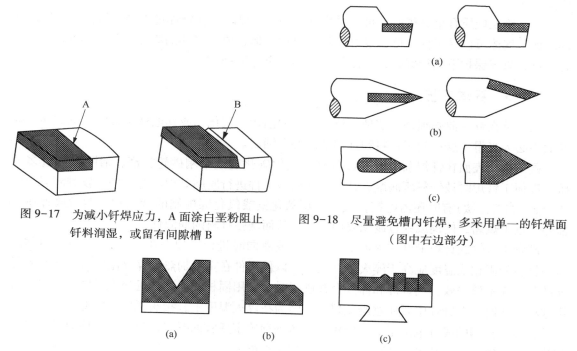

图9-17 为减小钎焊应力，A面涂白垩粉阻止
钎料润湿，或留有间隙槽B

图9-18 尽量避免槽内钎焊，多采用单一的钎焊面
（图中右边部分）

图9-19 硬质合金较长时采用分段结构

在钎焊后必须进行热处理的工具钢构件，则应严格按该类钢的热处理规范进行处理。硬质合金钎焊后必须使焊件在空气中缓慢冷却，如将焊件焊后立即放到200℃左右的炉中，或插入如草木灰等保温介质中，让其缓慢冷却至接近室温后取出，以消除接头中的应力，防止开裂的产生。此外，锤击钎焊接头的反面，也可减少接头的应力。

钎焊后，焊件上的钎剂残渣先用热水冲洗或用一般的除渣混合液清洗，随后用合适的酸洗液酸洗，以清除基体刀杆上的氧化膜。但注意不要使用硝酸溶液，以防腐蚀钎缝金属。

9.8　铸铁的钎焊

9.8.1　钎焊性

根据碳在铸铁中所处的状态及存在形式，铸铁可分为白口铸铁、灰铸铁、球磨铸铁和可锻铸铁。在应用中，常要求将灰铸铁、可锻铸铁及球墨铸铁的本身与异种金属(大多数为铁基金属)相连接，而白口铸铁则很少使用钎焊。

铸铁的钎焊主要用于铸件之间或与其他金属件的连接，还用于铸铁损坏件的修补，如汽缸盖、机床床身及机架等。

铸铁钎焊时的首要问题是铸铁中的石墨妨碍钎料对母材的润湿，使钎料与铸铁不能形成良好的结合。尤其是灰铸铁中的片状石墨，对钎料润湿性的影响最大。

铸铁钎焊时的另一个问题是母材的组织和性能易受钎焊工艺的影响而变差。当灰铸铁和可锻铸铁被加热到奥氏体转变温度以上时，正常存在的组织开始转变成奥氏体，且冷速较快时，将形成马氏体或马氏体和二次渗碳体的硬脆组织，使热影响区的性能变坏。在球墨铸铁和可锻铸铁的钎焊中，若钎焊温度高于800℃，析出渗碳体和马氏体组织的倾向更大，所以钎焊温度不能过高，钎焊后也应缓冷。

9.8.2　钎焊材料

1. 钎料

铸铁钎焊时，主要采用铜锌钎料和银铜钎料。采用铜锌钎料所钎焊的铸铁接头抗拉强度一般达到 120~150MPa。在铜锌钎料的基础上，添加 Mn、Ni、Sn 和 Al 等元素，可使钎焊接头与母材等强度。

银铜钎料的熔化温度低，钎焊铸铁时可避免马氏体等有害组织的形成，接头的性能好。尤其是含镍的钎料，可增强钎料与铸铁的结合力，使接头与母材等强度，特别适合于球磨铸铁的钎焊。

2. 钎剂

采用铜锌钎料钎焊铸铁时，可用 FB301 和 FB302 钎剂。此外，采用 40%H_3BO_3、16% Li_2CO_3、24%Na_2CO_3、7.4%NaF 和 12.6%NaCl 组成的钎剂效果更好。采用银铜钎料钎焊铸铁时，可选用 FB101 和 FB102 等钎剂。铸铁钎焊用钎料和钎剂见表 9-27。

表 9-27　铸铁钎焊用钎料和钎剂

类　别	牌　号	钎料组成(质量分数)/%	使用温度/℃	钎剂
铜锌钎料	BCu60ZnSn	Cu60，Sn1，Si0.3，余 Zn	900~950	硼砂
	BCu58Zn(Sn)	Cu58，Sn0.9，Si0.1，Fe0.8，余 Zn	860~900	
	BCu62Zn(Si)	Cu62，Sn0.5，余 Zn	905	
银基钎料	BAg50ZnCdCuNi	Ag50，Cu15.5，Cd16，Ni3，余 Zn	630~690	FB101 FB102
	BAg54CuZnNi	Ag54，Cu40，Ni1，余 Zn	720~860	
	BAg58CuNi	Ag56，Cu42，Ni2	770~895	

9.8.3　钎焊工艺

铸件的表皮常有石墨、砂子、氧化物及油污等。清除油污可采用有机溶剂擦洗的方法；

147

石墨、氧化物的清除可采用机械清理方法，如锉刀、钢丝刷清理、喷砂或喷丸等，也可采用电化学清理方法。此外，还可采用氧化火焰灼烧石墨而将其去除。

所有常规的钎焊方法都适用于铸铁的钎焊，具体方法的选择取决于工件的结构形状和尺寸。

由于铸铁表面有 SiO_2，在保护气氛中钎焊效果不好，故一般都使用钎剂钎焊。对于较大的铸铁工件用铜基钎料钎焊时，其操作工序为：先在清理好的表面上撒一层钎剂，然后把工件放进炉中加热或用焊炬加热；当工件加热到800℃左右时，再加入补充钎剂，并把它加热到钎焊温度，再用钎料在接头边缘刮擦，使钎料熔化填入间隙；为了提高钎缝强度，铸铁工件钎焊后要在 700 ~ 750℃进行 20min 的退火处理，然后进行缓慢冷却。

小知识　铸铁件钎焊后若快速冷却不仅会使母材得到不良的金相组织，还会导致钎缝及母材的开裂。因此，铸铁件钎焊后必须缓慢冷却。

钎焊后过剩的钎剂及残渣一般用温水冲洗即可清除。如果难以去除，则可先用质量分数为10%的硫酸水溶液或质量分数为5%~10%的磷酸水溶液清洗，然后再用清水洗净。

9.9　活性金属的钎焊

9.9.1　钎焊性

钛和锆均为活性金属，具有类似的钎焊性。近年来在各工业部门的应用日益增多。在钎焊过程中，主要存在以下一些问题：

（1）表面氧化物稳定　钛和锆及其合金对氧的亲和力很大，具有强烈的氧化倾向。钎焊时必须防止钛的氧化，并充分去除这层氧化膜。

（2）具有强烈的吸气倾向　钛和锆及其合金在加热过程中会吸收氧、氢和氮，温度越高，吸气越严重。例如钛从250℃开始强烈地吸氢，400℃时吸氧，600℃时吸氮。吸气的结果会使合金的塑性和韧性急剧下降。所以，钎焊应在真空或惰性气氛中进行，以防止加热区的氢化和氮化。

（3）组织和性能易于变化　钛及其合金在加热时会发生相变和晶粒粗化。温度愈高，晶粒愈大。

纯钛在885℃时发生 α→β 的相变。在冷却速度较快的情况下，在室温形成 α′相针状组织，使材料的塑性下降。

α 钛合金，如 TA7(Ti-5A1-2.5Sn)加热到927℃时发生 α→α+β 的相变，到1038℃时全部转变为 β 相。β 相在冷却速度较快情况下同样形成 α′相针状组织。α 钛合金过热的倾向比纯钛小。

α+β 钛合金，如 TC4(Ti-6Al-4V)，它的淬火温度为 850~950℃，时效温度为 480~550℃。因此对这种钛合金，高温钎焊温度不宜比淬火温度高出很多；低温钎焊温度不宜超过550℃，以免过时效而发生软化现象。

一般说来，钎焊钛及其合金的钎焊温度不宜超过 950~1000℃，钎焊温度越低，对母材性能的影响也越小。

148

（4）形成脆性化合物 钛和锆及其合金与许多金属容易形成脆性化合物，使接头变脆。用来钎焊其他金属的钎料一般均能同钛和锆形成化合物，因此基本上都不适用于钎焊活性金属。

9.9.2 钎焊材料

1. 钛及其合金钎焊用钎料

钛及其合金一般采用硬钎料进行钎焊，主要有银基、铝基、钛基或钛锆基3大类，其成分和钎焊温度如表9-28所示。

表9-28 钛及其合金钎焊用钎料的成分和钎焊温度

分 类	钎料成分（质量分数）/%	钎焊温度/℃
银基钎料	B-Ag72Cu28	800~900
	B-Ag71Cu27.5Ni1Li	800~880
	B-Ag68Cu28Sn4	800~870
	B-Ag85Mn15	950~1000
铝基钎料	B-Al91Si4.8Cu3.8FeNi	610~680
	B-Al98.8Mn1.2	675
钛基或钛锆基钎料	B-Ti70Cu15Ni	970
	Ti73Cu13Ni14Be	950
	Ti49Cu49Be	997~1020
	Ti48Zr48Be	940~1050
	Ti43Zr43Ni12Be	850~1050
	Ti25Zr25Cu50	850~950
	Ti27.5Zr37.5Cu15Ni10	850~950
	Ti35Zr35Cu15Ni15	850~950
	Ti57Zr13Cu21Ni9	930~960

1）银基钎料

银基钎料主要用于工作温度小于540℃的构件。由于银和钛在钎缝的界面区形成金属间化合物TiAg，其线膨胀系数同钛的线膨胀系数相比差别较大，在应力作用下易产生裂纹。故使用纯银钎料的接头强度低，容易产生裂纹，接头的抗腐蚀性及抗氧化性也较差。

银铜钎料的钎焊温度比银低，但润湿性随Cu含量的增加而下降。含有少量Li的银铜钎料，可以改善润湿性和提高钎料和母材的合金化程度。银锂钎料具有熔点低、还原性强的特点，适用于保护气氛中钎焊钛及钛合金，但真空钎焊会因Li的蒸发而对炉子造成污染。

铝可降低银的熔点，且铝同钛形成的化合物不太脆，所以银铝钎料是性能较好的一种钎料。其典型成分为Ag-5Al，熔点为780~850℃。在900℃钎焊时，具有良好的填充间隙能力，对母材无不良影响。另外，在Ag-5Al钎料中加入锰，可显著提高钎焊接头的抗氧化性和抗腐蚀性。

钛及钛合金采用银基钎料钎焊的工艺参数及接头抗剪强度如表9-29所示。

表 9-29　钛及钛合金的钎焊工艺参数及接头强度

钎料牌号	钎焊工艺参数			抗剪强度/MPa
	钎焊温度	保温时间/min	气氛	
B-Ag72Cu	850	10	真空	112.3
B-Ag72CuLi	850	10	氩气	118.3
B-Ag77Cu20Ni	920	10	真空	109.5
B-Ag92.5Cu	920	10	真空	120.3
B-Ag94A15Mn	920	10	真空	139.9

2）钛基或钛锆基钎料

钛基或钛锆基钎料主要有 B-Ti70Cu15Ni 和 B-Ti48Zr48Be。其钎焊温度分别为 970℃ 和 940℃。

用 B-Ti70Cu15Ni 钎料钎焊纯钛和 TC2 时，母材有晶粒长大倾向；钎焊 TA7 和 TC4 时，晶粒长大倾向不大。钎焊时，铜和镍向母材扩散而与钛反应，造成基体的溶蚀和形成脆性层，因此要严格控制钎焊温度和保温时间。其钎焊接头的塑性尚好，且具有好的抗腐蚀性。钎焊接头最高工作温度可达 370℃。

B-Ti48Zr48Be 钎料对钛有良好的润湿性，钎焊时母材无晶粒长大倾向。用该钎料钎焊 TA7 时，生成金属间化合物的倾向较小，接头抗剪强度好，接头塑性及抗腐蚀性比用 B-Ti70Cul5Ni 钎料钎焊的好些。钎焊接头最高工作温度为 370℃。

3）铝基钎料

典型的铝基钎料有 Al-4.8Si-3.8Cu-0.2Fe-0.2Ni，钎焊温度为 610～688℃；Al-1.2Mn，钎焊温度为 675℃。铝基钎料的钎焊温度低，不会引起钛合金发生 β 相转变，降低了对钎焊夹具材料和结构的选择要求。钎料和母材没有明显的溶解和扩散，生成脆性化合物的倾向小，接头塑性较好；钎料塑性好，容易将钎料和母材轧制在一起，因此适宜钎焊钛合金散热器、蜂窝结构和层板结构。

2. 锆及其合金钎焊用钎料

锆及其合金钎焊用钎料主要有 B-Zr50Ag50、B-Zr76Sn24、B-Zr95Be5 等，广泛应用于核动力反应堆的锆合金管道的钎焊。

3. 钎剂和保护气氛

钛和锆及其合金一般采用真空和惰性气氛保护钎焊。氩气保护钎焊应使用高纯氩，露点必须是 -54℃ 或更低。火焰钎焊时必须采用含有金属 Na、K、Li 的氟化物和氯化物的特殊钎剂。

9.9.3　钎焊工艺

钛和锆及其合金钎焊前必须彻底地脱脂和去除氧化膜。厚氧化膜应当采用机械法、喷砂法或熔融盐浴法处理，薄氧化膜可采用 20%～40% 的硝酸、2% 的氢氟酸溶液清洗。

为了防止钎焊接头的氧化及吸氮、吸氢等反应，钛及其合金一般在氩气或真空中钎焊。在氩气或真空中钎焊时，可以采用高

小知识

用于钛和锆及其合金钎焊的加热元件最好选择 Ni-Cr、W、Mo、Ta 等材料，不能使用以裸露石墨为加热元件的设备，以免造成碳污染。钎焊夹具应选用高温强度好、热膨胀系数与钛或锆相近、与基体金属反应性小的材料。

频感应加热或炉中加热等方法。高频感应加热适用于小型对称零件，炉中加热适用于大型复杂组件。钎焊时加热速度快，保温时间短，界面区的化合物层薄，接头性能较好。因此必须控制钎焊温度和保温时间，使钎料填满间隙即可。

9.10　难熔金属的钎焊

9.10.1　钎焊性

W、Mo、Ta、Nb 的熔点都在 2000℃以上，被称为难熔金属。它们具有很高的高温强度和弹性模量，以及良好的抗腐蚀性能。

W 是最难熔的金属，熔点为 3410℃，能在高达 2700℃的高温下可靠地工作。W 在常温下具有很高的强度(490~882MPa)和硬度(320~415HB)，同时具有很大的脆性，只有在加热超过 300~350℃以上才具有一定的塑性。W 在经过再结晶后强度和塑性都降低，因此应尽可能在低于它的再结晶温度的温度下来钎焊。W 与其他金属进行钎焊时，由于热膨胀系数相差较大，钎焊比较困难。

Mo 的熔点为 2622℃，用它可以制造在 2000℃温度下工作的构件。但 Mo 的高温抗氧化能力差，加热到 400℃时开始氧化，在 600℃以上迅速形成 MoO_3。因此，它在大气中高温下工作时，需要镀层保护。钎焊 Mo 的主要问题是它对氧具有很大的亲和力以及在高温下有晶粒长大的倾向。因此，钎焊 Mo 应在较高的真空下或在仔细净化过的氩气保护下进行，并采用快速加热。钎焊前应彻底清除 Mo 表面的氧化膜，清除的方法是把 Mo 浸在温度不高于 400℃的 70%NaOH+30%Na_2CO_3(质量分数)熔融物中，或在温度为 50~60℃的 H_2SO_4水溶液中电解腐蚀。由于 Mo 再结晶后强度和塑性都显著降低，因此钎焊温度不应超过再结晶温度。Mo 与 Co、Fe、Mn、Ti、Si 等元素易形成脆性化合物，使用含有这些元素的钎料时，为了防止金属间化合物的生成及改善钎料对 Mo 的润湿性，可在 Mo 上镀铜或镀铬。

Ta 的熔点为 2996℃，导热性是 Mo 的 1/4，线膨胀系数则比 Mo 大 1/3，高温强度低于 Mo 和 W。除热硫酸溶液外，Ta 在大多数的工业酸的混合介质中的耐腐蚀性非常好。Nb 的熔点是 2468℃，在上述四种难熔金属中其熔点、弹性模量、热导率、强度和密度最低，但热膨胀系数则最高。Nb 的塑性-脆性转变温度为-102~-157℃，有极好的塑性和加工性。钎焊 Ta 或 Nb 时，主要问题是防止氧、氮和氢的污染。因为在空气中加热时，从 200℃开始它们就会发生强烈氧化。同时，在加热中 Ta 和 Nb 都大量地吸收氧、氮和氢等气体，形成饱和气体层，导致金属变硬变脆。因此，最好是在低于 13.3mPa 的真空下钎焊；采用惰性气体保护钎焊也可以，但是必须严格清除杂质。

9.10.2　钎料

钎焊 W 可采用熔点在 3000℃以下的各种钎料(见表 9-30)。其中 400℃以下使用的构件可选用银基或铜基钎料；400~900℃之间使用的构件通常选用金基、锰基、镍基、钯基或钴基钎料；高于 1000℃使用的构件多采用纯金属 Nb、Ta、Ni、Pt、Pd、Mo 等钎料。采用纯金属钎料钎焊后，其接头可以承受高温，工作温度可达到 2150℃。如果钎焊后进行 1080℃的扩散处理，则最高工作温度可达到 3038℃。

推荐能钎焊钨的大多数钎料都适用于钎焊钼，可以根据工作温度来选用。400℃以下工作的 Mo 构件，可选用银基或铜基钎料；400~650℃之间使用的电子器件和非结构件，可以选用 Cu-Ag、Au-Ni、Pd-Ni 或 Cu-Ni 等钎料；更高温度下工作的构件，可选用钛基或其他高熔点的纯金属钎料。必须注意的是，一般不推荐使用锰基、钴基和镍基钎料，以避免在钎缝中形成脆性金属间化合物。

Ta 或 Nb 构件在 1000℃ 以下使用时，可以选用镍基、铜基、锰基、钴基、钛基、金基及钯基钎料，其中 Cu-Au、Au-Ni、Pd-Ni、Pt-Au-Ni、Cu-Sn 钎料对 Ta 或 Nb 的润湿性好，钎缝成形好，接头强度也较高。若钎焊在高温下工作的接头，就要采用能与它们形成无限固溶体的纯钛、钒、锆以及以这些金属为基的钎料才能满足要求。

W、Mo、Ta、Nb 等高温钎焊用钎料见表 9-31。

表 9-30　难熔金属用钎料

钎　料	t_m/℃	钎　料	t_m/℃	钎　料	t_m/℃
Ag	960	Mn-Ni-Co-	1021	Pd-Mo	1571
Cu	1083	Mo-B	1899	Pd-Ni	1204
Nb	2416	Mo-Ru	1899	Pd-Ag-Mo	1316
Ni	1453	Nb-Ni	1190	Pt-50Rh	2049
Ta	2996	Ni-Cu	1349	Pt-Mo	1770
Ti	1816	Ni-Ti	1288	Pt-30W	2299
Ag-Mn	971	Ni-Cr-B	1066	Ta-Ti-Zr	2094
Ag-Cu-Mo	779	Ni-Cr-Fe	1427	Ta-V-Nb	1816~1927
Ag-Cu-Zn-Mo	718~787	Ni-Cr-Si	1121	Ta-V-Ti	1760~1843
Ag-Cu-Zn-Cd-Mo	618~700	Ni-Cr-Fe-Si-C	1066	Ti-Cr	1481
Au-Cu	885	Ni-Cr-Mo-Fe-W	1304	Ti-Si	1427
Au-Ni	949	Ni-Cr-Mo-Mn-Si	1149	Ti-V-Be	1249
Au-Ni-Cr	1038	Pd-Ag	1316	Ti-Zr-Be	999
Co-Cr-Si-Ni	1899	Pd-Al	1177	Ti-V-Cr-Al	1649
Co-Cr-W-Ni	1427	Pd-Cu	1204	Zr-Nb-Be	1049
Cu-Mn	871	Pd-Fe	1316		

表 9-31　难熔金属高温钎焊用钎料

钎　料	钎焊温度/℃	用途及性能
Ni	1500~1700	钨、钼
Nb	(2468)	钨、钼
Ta	(2996)	钨
Re	(3180)	钨
Zr	(1852)	钨、钼
B-Au75Pd25	(1410)	钨、钼
B-Cu55Ni45	(1300)	钨、钼
B-Cu69.5Ni30Fe0.5	(1240)	钨、钼
B-Ni53.5Mo46.5	(1320)	钨、钼、镍
B-Pd65Co35	(1220)	钨、钼

钎　料	钎焊温度/℃	用　途　及　性　能
B-Pd54Ni36Cr10	(1260)	钨、钼
B-Ti90Ta10	(1780)	钨、石墨
B-Ti85Ta10Cr5	(1600~1700)	钨、石墨
B-Ti70Cr20Mn7Ni3	(1330~1350)	钨、石墨
B-Ti67Cr33	1440~1480	钨、钼与石墨、钼与陶瓷
B-Ti66V30Be4	1270~1310	难熔金属、钼与石墨、钼与陶瓷
B-Ti54Cr25V21	1550~1650	难熔金属与石墨、陶瓷及金属的钎料
B-Ti91.5Si8.5	1330	难熔金属与金属、石墨的钎焊
B-Ti72Ni28	1140	钼与难熔金属、钼与石墨、钼与陶瓷
B-Ti70V30	1675~1760	钼与钼、钼与石墨、钼与陶瓷
B-Ti62Cr25Nb13	1260	钼与难熔金属、钼与石墨
B-Ti47.5Zr47.5Nb5	1600~1700	钨、钼与金属、钼与石墨、钼与陶瓷
B-Hf78.5Ta19Mo2.5		钼与难熔金属、钼与石墨
B-Ti50V40Ta10	1760	钽与难熔金属、钼与石墨、钼与陶瓷
B-V65Ta30Ti5	1843	钽与金属、钽与石墨、钽与陶瓷
B-V65Ta30Nb5	1871	钽与难熔金属、钽与石墨
B-V65Nb30Ta5	1816	钽与难熔金属、钽与石墨
B-Ti48Zr48Be4	1049	铌与陶瓷、扩散 100h、τ=162.9MPa
B-Zr75Nb19Be6	1049	铌与钽、扩散 100h、τ=170.2MPa
B-Co43.7Cr21Ni21Si8W5..5B0.8	1177	铌与难熔金属、铌与不锈钢、铌与高温合金

注：表中括号内的数据为液相温度；表中列出的部分钎料在市场上买不到。

9.10.3　钎焊工艺

钎焊前必须彻底清除难熔金属表面的氧化物，可以采用机械打磨、喷砂等机械清理方法，也可采用化学清理方法。完成清理后，应立即进行钎焊，以防再次氧化。

W 的钎焊在所有惰性气体和还原性气体中都能顺利进行，但最好是在真空中，此时能保证得到较致密的钎缝。可以采用炉中钎焊、电阻钎焊和感应钎焊等方法。为了改善熔化的钎料对 W 的润湿，有时在 W 表面预先镀镍或铜。

由于 W 的固有脆性，在零件装配过程中，应小心处理以免碰断。要避免 W 与石墨接触，以防形成脆性的碳化钨。W 在温度升高时极易氧化，钎焊时要求真空度要足够高，在 1000~1400℃ 的温度范围内进行钎焊时，真空度不能低于 $8×10^{-3}$Pa。

钎焊 W 时把钎焊和随后的扩散处理结合起来，可以显著提高接头的再熔化温度和使用温度。例如用 B-Ni69Cr20Si10Fe1 钎料在 1180℃ 下钎焊钨，焊后在 1070℃/4h、1200℃/3.5h、1300℃/2h 三次扩散处理后，钎焊接头的使用温度可达 2200℃ 以上。

Mo 的热膨胀系数小，装配时接头间隙应在 0.05~0.13mm 之间。如果使用夹具，要选用热膨胀系数小的材料。火焰钎焊、受控气氛炉、真空炉、感应加热炉和电阻加热设备都可以用来钎焊 Mo。

Mo 在再结晶后强度和塑性显著下降。因此选用的钎焊温度最好低于其再结晶温度。如果在高于它的再结晶温度（约 1100℃）下钎焊，保温时间越短越好。在 Mo 的再结晶温度以上钎焊时，一定要控制钎焊时间和冷却速度，避免冷裂。用氧乙炔火焰钎焊时，采用混合钎剂，即工业硼酸盐或银钎焊用钎剂加含有氟化钙的高温钎剂，可以获得良好的保护。

为了防止 Ta 或 Nb 在加热过程中大量吸收氧、氮和氢等气体，导致金属变硬变脆，最好是在低于 13.3mPa 的真空下钎焊。如果采用惰性气体保护下钎焊，必须严格清除杂质。为防止高温下 Ta 或 Nb 与氧接触，最好预先镀以镍、铜或钯，并进行扩散退火。

9.11 陶瓷与金属的钎焊

9.11.1 钎焊性

陶瓷与金属的钎焊（一般称为封接）广泛用于电子管和半导体的制造，此外，还用于变压器、整流器、电容器和水银开关的密封上。

陶瓷与陶瓷、陶瓷与金属构件的钎焊比较困难，大多数钎料在陶瓷表面形成球状，很少或根本不产生润湿。能够润湿陶瓷的钎料，钎焊时接合界面易形成多种脆性化合物，这些化合物的存在影响了接头的力学性能。在普通钎料的基础上添加活性金属元素制成活性钎料，可以改善钎料在陶瓷表面的润湿；采用低温、短时钎焊可以减轻界面反应的影响。

由于陶瓷、金属与钎料之间的热膨胀系数差异大，从钎焊温度冷却到室温后，接头会存在残余应力，并可能导致开裂。设计合适的接头形式，使用单层或多层金属作中间层，可以减小接头的热应力。

9.11.2 钎料

陶瓷与金属连接多在真空炉或氢气、氩气炉中进行。真空电子器件用钎料要求钎料不宜含有产生高蒸气压的元素，也就是容易挥发的元素（如 Zr、Cd、Bi、Mg、Li 等），以免引起器件电质漏电和阴极中毒等现象。一般规定器件工作时，钎料的蒸气压不超过 10^{-3}Pa，含高蒸气压杂质不超过 0.002%~0.005%；钎料的含氧量不超过 0.001%，以免在氢气中钎焊时生成水气，引起飞溅。另外，钎料表面不能有氧化物。

采用烧结金属粉末法钎焊时，可使用铜基、银-铜、金-铜等合金钎料，常用钎料见表 9-32。

表 9-32 陶瓷与金属钎焊常用钎料

钎料	固相线/℃	液相线/℃
Cu	1083	1083
Ag(>99.99%)	960.5	960.5
B-Au82.5Ni17.5	950	950
B-Cu87.75Ge12Ni0.25	850	965
B-Ag65Cu20Pd15	852	898
B-Au80Cu20	889	889
B-Ag50Cu50	779	850
B-Ag58Cu32Pd10	824	852
B-Au60Ag20Cu20	835	845
B-Ag72Cu28	779	779
B-Ag63Cu27In10	685	710

陶瓷与金属直接钎焊时，应选用含有活性元素 Ti、Zr 的钎料，主要有 Ti-Cu、Ti-Ni、Ag-Cu-Ti、Ti-V-Cr 钎料等。其中 Ti-Cu、Ti-Ni 钎料在 1100℃ 范围使用；Ag-Cu-Ti 钎料可以采用箔片、粉状或 Ag-Cu 共晶钎料片配合钛粉使用，可用于各类陶瓷与金属的直接钎焊。

陶瓷与金属直接钎焊时的活性钎料见表 9-33。

表 9-33   陶瓷与金属钎焊用活性钎料

钎　　料	钎焊温度/℃	用途及接头材料
B-Ag69Cu26Ti5	850~880	陶瓷-Cu、Ti、NB 及可伐等
B-Ag85Ti15	1000	氧化陶瓷-Ni、Mo 等
B-Ag85Zr15	1050	氧化陶瓷-Ni、Mo 等
B-Cu70Ti30	900~1000	陶瓷-Cu、Ti、难熔金属及可伐等
B-Ni83Fe17	1500~1675	陶瓷-Ta（接头强度 140MPa）
B-Ti92Cu8	820~900	陶瓷-金属
B-Ti75Cu25	900~950	陶瓷-金属
B-Ti72Ni28	1140	陶瓷-陶瓷、陶瓷-金属、陶瓷-石墨
B-Ti50Cu50	980~1050	陶瓷-金属
B-Ti49Cu49Be2	1000	陶瓷-金属
B-Ti48Zr48Be4	1050	陶瓷-金属
B-Ti68Ag28Be4	1040	陶瓷-金属
B-Ti47.5Zr47.5Ta5	1650~2100	陶瓷-钽
B-Zr75Nb19Be6	1050	陶瓷-金属
B-Zr56V28Ti16	1250	陶瓷-金属

9.11.3　钎焊工艺

1. 通用钎焊工艺

钎焊前为了去除母材表面的油污和氧化膜等，首先应进行表面清洗。金属零件和钎料先去油，再酸洗或碱洗去除氧化膜，经流动水冲洗并烘干。对要求较高的零件应放在真空炉或氢气炉中用适当的温度和时间进行热处理，以净化零件表面。清洗后的零件应立即进入下一道程序或放入干燥器内，以防止再次被污染和氧化。陶瓷件应采用丙酮加超声波清洗，再用流动水冲洗，最后再用去离子水煮沸 2 次，每次煮沸 15min。

表面清洗后进行涂膏。膏剂一般由粒度为 1~5μm 的纯金属粉末（对于高氧化铝瓷还要添加一定量的金属氧化物）和有机黏接剂调成。纯金属粉末主要是难熔金属粉，用得最多的是钼粉，其次是钨粉。另外，为了改善难熔金属粉末与陶瓷的结合，还添加了一些锰、铁、钛粉。有机黏接剂为硝棉、醋酸戊脂及丙酮。涂敷时用毛笔或涂膏机涂于需要金属化的陶瓷表面上，涂层厚度一般为 30~60mm。

涂膏后将陶瓷件放入氢气炉中，用湿氢或裂化氨在 1300~1500℃ 温度下进行烧结，烧结 30~60min，使陶瓷金属化。对于 Mo-Mn 金属化层，为了使其与钎料润湿，需再电镀上一层 4~5μm 的镍层，如果钎焊温度低于 1000℃，则镍层还需在氢气炉中进行预烧结，烧结温度为 1000℃，时间为 15~20min。然后用钎料进行钎焊，钎焊时应施加一定压力（约 0.49~0.98MPa），钎焊在氢气、氢气保护下或真空中进行。

钎焊后的焊件除应进行表面质量检验外，还应进行热冲击及力学性能检验，真空器件用的封接件还必须按有关规定进行检漏试验。

2. 直接钎焊法(活性金属法)

直接钎焊时,一般应选用真空钎焊。首先应将陶瓷及金属件进行表面清洗,然后进行装配。为防止接头开裂,可在焊件之间放置缓冲层(一层或多层薄金属片)。

使用 Ag-Cu-Ti 钎料直接钎焊时,应采用真空钎焊的方法。当炉内的真空度达到 $2.7 \times 10^{-3} Pa$ 时开始加热,此时可快速升温;当温度接近钎料熔点时应缓慢升温,以使焊件各部分的温度趋于一致;待钎料熔化时,快速升温到钎焊温度,保温时间 $3 \sim 5 min$;冷却时,在 700℃以前应缓慢降温,700℃以后可随炉自然冷却。

Ti-Cu 活性钎料直接钎焊时,钎料可以采用 Cu 箔加 Ti 粉或制成 Cu-Ti 双金属片。钎焊前所有的金属零件都要真空除气,无氧铜除气的温度为 $750 \sim 800℃$,Ti、Ni、Ta 等要求在 900℃除气 15min,此时真空度应不低于 $6.7 \times 10^{-3} Pa$。钎焊时将待焊组件装配在夹具内,在真空炉中加热到 $900 \sim 1120℃$ 之间,保温时间为 $2 \sim 5 min$。在整个钎焊过程中,真空度不得低于 $6.7 \times 10^{-3} Pa$。

Ti-Ni 法的钎焊工艺与 Ti-Cu 法相似,钎焊温度为 $(900 \pm 10)℃$。

直接钎焊的缺点是,钎焊时对真空度和保护气氛的纯度要求很高。钎焊真空度应处于 $10^{-3} Pa$ 数量级,保护气氛的露点应低于 $-70℃$,含氧量不超过 0.0001%。

直接钎焊法(活性金属法)连接金属与陶瓷用垫片及钎料和钎焊工艺参数见表 9-34 和表 9-35。

表 9-34　活性金属法用垫片材料和钎焊规范

陶瓷材料	金属材料	垫片箔材料	最低封接温度 $t/℃$	最高封接温度 $t/℃$
氧化铝瓷、镁橄榄石瓷	Cu	Ti	875	910
	Cu	Zr	885	910
	Ti	Ni	955	1050
氧化铝瓷,锆石瓷	Zr	Ni	960	1050
氧化铝瓷,锆石瓷	Zr	Fe	934	1050

表 9-35　活性金属法用钎料和钎焊工艺参数

钎料	钎焊工艺参数		附注
	$t_B/℃$	t_h/min	
H1AgCu28	820	$2 \sim 4$	
Cu	880	$1 \sim 3$	
Cu30-Ni70	$960 \sim 980$	$2 \sim 6$	
Cu55-Ni45	980	$5 \sim 8$	连接面涂钛粉或氢化钛
Ni	1040	$2 \sim 5$	
Co	1060	$1 \sim 2$	
Pd	1100	$1 \sim 2$	
双金属钎料			
Ag85-Zr15	970	$2 \sim 4$	陶瓷与金属连接
Cu77-Ti23	880	$1 \sim 2$	
活性钎料			
Ti70-Ni15-Cu15	$990 \sim 1000$	3	
Ti50-Ni50	1250	$3 \sim 4$	陶瓷与金属连接
H1AgCu 72(90~95)+Ti(5~10)	900	$2 \sim 4$	

3. 氧化物钎焊法

氧化物钎焊法的原理是利用氧化物钎料熔化后形成玻璃相，向陶瓷渗透并润湿金属表面而实现可靠连接。氧化物钎料的成分主要是 Al_2O_3、CaO、BaO 和 MgO，另外还加入 B_2O_3、Y_2O_3、Ta_2O_3 等。典型氧化物钎料成分见表 9-36。

表 9-36　典型氧化物钎料的成分

| 系　列 | 成分(质量分数)/% | | | | | | 钎焊温度/℃ | 线膨胀系数/℃⁻¹ |
	Al_2O_3	CaO	MgO	BaO	Y_2O_3	其他		
Al-Ca-Mg-Ba	49	36	11	4	—	—		8.8
	45	36.4	4.7	13.9	—	—		
Al-Ca-Ba-B	46	36	—	16	—	2(B_2O_3)	1325	9.4~9.8
Al-Ca-Ba-Sr	44~50	35~40		12~16	—	1.5~5(Sr)	1330	7.7~9.1
Al-Ca-Ta-Y	45	49			3	3(Ta_2O_3)	1380	7.5~8.5
Al-Ca-Mg-Ba-Y	40~50	30~40	3~8	10~20	0.5~5		1480~1560	6.7~7.6

9.12　高温合金的钎焊

9.12.1　钎焊性

高温合金可分为镍基、铁基和钴基 3 大类，它们在高温下具有较好的力学性能、抗氧化性和抗腐蚀性。铁基高温合金可制造 700℃ 以下工作的工件；镍基高温合金用来制造火焰筒、燃烧室和加力燃烧室、涡轮工作叶片和导向叶片等。实际生产中应用最多的是镍基合金，钴基合金在我国应用较少。

用于钎焊结构的一些高温合金的牌号、成分和热处理规范见表 9-37。

高温合金含有较多的铬，表面的 Cr_2O_3 比较难以去除。镍基高温合金均含有 Al 和 Ti，加热时极易氧化。因此，钎焊高温合金时，一定要去除氧化膜及防止氧化。

钎焊高温合金时，很少采用钎剂，因为钎剂中的硼酸和硼砂同母材作用后析出的硼向母材渗入的现象，会造成各种缺陷。所以高温合金绝大多数都用气体保护钎焊和真空钎焊，而且保护气体的纯度要求很高。

对于一些含铝、钛量高的铸造镍基合金，钎焊时要保证热态的真空度不低于 10^{-2}~10^{-3} Pa，以免合金在加热时发生氧化。

对固溶强化和沉淀强化的镍基合金，钎焊温度应选择尽量与固溶处理的加热温度一致，以保证合金元素的充分溶解。钎焊温度过低，合金元素不能完全溶解；钎焊温度过高，母材晶粒长大，即使焊后进行热处理也无法恢复材料的性能。

一些镍基高温合金，特别是沉淀强化合金有应力开裂的倾向，钎焊前必须充分去除加工过程中形成的应力，钎焊时应尽量减小热应力。

9.12.2　钎料

镍基合金可采用镍基、银基、铜基及含钯钎料进行钎焊。钎焊高温合金时最常用的钎料是镍基钎料，镍基钎料具有很好的高温性能，钎焊时不发生应力开裂现象，其钎焊接头的性

表9-37 高温合金牌号、成分和热处理规范

牌号	化学成分（质量分数）/%													热处理规范
	Ni	Cr	C	Mo	Mn	Si	W	V	Al	Ti	Fe	Nb	Co	
GH30	≥75	19~22	≤0.12	—	≤0.7	≤0.8	—	—	≤0.15	0.15~0.38	≤1	—	Cu<0.2	淬火：980~1020℃，空冷
GH33	基	19~22	<0.06	—	≤0.35	≤0.65	—	—	0.55~0.95	2.3~2.7	≤1	—	—	淬火：1080℃，空冷 时效：700℃，16h空冷
GH37	基	13~16	<0.10	2~4	≤0.50	≤0.6	5~7	0.1~0.5	1.7~2.3	1.8~2.3	≤0.5	—	—	一次淬火：1190℃，空冷，二次淬火：1050℃，空冷 时效：800℃，16h空冷
GH39	基	19~22	<0.08	1.8~2.3	≤0.4	≤0.8	—	—	0.35~0.75	0.35~0.75	≤3	0.9~1.3	Cu<0.2	淬火：1050~1080℃，空冷
GH44	基	23.5~26.5	<1.00	—	≤0.5	≤0.8	13~16	—	≤0.5	0.3~0.7	≤4	—	—	淬火：1120~1160℃，空冷
GH132	24~27	13.5~16	<0.08	1.0~1.5	1~2	0.4~1	—	0.1~0.5	≤0.4	1.77~2.3	基	—	—	淬火：980℃，油冷 时效：720℃，16h空冷
K3	基	10~12	0.11~0.18	3.8~4.5	<0.5	<0.5	13~16	—	5.3~5.9	2.3~2.9	<2	—	4.5~6.5	淬火：1210~1220℃，空冷
K14	40~45	11~13	<0.1	—	≤0.5	≤0.5	6.5~8.0	—	1.8~2.4	4.2~5.0	余量	—	—	淬火：1100℃，空冷
K17	基	8.5~9.5	0.13~0.22	2.5~3.5	≤0.5	≤0.5	—	0.6~0.9	4.8~5.7	4.7~5.3	≤1	—	14~16	铸态

能很好，用镍基钎料钎焊的一些高温合金的性能见表9-38和表9-39。镍基钎料中主要合金元素是 Cr、Si、B，少量钎料还含有 Fe、W 等。用镍基钎料钎焊高温合金时，接头强度同样随间隙大小而变。当间隙很小时，可以得到均一的固溶体组织的钎缝，接头的强度和塑性都比较好；如果接头的间隙增大，则接头强度下降。所以必须保持较小的间隙。

表 9-38 用 HL-5 钎料钎焊的 GH30 合金的接头强度

接头强度 σ_{bj}/MPa		600℃	700℃	800℃	850℃	900℃
τ_j	钎焊后未处理	277~296	273~283	219~223	—	—
	钎焊后氧化处理①	—	313~325	126~128	111~129	—
σ_{bj}		—	—	254~271	191~194	144~145

① 氧化处理是在静止空气中，在一定温度下，每次加热 24h，累计 100h。

表 9-39 用 QNi3 钎料钎焊的一些合金的性能

母材	试验温度 t/℃	σ_b/MPa	τ_j/MPa
K3+GH30	20	229	163
	900	182	—
K14+GH30	20	310	229
	800	292	—
K14+GH132	800	185	—

当接头的工作温度要求不高时，可采用银基钎料。为了减小热应力，最好采用熔化温度低的钎料。用银基钎料钎焊时可用 FB101 钎剂，钎焊含铝量高的沉淀强化高合金时，应用 FB102 钎剂，并添加 10%~20% 的硅氟酸钠或铝用钎剂（如 FB201）。钎焊温度超过 900℃时，应选用 FB105 钎剂。

在真空或保护气氛中钎焊时，可选用铜基钎料。钎焊温度为 1100~1150℃，接头不会产生应力开裂现象，但工作温度不能超过 400℃。

含钯钎料也用来钎焊高温合金，用银锰钯和镍锰钯钎料钎焊的 GH33 合金的一些接头性能见表9-40。含钯钎料的高温性能虽然没有镍基钎料高，但是银锰钯钎料塑性好，可以制成各种形状，钎料对间隙的敏感性小，对母材的扩散和溶蚀小，适宜于钎焊薄件。镍锰钯钎料同样对母材的溶蚀小，工艺性能好，可用来钎焊 850℃以下工作的焊件。

表 9-40 银锰钯和镍锰钯钎料钎焊的 GH33 合金的一些接头性能

钎料	τ_j/MPa					
	20℃	600℃	700℃	750℃	800℃	850℃
Ag-20Pd-5Mn	—	154	122.5	122.5	108	76
Ag-33 Pd-3Mn	—	—	—	170	138	—
Ni-31 Mn -21 Pd	338	276	257	216	154	122.5

9.12.3 钎焊工艺

钎焊前必须采用砂纸打磨、毡轮抛光、丙酮擦洗及化学清洗等方法脱脂及去除表面的氧化物。为了防止母材开裂，经冷加工的零件焊前应进行去应力处理，焊接加热应尽可能均匀。钎焊加热温度不宜过高，钎焊时间要短，以免钎剂和母材发生强烈的化学反应。

镍基合金可采用保护气氛炉中钎焊、真空钎焊和瞬态液相连接。

1. 保护气氛炉中钎焊

高温合金广泛使用气体保护钎焊。保护气氛炉中钎焊对保护气体的纯度要求很高，对于 $\omega(Al)$、$\omega(Ti)$ 小于 0.5% 的高温合金，使用氢气和氩气时，要求其露点低于 $-54℃$。

钎焊含 Al、Ti 量高的高温合金时，氢气不能还原合金表面的氧化膜，钎料铺展性很差，此时需采用少量的钎剂（如 FB105），或在工件表面预先镀镍。一般说来，在钎焊加热速度较快的情况下，$0.025 \sim 0.05mm$ 厚的镀镍层是有效的。

用氩气保护钎焊高温合金时，对于含 Al、Ti 量高的高温合金，很难除去工件表面的氧化膜，此时可用 $Ar+BF_3$ 的混合保护气体。

2. 真空钎焊

高温合金的真空钎焊可获得最好质量，典型镍基高温合金接头的力学性能见表 9-41。

表 9-41 典型镍基高温合金真空钎焊接头的力学性能

合金牌号	钎　料	钎焊条件	实验温度/℃	抗剪强度/MPa
GH3030	B-Ni82CrSiB	$1080 \sim 1180℃$	600	220
			800	224
		$1110 \sim 1205℃$	20	230
			650	126
	B-Ni68CrSiB	$1105 \sim 1205℃$	20	433
			650	178
GH3044	B-Ni70CrSiBMo	$1080 \sim 1180℃$	20	234
			900	162
GH4188	B-Ni74CrSiB	$1170℃$	20	308
			870	90
DZ22	B-Ni43CrNiWBSi	$1180℃$，2h	950	$26 \sim 116$
		$1180℃$，24h	980	$90 \sim 107$
GH4033	NMP	$1120 \sim 1180℃$	20	338
			850	122
	SPM2	$1170 \sim 1200℃$	850	122

真空钎焊特别适宜于钎焊含 Al、Ti 量高的高温合金，当真空度能保持 $6.5 \times 10^{-3}Pa$ 到 $1.3 \times 10^{-2}Pa$ 时，可以得到光亮的表面，钎料铺展性很好。

对于 $\omega(Al)$、$\omega(Ti)$ 小于 4% 的高温合金，虽然表面不经过特殊预处理也能保证钎料的润湿性，但最好在表面电镀一层 $0.01 \sim 0.015mm$ 的镍。对于 $\omega(Al)$、$\omega(Ti)$ 超过 4% 的高温合金，镀镍层的厚度应为 $0.02 \sim 0.03mm$。

使用粉末状镍基钎料时，可用聚苯乙烯的二甲苯溶液、聚甲基丙烯酸脂的三氯乙烯溶液、光学树脂溶液作为黏结剂，调成膏状使用。黏结剂在 5500℃ 升华，不会在表面上留下残渣。

高温合金钎焊接头的组织和强度随钎焊间隙而变化，钎焊后扩散处理将进一步增大接头间隙的最大允许值。以 Inconel 合金为例，采用 B-Ni82CrSiB 钎焊的 Inconel 接头，经 1000℃ 扩散处理 1h 后最大间隙值可达 90μm；而采用 B-Ni71CrSiB 钎焊的接头，经 1000℃ 扩散处理 1h 后最大间隙值可达 50μm 左右。

3. 瞬态液相连接

瞬态液相连接的原理是将熔点低于母材的中间层合金(厚度约为 2.5~100μm)作为钎料,在较小的压力(0~0.007MPa)和合适的温度(1100~1250℃)下,中间层材料首先熔化并润湿母材,由于元素的迅速扩散,接头部位发生等温凝固而形成接头。

瞬态液相连接的主要参数有压力、温度、保温时间和中间层成分。钎焊过程中,为了保持焊件配合面的良好接触,应加较小的压力。如果要求接头与母材等强,并且不影响母材的性能,应采用高温(≥1150℃)和长时间(8~24h)的连接工艺参数;如果对接头的连接质量要求较低或母材不能经受高温,则应采用较低的温度(1100~1150℃)和较短的时间(1~8h)。中间层应以被连接的母材成分为基本成分,加入不同的降温元素,如 B、Si、Mn、Nb 等。瞬态液相连接大大降低了对母材表面的配合要求和焊接压力。

9.13 其他材料的钎焊

9.13.1 贵金属触点的钎焊

贵金属主要是指 Au、Ag、Pd、Pt 等材料,它们具有良好的导电性、导热性、抗腐蚀性和高的熔化温度,在电器设备中广泛用于制造开启与闭合电路元件。

1. 钎焊性

贵金属作为触点材料,其钎焊面积小,要满足的主要性能要求是钎缝金属应具有良好的抗冲击性能、强度高、具有一定的抗氧化性能,在不改变触头材料的特性和元件的电性能条件下,能经受电弧侵袭。由于触点钎焊面积受限制,不允许钎料溢流,应严格控制钎焊工艺参数。

2. 钎料

为了保证钎缝的导电性和润湿性,钎焊金属及其合金触头主要使用银基和铜基钎料。也可以使用钎焊镍、钴合金并有良好抗氧化性能的钎料,如选用 Ag-Cu-Ti 钎料,但钎焊温度不得高于 1000℃。

银的软钎焊选用锡铅钎料并配以氯化锌水溶液或松香作钎剂。硬钎焊时,常采用银钎料,钎剂则采用硼砂、硼酸或它们的混合物。真空钎焊银及其银合金触头时,主要选用银基钎料,如 B-Ag61CuIn、B-Ag59CuSn、B-Ag72Cu 等。

钎焊钯触头,可选用容易形成固溶体的金基、镍基钎料,也可以选用银基、铜基或锰基钎料。

钎焊铂及其铂合金触头,广泛使用银基、铜基、金基或钯基钎料。例如选用 B-Au70Pt30 钎料,既不会改变铂的颜色,又能有效地提高钎缝重熔温度,增加钎缝的强度和硬度。在非腐蚀介质中工作温度不超过 400℃的铂触头,应优先选用成本低、工艺性能好的无氧纯铜钎料。

3. 钎焊工艺

钎焊前,应对焊件特别是触点组件进行检查,从薄板上冲出或从板条上剪下的触点不得因冲、剪而变形。为了保证与支座的平直表面接触良好,用顶锻、精压、锻造成形的触点的钎焊表面必须平直。待焊件的曲面或任意半径的表面必须配合一致,以保证钎焊时有适当的毛细作用。

各种触头钎焊前都要采用化学或机械方法去除焊件表面的氧化膜、油污、油脂和灰尘等。

对于小型焊件，选用黏接剂预定位，保证在装炉、装钎料等搬运过程中不移位，但所使用的黏接剂不应对钎焊带来危害。对于大型焊件或专用触头，装配定位一定要通过带有凸台或凹槽的夹具，以保证焊件处于稳定状态。

由于贵金属材料导热性好，加热速率应根据材料类型而定，冷却时要适当控制速率，以使钎焊接头应力均匀；加热方法应能使被焊零件同时达到钎焊温度。常用的加热方法都可以用来钎焊贵金属及贵金属触点。火焰钎焊常用于较大的触点组件；大批量生产常选用感应钎焊；当同时需要钎焊大量的触点组件或者在一个组件上钎焊多个触点时，可采用炉中钎焊。采用真空钎焊时，材料本身性能既不会受到任何影响，还能获得高质量的接头。

对于较小的贵金属触点，应避免直接加热，可利用其他零件进行传导加热。钎焊时，触点上应施加一定的压力，使钎料在熔化和流动时触点固定不变。为了保持触点支座或支承件应有的刚性，应避免它们退火，可把加热局限在钎焊面区域内。此外，钎焊过程中，应采取控制钎料的数量、避免过分加热、限制钎焊温度下的钎焊时间以及使热量均匀分布等措施，以避免钎料溶解贵金属。

9.13.2　石墨和金刚石聚晶的钎焊

1. 钎焊性

由于钎料对石墨及金刚石聚晶材料很难润湿，且与一般结构材料的热膨胀系数相差很大，若二者直接在空气中加热，超过400℃会出现氧化或碳化，因此应采用真空钎焊，且要求真空度不应低于 10^{-1}Pa。因二者的强度都不高，要尽量选用热膨胀系数小的钎料和严格控制冷却速度，以减小热应力和防止裂纹。

真空钎焊金刚石聚晶材料时，钎焊温度一定要控制在 1200℃ 以下，真空度不低于 $5×10^{-2}$Pa。因为在真空环境下，若温度超过 1000℃，聚晶磨耗比开始下降，超过 1200℃，磨耗比将降低 50% 以上。

由于这类材料的表面不易被普通钎料润湿，钎焊前可通过表面改性，如真空镀膜、离子溅射、等离子喷镀等方法，在石墨及金刚石聚晶材料表面沉积一层厚为 2.5~12.5μm 的 W、Mo 等元素并与之形成相应的碳化物，或者使用高活性钎料。

2. 钎料

钎料的选择主要根据用途和表面加工情况而定，作为耐热材料使用时，应选择钎焊温度高、耐热性好的钎料；而用于化工耐蚀材料时，则应选择钎焊温度低、耐蚀性好的钎料。

对于 400~800℃ 之间使用的石墨构件及金刚石工具，通常选用金基、钯基、锰基或钛基钎料。对于 800~1000℃ 之间使用的接头，则选用镍基或钴基钎料。石墨构件在 1000℃ 以上使用时，可选用纯金属钎料（Ni、Pd、Ti）或含有能与碳形成碳化物的 Mo、Ta 等元素的合金钎料。

对于经过表面金属化处理后的石墨，可采用延性高、抗腐蚀性好的纯铜钎料。对于不进行表面处理的石墨或金刚石，可采用表 9-42 所示的活性钎料进行直接钎焊，这些钎料大多是钛基二元或三元合金。纯钛与石墨反应强烈，可生成很厚的碳化物层，且与石墨的线膨胀系数差别较大，易产生裂纹，故不能作为钎料使用。在 Ti 中加入 Cr、Ni 可以降低熔点及改

162

善与陶瓷的润湿性；加入 Ta、Nb 等元素，具有低的线膨胀系数，可以降低钎焊应力。

表 9-42　石墨和金刚石直接钎焊用钎料

钎　料	钎焊温度/℃	接头材料及应用领域
B-Ti50Ni50	960~1010	石墨-石墨、石墨-钛，可用于电解槽接线端子
B-Ti72Ni28	1000~1030	
B-Ti93Ni7	1560	石墨-石墨、石墨-BeO，可用于宇航部门
B-Ti52Cr48	1420	石墨-石墨、石墨-钛
B-Ag72Cu28Ti	950	石墨-石墨，可用于核反应堆
B-Cu80Ti10Sn10	1150	石墨-钢
B-Ti55Cu40Si5	950~1020	石墨-石墨、石墨-钛，可用于耐腐蚀构件
B-Ti45.5Cu48.5Al6	960~1040	石墨-石墨、石墨-钛，可用于耐腐蚀构件
B-Ti54Cr25V21	1550~1650	石墨-难熔金属
B-Ti47.5Zr47.5Ta5	1600~2100	石墨-石墨、石墨-钼
B-Ti47.5Zr47.5Nb5	1600~1700	
B-Ti43Zr42Ce15	1300~1600	石墨-石墨
B-Ni36~40Ti5~10Fe50~59	1300~1400	石墨-钼、石墨-碳化硅，可用于发热体

3. 钎焊工艺

焊件装配前，应先对焊件进行预处理，用酒精或丙酮将石墨材料的表面污染物擦拭干净。石墨的钎焊方法可分为两大类，一类是表面金属化后进行钎焊，另一类是表面不处理直接进行钎焊。

表面金属化法钎焊时，应先在石墨表面电镀一层 Ni、Cu 或用等离子喷镀一层 Ti、Zr 或二硅化钼，然后采用铜基钎料或银基钎料进行钎焊。

采用活性钎料直接钎焊是目前应用最多的方法，可根据表 9-42 中提供的钎料选择钎焊温度。可将钎料夹置在钎焊接头中间或靠近一头。当与热膨胀系数大的金属钎焊时，可利用一定厚度的 Mo 或 Ti 作中间缓冲层，该过渡层在钎焊加热时可发生塑性变形，吸收热应力，避免石墨开裂。

钎焊天然金刚石应在真空或氩气保护下进行，钎焊温度不宜超过 850℃，并采用较快的加热速度，在钎焊温度下的保温时间不能过长（一般选 10s 左右），以免在界面形成连续的 TiC 层。可以选用 B-Ag68.8Cu26.7Ti4.5 和 B-Ag66Cu26Ti8 等活性钎料直接钎焊。

金刚石和合金钢钎焊时，应加塑性中间层或低膨胀合金层进行过渡，以防止热应力过大造成金刚石晶粒的破坏。例如采用钎焊工艺制造超精密加工用的车刀或镗刀，是将 20~100mg 的小颗粒金刚石钎焊到钢体上，钎缝的接头强度达到了 200~250MPa。

聚晶金刚石可以采用火焰钎焊、高频钎焊或真空钎焊。切削金属或石材用的金刚石圆锯片，应采用高频钎焊或火焰钎焊，钎焊温度控制在 850℃ 以下，加热时间不宜过长，并采取较慢的冷却速度，可选用熔点较低的 Ag-Cu-Ti 活性钎料。用于石油、地质钻探的聚晶金刚石钻头，由于工作条件恶劣，承受巨大的冲击载荷，可选用镍基钎料，用纯铜箔作中间层进行真空钎焊。例如将 300~400 粒 $\phi4.5\text{mm}$ 的柱状聚晶金刚石钎焊到 35CrMo 或 40CrNiMo 钢的齿孔中构成切削齿，可采用真空钎焊，真空度不低于 $5\times10^{-2}\text{Pa}$，钎焊温度为 $(1020\pm5)℃$，保温时间为 $(20\pm2)\text{min}$，钎缝的抗剪强度大于 200MPa。

钎焊时应尽可能利用焊件的自重进行装配定位，使金属件位于上部压住石墨或聚晶材料。使用夹具定位时，夹具材料应选用热膨胀系数与被焊件相近的材料。

【综合训练】

9-1 铝及其合金与其他金属相比，钎焊性如何？主要原因是什么？

9-2 请分别分析纯铜、黄铜、青铜和白铜的钎焊性。

9-3 试分析镁及其合金的钎焊性如何？碳钢和低合金钢的钎焊性及钎焊工艺要点有哪些？

9-4 钎焊碳钢和低合金钢常用的钎料有哪些？

9-5 不锈钢钎焊的特点及钎焊工艺要点有哪些？

9-6 钎焊不锈钢常用的钎料和钎剂有哪些？

9-7 工具钢和硬质合金的钎焊性及钎焊工艺要点有哪些？

9-8 活性金属的钎焊特点是什么？

9-9 铸铁的钎焊工艺包括哪些？

9-10 难熔金属有哪些？难熔金属的钎焊工艺是什么？

第10章　钎焊接头的质量检验

　　钎焊接头在整个钎焊构件中属于最薄弱的部位，为了保证钎焊结构件的质量和运行安全，一般都要对钎焊接头进行检验后方能投入使用。而钎焊接头质量的控制必须贯穿于生产中的各个环节，从原材料的进厂、半成品件的生产、成品件的出厂等都要进行钎焊工艺试验。

10.1　钎焊接头的缺陷及防止

　　在钎焊生产中，接头中常常会产生一些缺陷，这些缺陷包括：气孔、夹渣、未钎透、裂缝和溶蚀等。缺陷的存在给焊件质量带来不利的影响。产生缺陷的原因很多，影响因素也是多方面的。本章将就某些缺陷进行讨论研究。

10.1.1　钎缝的不致密性

　　所谓钎缝的不致密性是指钎缝中的气孔、夹渣、夹气和未钎透等缺陷。这些缺陷大都存在于钎缝内部，但经机械加工后，往往会暴露于钎缝表面。这些缺陷会给焊件带来下列影响：

　　(1)降低焊件的气密性、水密性、导电能力以及接头的强度；

　　(2)钎焊后要镀银的焊件，在镀银基面上的缺陷会使镀银后的钎缝翻浆，引起镀银表面发霉、腐蚀；

　　(3)对采用钎剂钎焊的铝件，表面缺陷往往是导致接头腐蚀破坏的主要原因。

　　钎缝的不致密性缺陷是生产中经常遇到的问题。这类缺陷的产生原因和防止方法见表10-1。

表 10-1　钎焊接头致密性低的产生原因及防止方法

缺　陷	产　生　原　因	防　止　方　法
夹气、夹渣、夹气-夹渣	(1)在平行间隙中，由于液体钎剂、钎料的填缝速度不均匀、填缝前沿不规则引起"小包围"而形成夹渣或夹气-夹渣 (2)钎料沿焊件搭接处外围流动较快引起"大包围"而形成夹渣或夹气-夹渣 (3)加热不均匀 (4)间隙尺寸不正确	(1)选择合适的间隙，避免过大或过小；对管接头等要求密封性高的接头可采用不等间隙，并注意钎焊温度时间以利于排气、排渣 (2)钎料从一端加入 (3)注意钎剂和钎料的熔点匹配 (4)钎剂用量要适中

缺　陷	产　生　原　因	防　止　方　法
气孔	(1)钎焊温度太高或保温时间太长 (2)钎剂反应生成的气体和钎料中溶解的气体 (3)钎焊金属析出的气体	(1)降低钎焊温度，缩短保温时间 (2)钎剂除气，选择合适的钎剂和钎料 (3)要求气密性的焊件采用不含气体及夹杂物的材质 (4)仔细清除焊件表面的氧化膜
部分间隙未填满	(1)钎剂选用不当引起去膜不完整，钎剂活性差，熔点不合适 (2)钎料用量不够 (3)接头间隙太大或太小 (4)毛刺向上卷起，妨碍钎料填缝	(1)选用合适的钎剂 (2)保证足够的钎料用量 (3)选定和保持准确的间隙 (4)仔细清除毛刺
钎缝一端未填满和形成圆角	(1)钎剂活性差或填缝能力差 (2)钎料用量不足或填缝能力差 (3)加热不均匀	(1)选用合适的钎剂和钎料 (2)增加钎料用量 (3)控制加热方法和加热均匀
钎料流失	(1)钎焊温度过高 (2)钎焊时间过长 (3)钎料与母材发生化学反应	(1)降低钎焊温度， (2)缩短保温时间 (3)选择合适的钎剂和钎料

10.1.2　钎焊接头的裂纹

钎焊过程中产生的裂纹比熔化焊时少，但由于不均匀急冷有时也会引起裂纹。许多高强度材料，如不锈钢、镍基合金、铜镍合金等，钎焊时与熔化的钎料按触的地方容易产生自裂现象。例如用 H62 黄铜钎料钎焊 1Cr18Ni9Ti 不锈钢和钎焊某些铜合金时，这种自裂现象相当普遍。经研究发现，这种自裂现象常出现在焊件受到锤击或有划痕的地方以及存在冷作硬化的焊件上；同时又发现，当焊件被刚性固定或者钎焊加热不均匀时，容易产生自裂。因此，钎焊过程中的自裂是在应力作用下，在被液态钎料润湿过的地方发生的。钎焊裂纹产生的原因及防止方法见表 10-2。

表 10-2　钎焊裂纹产生的原因及防止方法

缺陷部位	产　生　原　因	防　止　方　法
钎缝中裂纹	(1)钎焊后冷却太快 (2)钎料和钎焊金属线膨胀系数相差太大 (3)接头设计不合理 (4)形成脆性扩散区	(1)减慢冷却速度 (2)选择线膨胀系数与钎焊金属接近的钎料 (3)异种金属材料钎焊时，线膨胀系数大的材料应包围线膨胀系数小的材料 (4)降低钎焊温度，缩短保温时间
钎焊金属中裂纹（自裂）	(1)黄铜钎料中的锌向基体金属中剧烈扩散 (2)钎焊前钎焊工件中存在较大的应力，包括焊件表面受到锤击或有划痕或存在冷作硬化 (3)焊件刚性固定或加热不均匀	(1)降低钎焊温度，减少保温时间 (2)焊前充分退火或减慢升温速度，尽量避免钎焊面被锤击、划痕或冷作硬化 (3)焊时加热均匀，焊后待焊件冷却到室温再去除刚性固定

10.1.3 溶蚀

溶蚀是钎焊时的一种特殊缺陷，它是由于钎焊过程中钎焊金属向钎料过度溶解所造成的。溶蚀缺陷一般发生在钎料安置处，这主要是由于钎料置于钎缝的一端，致使钎焊件金属过度溶解而造成凹陷，严重时会溶穿。溶蚀缺陷的存在将降低钎焊接头性能，对薄板结构或表面质量要求很高的零件，更不允许出现溶蚀缺陷。

由上述可知，溶蚀首先取决于母材和钎料，也就是母材与钎料相互作用的能力。当母材确定后，则主要是钎料的选择问题。其次，当母材和钎料确定后，钎焊工艺参数（加热温度、保温时间和加热速度等）、钎料用量等对能否发生溶蚀现象也有较大的影响。

正确地选择钎料是避免产生溶蚀现象的主要因素，因此，选择钎料时应遵循这样的原则：钎焊时，不应因母材向钎料的溶解而使钎料的熔点进一步下降，否则母材就可能发生过量的溶解。

钎焊温度对溶蚀的影响也是很明显的，以铝硅钎料钎焊铝为例，钎焊温度越高，铝可以溶解到液相钎料中的数量越多，加之温度升高，溶解速度也增大，促使母材更快地溶解。因此，为了防止溶蚀，钎焊温度切不可过高。保温时间过长，将为母材与钎料相互作用创造更多的机会，也容易产生溶蚀。但保温时间对溶蚀的影响没有钎焊温度那样显著。另外，为了防止溶蚀产生，还必须严格控制钎料用量，这对于薄件的钎焊尤为重要。

小知识：若因母材向钎料的溶解而采用使钎料熔点下降的钎料，其溶蚀倾向就较大；反之，溶蚀倾向就小。

10.2 钎焊接头的质量检验方法

钎焊接头质量的检验（试验）方法分为破坏性检验和无损（非破坏性）检验两类，都是以钎焊接头为主要试验对象的检验方法。破坏性检验主要是检验所选用的钎焊方法、工艺、接头形式及钎焊材料等是否满足产品设计要求；非破坏性检验则主要检验焊后钎焊接头是否存在缺陷。这些试验（检验）方法的选择还应根据使用要求而定，有关试验标准所规定的试件尺寸、试样形式也仅仅是对某一类试验的一般要求。

10.2.1 钎焊接头强度试验方法

国标 GB 11363—2008《钎焊接头强度试验方法》规定了硬钎焊接头常规拉伸与剪切的试验方法及软钎焊接头常规剪切的试验方法，它适用于黑色金属、有色金属及其合金的硬钎焊接头在低温、室温、高温时的瞬时抗拉、抗剪强度以及软钎焊接头在低温、室温、高温时的瞬时抗剪强度的测定。

1. 试板、试棒及试样的制备

拉伸试验用试板、试棒及钎焊后经机械加工的试样尺寸如图 10-1 所示，剪切试验用试板尺寸及钎焊后的试样如图 10-2 所示。按试验需要，可任意选择其中的试样形式。贵重金属钎料试验时，在满足试验的条件下，试样尺寸可相应缩小。

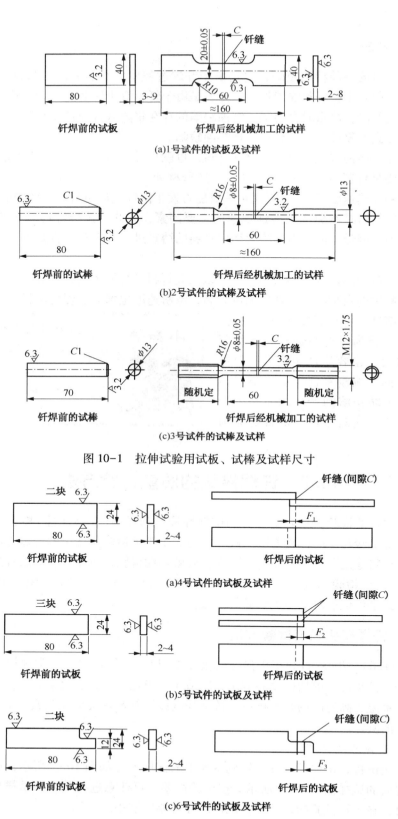

图 10-1 拉伸试验用试板、试棒及试样尺寸

(a)1号试件的试板及试样

(b)2号试件的试棒及试样

(c)3号试件的试棒及试样

(a)4号试件的试板及试样

(b)5号试件的试板及试样

(c)6号试件的试板及试样

图 10-2 剪切试板及钎焊试样

2. 试板、试棒材料及加工要求

试验材料应是所用构件的金属材料，按图示尺寸进行加工，板状试件应平整，拉伸试板、试棒的钎焊端面应与拉伸方向成直角，6 号试板的钎焊面应与夹持面垂直，加工后试件的毛刺、毛边应彻底清除。钎焊面可用 400 号碳化硅砂布沿一定方向打磨，特殊应用时，表面状态应相当于实际构件的要求。钎焊前，待钎焊面及其周围应用适当方法清理，去除油污及氧化物等杂质。

3. 装配及钎焊

1）装配

为避免钎焊时试件的偏移，应采用适当的夹具或点焊定位。钎缝间隙 C 根据母材与钎料的性质可在 $0.02\sim0.3mm$ 之间选择，或按实际构件需要确定；装配时要保证钎焊部位的间隙均匀一致；需进行对比试验时，应选用相同的间隙，并记录实际装配间隙值。

剪切试样的搭接长度 F_1、F_2、F_3 由母材、钎料的性质及试验目的来确定。

2）钎焊

加热方法没有限制，钎焊温度为钎料液相线温度增加 $30\sim50℃$，特殊情况可放宽上限温度。

10.2.2 钎焊接头弯曲试验及撕裂试验方法

1. 钎焊接头的弯曲试验

弯曲试验是焊接接头常用的试验方法之一，弯曲试验可测定焊接接头总的塑性，这个总的塑性用弯曲角 α 表示。所谓弯曲角就是弯曲了的试件的一面和它另外一面的延长线所夹的角。

钎焊接头的弯曲试验目前尚未制定国家标准或行业标准，一般参照 GB/T 2653—2008《焊接接头弯曲试验方法》中的有关条款进行。试样制备及试验方法如图 10-3～图 10-5 所示。

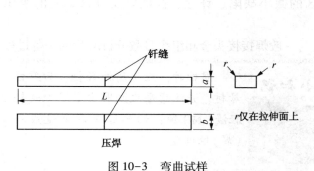

图 10-3　弯曲试样

a—试样厚度；b—试样宽度；L—试样长度；r—圆角半径

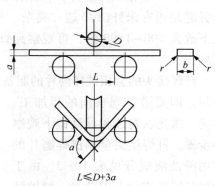

$L \leqslant D+3a$

图 10-4　圆形压头弯曲试验

试样在钎焊完成、试件冷却后便可制取。弯曲试验可采用三点弯曲试验法（见图 10-4）或缠绕导向弯曲试验法（见图 10-5）进行。试验压头 D 的尺寸、试样弯曲程度 α 的大小，按产品的技术条件确定。

经弯曲后的试样，在钎缝处无裂纹、起层和断口则认为合格。

2. 钎缝撕裂试验

钎缝的撕裂试验主要用于评价搭接接头的质量。随着试验技术水平的提高和产品性能要求的多样化，撕裂试验已从原来的评定钎焊接头的一般质量、检查接头中是否存在气孔和钎剂夹渣等缺陷的定性试验，发展成为一种定量评价钎焊接头的一种试验方法。

如图 10-6 所示，先将两块试板弯成直角，再焊接 T 形试件，弯曲长度及钎缝长度视试验要求而定。试件焊好后，将钎缝 1 处加工成圆角（圆滑过渡的凹面），将 A、B 置于拉伸试验机的两个夹持端，以慢速进行拉伸，记录拉断载荷。

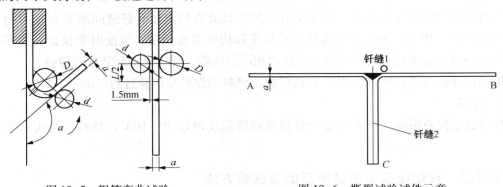

图 10-5　辊筒弯曲试验　　　　　　图 10-6　撕裂试验试件示意

10.2.3　钎焊接头金相检验方法

焊接接头的金相分析，包括焊缝、热影响区和母材的粗晶组织分析和显微组织分析。而钎焊接头组织常进行钎缝的显微组织分析，在放大倍数 100～1500 下进行观察和分析。

钎焊接头的金相试样磨片，一般在钎缝的横截面制取，也可根据需要，沿钎缝纵轴方向制取。金相试样磨片，在未用浸蚀液浸蚀前，可用肉眼或放大镜（显微镜）观察，查明钎缝是否有未钎（焊）透、夹杂、气孔、裂纹等缺陷。磨片经用浸蚀液浸蚀后，在显微镜下放大 100～1500 倍，可观察到钎缝区的微小缺陷、钎缝、扩散以及母材金属的组织结构。

钎焊接头的金相试样磨片的制备过程与一般焊接接头金相组织显微分析磨片的制备过程相同，即要进行观察面的粗加工、磨光、抛光、腐蚀和显微镜下观察等步骤。钎焊接头金相试样磨片的常用浸蚀液成分见表 10-3。由于母材与钎料成分上的差异，浸蚀液应分别选择，才能清晰地将钎焊金属（母材）和钎料（钎缝）的组织分别显示出来。

小知识

腐蚀时，应先腐蚀钎料，后腐蚀母材，并注意每次蘸取少量浸蚀液轻轻浸（腐）蚀，切忌过量以免造成浸（腐）蚀过度。

当采用 BAg45CuZn（HL303）钎料钎焊紫铜（T2）时，钎焊接头浸蚀液可分别选择如下：

（1）钎料　5%～10%过硫酸氨水溶液；

（2）母材　5%～10%硫酸与硝酸水溶液。

表 10-3　常用钎焊接头的浸蚀液成分

钎焊金属	钎料	浸蚀步骤及浸蚀液成分
低碳钢	铜和黄铜钎料	母材：4%硝酸酒精溶液显示钢的组织 钎料：浓氨水溶液显示钎料的组织；稀硝酸水溶液
低碳钢	锡铅钎料	母材：4%硝酸酒精溶液显示钢的组织 钎料：1%HNO$_4$；1%CH$_3$COOH；98%甘油显示钎料和过渡层组织
铜和黄铜	银钎料	母材：过氧化氢水溶液；稀硝酸与硫酸水溶液 钎料：10%过硫酸铵水溶液；100mL 蒸馏水+2g 三氯化铁
铜和黄铜	锡铅钎料	在 H$_3$PO$_4$(密度 1.54g/mL)中电解浸蚀，电流密度达 0.5A/mm^2，显示钎焊金属、钎料及过渡层组织 10%过硫酸铵水溶液显示钎料过渡层组织

10.2.4　钎焊接头无损检验方法

钎焊接头无损检验是在不破坏钎焊接头或在不影响钎焊接头使用的前提下进行的以检验钎焊接头是否存在焊接缺陷的检验方法，是生产过程中必不可少的一个环节。无损检验常用的方法有外观检查、致密性检查、磁粉检验、着色和渗透检查、X 射线检查、超声波检查、热传导检查等。

1. 钎缝外观检查

外观检查是用肉眼或低倍放大镜检查钎焊接头的表面质量，如钎料是否填满间隙，钎缝外露的一端是否形成圆角，圆角是否均匀，表面是否光滑，是否有裂纹、气孔及其他外部缺陷。它是一种常用的简便易行的方法，要求检验人员具有一定的实践经验。为了克服仅凭人的感觉存在着因人而异且易造成误判的缺点，规定按机械行业标准 JB/T 6966—1993《钎缝外观质量评定方法》进行检验，不过此评定方法主要适用于硬钎焊钎缝外观质量的检验和评定。

1) 钎缝、钎焊圆角及未钎满的定义

钎缝钎焊接头中由液态金属凝固形成的结合区域（见图 10-7）称为钎缝。在搭接接头、T 形接头中，针缝通常包括钎焊圆角。

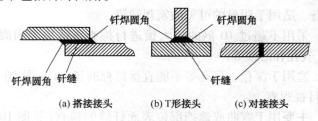

(a) 搭接接头　　(b) T形接头　　(c) 对接接头

图 10-7　钎焊接头

（1）钎焊圆角　对搭接接头和 T 形接头分别见图 10-7(a)、(b)，钎焊时，钎料从间隙溢出钎缝之外形成的圆弧形的填角部分，它是钎缝的一部分。

（2）未钎满　未钎满是由于熔融钎料过度流失或其量不足而未能填满钎缝间隙所形成的一种钎焊缺陷，如图 10-8 所示。

2) 一般要求

（1）检验部位　所有裸露的钎缝表面均需进行外观质量检验。

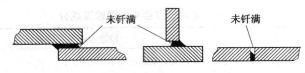

图 10-8 未钎满

（2）表面清理　检验钎缝外观质量前，应彻底清除待查钎缝处的油污、氧化物、阻流剂和钎剂渣等外来夹杂物。

（3）检验人员　检验人员应经过培训，应能对钎缝外观缺陷程度作出正确的判断。

3）钎缝外观质量评定

（1）钎缝外观质量主要采用目视（包括用 10 倍以下放大镜）检验方法评定。必要时，可采用着色检验方法和密封性检验方法。

（2）将钎缝外观质量分为Ⅰ、Ⅱ、Ⅲ级。

Ⅰ级钎缝适用于承受大的静载荷、动载荷或交变载荷，或对钎缝气密性、外观装饰性要求高的钎焊件。钎缝表面连续致密，焊角光滑均匀，呈明显的凹下圆弧过渡。表面不允许存在裂纹、针孔、气孔、疏松、节瘤和腐蚀斑点等。钎料对基体金属无可见的凹陷性溶蚀。

Ⅱ级钎缝适用于承受中等静载荷，动载荷或交变载荷，或对钎缝气密性、外观装饰性有一定要求的钎焊件。钎缝无未钎满，焊角连续，但均匀性较差。钎缝表面有少量轻微的分散性气孔、疏松和腐蚀斑点，但不允许有裂纹和针孔。钎料对基体金属有可见的凹陷性溶蚀，但其深度不超过基体金属厚度的 5%~10%，对此应根据钎焊构件在该处的厚度及其工况条件确定。

Ⅲ级钎缝适用于承受载荷较小或对钎缝气密性、外观装饰性要求不高的钎焊件。钎缝成形较差，钎缝不连续，不光滑均匀，局部有未钎满和气孔、较密集的疏松，但不允许有裂纹、穿透性气孔、针孔。允许钎料对基体金属有明显的凹陷性溶蚀，但其深度不大于该处基体金属厚度的 10%~20%，应根据构件的工况条件确定。

（3）钎缝表面存在裂纹、贯穿性气孔、针孔以及不符合产品图样规定的气孔、疏松、溶蚀、未钎满和表面粗糙，应按产品图样要求进行补钎或做报废处理。

补钎次数应根据基体金属类别和构件工况条件确定。

4）钎缝外观质量检验方法

（1）目视检查法

① 肉眼观察检查　适用于明显的可见的宏观缺陷。

② 放大镜检查　采用不超过 10 倍的放大镜进行检查。适用于肉眼较难分辨的表面缺陷，如微小的裂纹、气孔和溶蚀等。

③ 反光镜检查　适用于深孔、盲孔等不能直接目视的场合（见图 10-9）。必要时可采用 3~10 倍放大镜进行目视观察。

④ 内窥镜检查　主要用于弯曲或遮挡部位表面钎缝的检查（见图 10-10）。必要时可采用 3~10 倍放大镜进行目视观察。

目视检查可查明钎缝的外形、表面裂纹、气孔、疏松、未钎满、溶蚀、节瘤、针孔、钎缝表面粗糙和腐蚀斑点等宏观缺陷。

（2）渗透检查法

适用于Ⅰ、Ⅱ级钎缝外观检查，用以判定钎缝表面有无微小的肉眼较难分辨的裂纹、气孔和针孔等缺陷。可按 GB/T 5616—2014 和 JB/T 9218—2007 中有关规定进行检验。小工件一般采用荧光检验，大工件通常用着色探伤来检查。

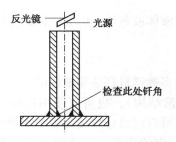
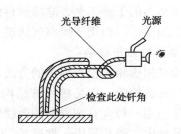

图 10-9　深孔构件的反光镜检查　　　图 10-10　弯曲构件的内窥镜检查

（3）密封性检查

容器钎缝表面若不宜用目视或渗透法检验，可进行密封性检查，找出缺陷部位。

① 封闭组合件的所有开口，然后给钎焊容器内腔充气（充气压力按产品图样规定），随即将其放入水中，等 1~2min 后，观察外部钎缝处有无气泡产生。

② 封闭组合件的所有开口，给钎焊容器内腔充气（充气压力按产品图样规定），并在钎缝外表面涂抹肥皂水溶液，观察有无气泡出现。

③ 在钎缝外表面涂白粉，随后向钎焊容器内注煤油，等 5~10min 后，观察白粉的变色情况。若在涂白粉的一面上出现油痕，则该处被判定为缺陷区。

密封性检查若发现钎缝处有渗漏，必须进行补钎，补钎次数和报废处理应按产品图样规定进行。

（4）检查结果记录

记录检查结果，在记录纸上必须注明缺陷的类型、位置、大小、数量和评定级别。

2. 钎缝致密性试验

储存液体或气体的焊接容器，其焊缝的不致密缺陷（如贯穿性的裂纹、气孔、夹渣、未焊透以及疏松组织等），可用致密性试验来发现。致密性试验方法有煤油试验、水压试验、气密试验等。

许多钎焊接头要求具有对气体或液体的密封性能。常用的试验（检验）方法是压力（水压或气压）试验。承受压力低的试件，可以用空气（或 N_2 等）进行试验；承受高压的试件，在空气压力试验之外，还要进行水压试验。水压试验至少应为组件（试件）设计压力的 1.25 倍。试验压力一般要高于工作压力，通常由有关法规或订货方技术条件确定。

空气压力试验可由下述方法之一来完成：

（1）封闭试件的所有开口，将试件浸入水中，然后充气加压，观察是否有因泄漏而产生的气泡；

（2）封闭试件的所有开口，在钎焊接头部位表面涂上一层肥皂水或其他指示剂，然后充气加压，观察是否有气泡产生以及气泡产生的位置；

（3）封闭试件的所有开口，充气加压到一定压力后，关闭空气源，注意观察在一段时间内试件内的气体压力有无变化（需对温度进行校正）。

实际工作中，为了方便快捷进行，可采用氮气等进行上述试验。按上述三种方法之一准备好后，将气瓶的分压力表调至所需试验压力，即可进行试验。进行气体压力试验时，必须遵循有关试验安全规定，以确保人身财产的安全。

对于十分微小的泄漏，通常需采用氦气压力试验，并使用质谱仪检测泄漏的氦气，此法可发现气体中含有 1/1000 的氦气的存在，相当于在标准状态下泄漏氦气率为 $1cm^3/a$。在检验前，需采用适当的干燥工艺，除净试件内所有的液体或蒸汽。例如，一面将试件加热到液体的沸点以上温度，一面用干燥空气清洗试件。

3. 钎缝缺陷的磁粉检验

磁粉检验是用磁粉来检查漏磁的方法。由于大多数钎料都是非磁性的，因此这种方法不常用于钎焊接头的检验。在某些特殊结构上（如蜂窝结构），也可以使用这种方法来进行检验。此方法是利用一种含有细磁粉的薄膜胶片，它可以记录钎焊接头中的质量变化情况，在使用后的几分钟内，胶片凝固，把磁粉"凝结"在一定的位置上，这样就可以观察被检验试件上的磁粉分布图形，确定是否有缺陷。

钎缝磁粉检验可参照 JB/T 6061—2007《无损检测　焊缝磁粉检测》进行。

4. 着色检验与荧光渗透剂检验

着色检验与荧光渗透剂检验可用于磁性或非磁性材料的焊接接头的表面缺陷的检验，操作方便、设备简单、成本低廉，不受工件形状、大小的限制，故也常用于钎焊接头表面缺陷检验（参见上述"钎缝外观检查"）。这种检验方法可以检测出填角钎缝上的裂纹和气孔，可以观察到钎料的不完全流布和填角不完整的现象等。

这两种检验方法原理如下：

（1）着色检验　着色检验是利用某些渗透性很强的有色油液（如 10%乳百灵+70%苯硫酚+20%汽油+20g/L 腊红组成的着色液）渗入试件的表面缺陷中，除去表面油液后，涂上吸附油液的显像剂（通常由氧化锌、氧化镁、高岭土粉末和火棉胶液组成），就会在显像剂层上显示出彩色的缺陷图形。从其出现的图像情况可以判断出缺陷的位置、大小及严重程度。

（2）荧光渗透剂检验　荧光渗透剂检验是一种利用紫外线照射某些荧光物质产生荧光的特性来检查工件表面缺陷的方法。检验时，先将试件涂上渗透性很强的荧光油液，停留 5～10min，然后除净表面多余的荧光液，这样只能在缺陷里才存在荧光液。接着在试件表面撒上一层氧化镁粉末，振动几下，这时，在缺陷处的氧化镁被荧光油液浸透，并有一部分渗入缺陷的空腔内，接着把多余的粉末吹掉。然后在暗室中用紫外线照射试件，在紫外线的作用下，留在缺陷处的荧光物质就会发出照亮的荧光。当缺陷是裂纹时，它们就会以照亮的曲折线条出现。

钎缝着色检验和荧光检验可参照 JB/T 6062—2007《无损检测　焊缝渗透检测》进行。

5. X 射线检验

X 射线检验方法的原理是利用 X 射线可穿透物质和在物质中有衰减的特性来发现缺陷的一种检验方法，是检查钎缝内部缺陷的常用方法之一，它在不破坏钎焊接头的前提下，可检查出钎缝内部的气孔、夹渣、裂纹、未钎透等缺陷。

X 射线检验法又可分为 X 射线照相法、电离法、荧光屏观察法等，在生产中用得最多的还是 X 射线照相法。X 射线照相法是基于 X 射线通过钎缝、接合部分和缺陷部分时，它们对 X 射线的吸收、减弱能力不同，因而使胶片感光程度不同，以此来判别钎缝内部有无缺陷以及缺陷的大小、形状等。X 射线电离法、荧光屏观察法等可对试件进行连续检验，并可易于实现自动化，但它们的检验灵敏度差，工件复杂时检验准确度低。X 射线照相法的适用范围一般为厚度 2～200mm 以内的工件。

评定 X 射线照相的结果，还应考虑基体金属和钎料 X 射线吸收特性可能存在的差别。因此，X 射线检验人员需要经过专门的培训后方可胜任。国家标准 GB 3323—2005《金属熔化焊焊接接头射线照相》对 X 射线照相法检验有一定参考价值。

6. 超声波检验

超声波检验是利用超声波束能透入金属材料的深处，在由一截面进入另一截面时，在界面边缘发生反射的特点来检查钎缝的缺陷。当来自工件表面的超声波进入金属内部，遇到缺陷及工件底部时就分别发生反射现象，将反射波束收集到荧光屏上就形成脉冲波形，根据脉冲波形的特点可判断缺陷的位置、性质和大小。超声波检验具有灵敏度高、操作方便、检测速度快、成本低、对人体无害等优点，但对缺陷进行定性和定量判定尚存在困难，不能精确判定缺陷，且检验结果受检验人员的经验和技术熟练程度影响较大。

国家标准 GB/T 11345—2013《焊缝无损检测　超声检测技术、检测等级和评定》对钎缝超声波检验有一定参考作用。

7. 其他检验方法

热传导检验仅在某些特定情况下采用。例如，钎焊飞机螺旋桨叶片时，工件出炉后趁其红热时拍照，从彩色照片上可以看出，凡与加强肋钎焊良好的区域的外表面都呈光亮的红色，钎焊得不好的区域则呈暗红色或黑色。

红外线加热灯可用于检验蜂窝结构面板的钎焊质量。这种方法是将工件置于红外线加热灯下，涂敷一层低熔点粉末或液态物质以指示不同的热传导特性。温度的变化使液体从热处排向冷处，并在冷处聚集，中心脱钎部位起着加热器的作用，使液体流向已钎焊良好的区域，从液体的分布、流向情况可以对钎焊质量作出评价。

其他常用的技术是使用热敏感磷光体、液晶和其他热敏材料。具有电视显示功能的红外敏感电子变像装置，已在工业上用于通过钎焊接头时热传导特性的变化产生的温差来监视钎焊工件的质量。电子变像装置对产生的温差用录像带记录，当热量在工件背面快速传导时，已钎焊好的部位则显示为亮点；由于未钎上部位不能强烈地发射红外线，因此看到的是暗点，从而可以清楚准确地检查钎焊接头的质量。

电阻法是根据某一恒定的金属截面上电位降的变化来评价钎焊接头质量的。钎焊接头各种缺陷都会引起电位降的增加或电阻值的增大，用微电阻测定仪测定电阻值的变化或用电桥测量电位降的变化均可检查出钎焊接头质量是否符合要求。

小知识　激光全息照相法、超声扫描显微镜检验法、声发射法、实时射线照相法等检验法也可用于钎焊接头质量的检验。上述方法各有利弊，且尚在研究、发展阶段。

【综合训练】

10-1　在钎焊接头中常常会产生哪些缺陷？试分析缺陷产生的原因，并给出防止方法。

10-2　钎焊接头无损检验方法有哪些？

10-3　钎缝外观检查可用来检查钎焊接头的哪些缺陷？

10-4　钎焊接头的超声波检验方法具有怎样的特点？

第11章 钎焊工程应用实例

【学习目标】

  通过蒸煮锅的进气管和衬里的钎焊、制氧机热交换器接头的钎焊、铝电缆接头的软钎焊、硬质合金钻探工具的钎焊等工程应用实例的学习，进一步熟悉钎焊接头设计、钎料和钎剂的选择以及整个钎焊生产过程。

  1. 蒸煮锅的进气管和衬里的钎焊

  蒸煮锅的外壳材料为 10mm 厚的低碳钢板，衬里材料是壁厚为 3mm 的纯铜，进气管是 ϕ108mm×4mm 的 1Cr18Ni9Ti 不锈钢管，如图 11-1 所示。

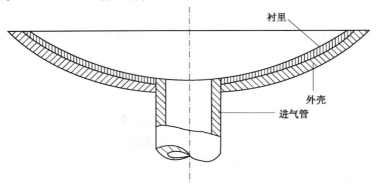

图 11-1 蒸煮锅进气管和衬里

  1）接头的加工

  （1）根据进气管外径的大小，在锅体插口的位置上用等离子切割等方法开出比进气管外径大 1~2mm 的插口。

钎焊层

图 11-2 在不锈钢端部
钎焊上一层钎料

  （2）先在不锈钢端部钎焊上一层钎料，钎焊层的厚度一般不超过 2mm，钎焊层的宽度保持在 5~6mm（见图 11-2）。

  （3）钎焊层焊完后，用车床将不锈钢管的钎焊层车削至 0.5~1mm。

  （4）将车削后的管端插进锅体接口内，并设法固定。

  2）焊前清理

  焊前用铜丝刷清除衬里和进气管待焊处的表面氧化物，直至露出金属光泽为止。

  3）钎料和钎剂的选择

  （1）钎料选用直径为 3~4mm 的 HS221 锡黄铜焊丝。

  （2）钎剂选用 QJ200。

  4）操作方法

  （1）采用 H01~12 型焊炬、2~3 号焊嘴、中性焰或轻微碳化焰，用火焰加热进气管四周的纯铜衬里，并均匀地向待焊处撒上一层钎剂。此时火焰切勿直接加热进气管，否则钎焊的钎料将再次熔化并流失(见图11-3)。

(2)当钎焊处被加热到890℃(钎料熔点)时，立即向钎缝处添加钎料，并使其熔化和填满间隙。

5)焊后清理

钎焊时，向接头处倾倒热水，并用毛刷清除残留在焊件上的钎剂和熔渣。钎焊结束检查无渗漏后，可用直径3.2mm的A302焊条，将低碳钢外壳与不锈钢进气管焊牢(见图11-4)。

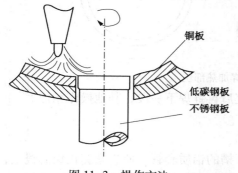

图11-3 操作方法

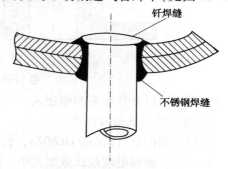

图11-4 用焊条将外壳与进气管焊牢

2. 制氧机热交换器接头的钎焊

制氧机封头结构如图11-5所示，封头上的管子是用银钎料焊的。

封头材质为H62，厚1.5mm。插入的管子材料为纯铜，直径分别为35mm、14mm和8mm，管壁厚为5mm和1mm。

1)焊前清理

焊件按要求进行清洗。装配间隙为0.2mm，焊前用铜丝刷和金刚砂纸将待焊处的接管和孔清理干净。

2)钎料和钎剂的选择

钎料为直径3～4mm的银钎料，成分(质量

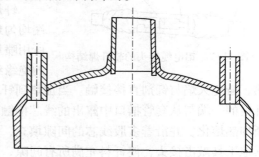

图11-5 制氧机封头

分数%)为12%Ag、52%Cu、36%Zn。钎剂成分(质量分数)为50%硼砂、35%硼酸、15%氟化钠。钎焊加热采用H01～H12焊炬的2～3号焊嘴。

3)操作方法

(1)钎焊时钎缝保持水平位置。开始钎焊时焊炬沿管的四周均匀加热，并且上下摆动，使整个接头部位均匀受热。

(2)达到橘红色以后，钎料沾上钎剂后沿钎缝涂抹，钎剂熔化并填满间隙时便可加入钎料。

(3)用外焰前后移动加热搭接部分(火焰不能指向钎缝)，如图11-6所示，使钎料渗入间隙中。

(4)如发现钎料不足以形成饱满的圆角时，可以再加些钎料。火焰继续沿圆周移动加热，使钎料均匀铺展，直到钎缝形成饱满的圆角为止。

(5)用外焰沿接头圆周再加热两遍，使夹渣和夹气浮起，火焰逐渐远离，钎焊较粗的管

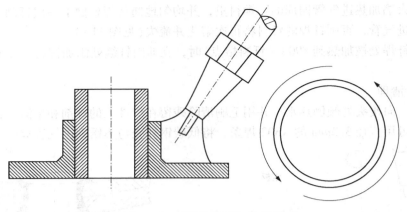

图 11-6　管接头钎焊加热部位

子时，钎料可以分几次沿间隙加入，一段钎料渗完后再钎焊下一段，其他操作相似。

3. 铝电缆接头的软钎焊

钎料为铝的软钎料(如 HL607)，钎剂为 QJ203。

钎焊前，根据电缆绞线截面大小，准备一个开槽的铝质套管，使它紧套在铝芯线上，再用石棉带或玻璃纤维把套管两端完全封住(见图 11-7)，

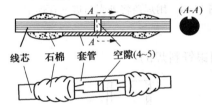

图 11-7　铝电缆接头的软钎焊结构

套管的内表面及绞线的外表面和端部均应用钢丝刷擦至发毛为止。

钎焊时，在从套管开槽口中露出的线芯上及线芯末端均匀地敷一层钎剂，用喷灯在套管下部中间处加热。所用喷灯的喷口要小，使火焰发散不致太宽，否则电缆的绝缘纸可能发生烧焦。火焰应由套管的下部向上加热，避免火焰与钎剂直接接触。当加热到钎剂熔化并冒白烟(约 300℃)时移开喷灯，立即用钎料的一端与从套管槽口中露出的线芯接触，来回涂擦；此时，钎料通过线芯的热传导被逐渐加热熔化，并沿着多股线芯的间隙填充，直至充满为止。在钎焊过程中，可不断用钎料或其他工具敲击接头，使钎料充满所有间隙，呈盈满状态。当钎料填满后，清除表面钎剂残渣及污物，再用锡铅钎料(如 HL603)在套管外表面及开槽口处涂敷。如温度不够，可用喷灯从套管上部加热，涂敷后用干布轻轻揩抹整个套管外表面，因此时钎料尚在半塑性状态，故通过揩抹可得到光洁表面，至此钎焊完毕。

4. 电气触头的钎焊

电气触头用于切断与接通电器、磁石发动机、电压调整器及其他设备的电路。常用的金属陶瓷触头材料可分为三类：

(1) 高熔点金属-导电性金属，如银-钨、银-钼、铜-钨、铜-钼等；

(2) 金属-氧化物，如银-氧化镉；

(3) 金属-石墨，如铜-石墨。

它们主要用粉末冶金法烧结而成，也可用易熔组浸沾挤压难熔基体法制成。

对于第一类触头如铜-钨烧结合金，通常钎焊时钎料(如 HL303)只在铜基体上润湿，为了提高钎料对母材的润湿性，钎焊前可用化学方法溶解掉表面的钨粒子(例如触头浸沾在 $NaNO_3$ 盐浴中溶解除去钨得到铜的富化面)，可大大提高钎料的润湿性。还可在钎剂中加入能刻蚀钨的氯化钴或氯化镍，钎焊时也可得到较好的润湿性。对于第二类和第三类银-氧化

178

镉、铜-石墨材料的钎焊比较困难，为此可在钎焊面上镀银再用银基钎料进行钎焊。但用浸沾法制得的触头材料可用 HL204 铜磷钎料直接钎焊。钎焊前将触头与纯铜块用砂纸打磨或酸洗法去除表面油污和氧化皮。把铜磷钎料剪成相应的小块（根据触头的钎焊面积而定），将纯铜块在石棉板上排列好，在钎焊面放上钎料小块，然后盖上触头。用气体火焰加热，将钎料熔化，并使触头与纯铜的钎焊面相对滑动数次。待钎料均匀润湿钎焊面后，把钎焊件用钳子夹紧，火焰离开，到钎料凝固后再将钳子松开。

　　钎焊时应注意加热过程力求最短，以免钎料挥发或外流过多。钎焊过程中如发现钎料润湿不好，可以加上钎剂，如 QJ102 等，以改善去膜作用，保证钎焊过程顺利进行。钎焊后零件应按要求检查和清理。

　　电气触头的钎焊，为了防止基体金属（铜）的软化，除采用火焰钎焊外，还广泛采用电阻钎焊。

　　5. 硬质合金钻探工具的钎焊

　　1）钎料和钎剂

　　所有的钎料和钎剂与钎焊硬质合金刀具相同。

　　2）凿槽形状设计

　　（1）圆柱形凿槽的设计　当钎焊圆柱形硬质合金凿槽时，圆柱形槽与硬质合金间的间隙不能大于 0.05mm［见图 11-8（a）］。当凿槽较深而同时容纳多块硬质合金圆柱时，则在槽侧面钻几个排渣孔，以便在钎焊时能顺利排渣［见图 11-8（b）］。

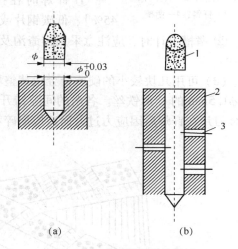

图 11-8　圆柱形凿槽的设计
1—硬质合金；2—基体；3—排渣孔

　　（2）矩形凿槽的设计

　　① 对一般的一字钻和十字钻可采用图 11-9（a）的槽形。槽的宽度较硬质合金大 0.05～0.10mm，粗糙度为 6.3～3.2μm，如用浸铜焊则槽与合金片应该紧密配合。

　　② 对直径较大和易于崩裂的钻头，槽形设计应采用图 11-9（b）、（c）的形式，以减少和防止裂纹。

　　③ 采用补偿垫片钎焊时，凿槽的宽度应加上补偿片的厚度。

　　3）钎焊过程

　　（1）将硬质合金片进行喷砂处理或将钎焊面在碳化硅砂轮上磨光。

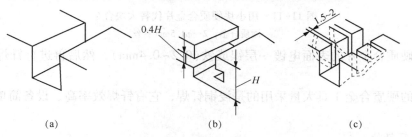

图 11-9　矩形凿槽的设计

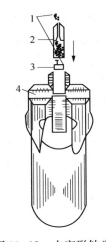

图 11-10　十字形钻头
钎焊前准备
1—钎剂；2—合金片；
3—钎料；4—凿槽

（2）把钎料、钎剂和硬质合金片按次序放好（见图 11-10）。

（3）将被焊工具放入焦炭炉或箱式炉内加热，小直径工具则可用氧-乙炔或高频加热。

（4）待熔化的液体钎料沿侧面钎缝渗入时，拨动硬质合金片，使其沿凿槽来回滑动 2~3 次以排渣，并对正位置。

（5）用加压棒快速调整合金片，并加压钎焊。

（6）将钎焊好的工件放在 350~380℃ 炉中保温 6~8h，进行回火，消除内应力。

4）注意事项

（1）采掘工具应用高强度钢作基体，对于经常发生基体折断的工具，则应采用钎焊后在空气中冷却时能自行淬硬的钢材作基体。

（2）对于大尺寸的合金片和经常发生裂纹、崩碎的工具，钎焊时可采取下列措施：

① 钎焊时在接头间隙中放一片厚 0.5mm 的镍铁合金 [ω_{Ni} 为 45%]、低碳钢片或纯铜片作为补偿垫片，以减少钎焊应力。

② 凿槽设计时，应注意采用排渣沟及在不影响接头强度的情况下尽量减少钎焊面（见图 11-9）。

（3）可用几块较小的硬质合金代替整块硬质合金（见图 11-11）。在两块硬质合金间可放置 ϕ1.5mm 的 U 形铁丝。各凿的间隙错开不在同一直径上，这样能较有效地避免大块硬质合金刀片在钎焊后因应力过大而造成崩碎和裂纹。

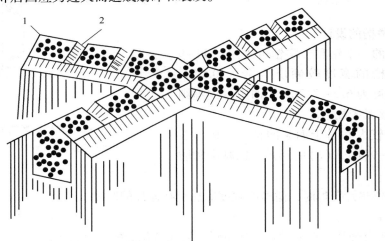

图 11-11　用小块硬质合金片代替大块合金
1—硬质合金；2—ϕ1.5mm 铁丝

（4）在硬质合金片的表面电镀一层镍或铁（0.2~0.4mm），然后再进行钎焊，以减少内应力。

钻探用的硬质合金工具大量采用的是浸铜钎焊，它有钎焊效率高、设备简单和易于掌握等优点。

6. 金刚笔钎焊

修整砂轮用的金刚笔是由金刚钻石和钢制基体组成。可以采用氧-乙炔、高频或炉中钎焊，钎料用 HL104，钎剂用硼砂。

1）焊前准备

（1）笔体凹槽直径与金刚石粒大小一样，不能太松，同时在端面开十字槽［见图 11-12(b)］。

（2）将金刚石放入凹槽即将钢基体铆死，以防金刚石脱落。

（3）如用焦炭炉钎焊，则在笔体下部用耐火泥糊上，并稍烘干。

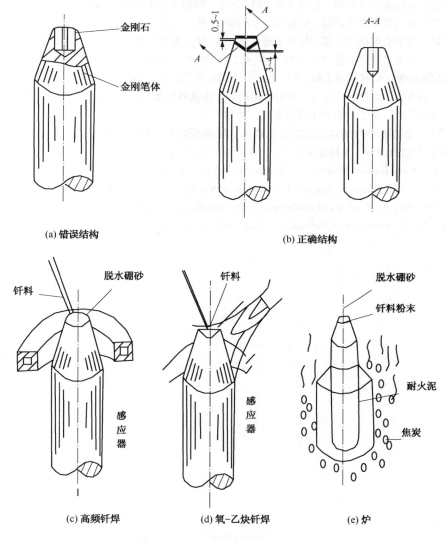

(a) 错误结构

(b) 正确结构

(c) 高频钎焊

(d) 氧-乙炔钎焊

(e) 炉

图 11-12 金刚笔合理结构及钎焊

2）操作过程［见图 11-12(c)、(d)、(e)］

（1）在金刚笔顶部洒上脱水硼砂。

（2）用氧-乙炔焰、高频或焦炭炉加热直到钎剂全部熔化。

（3）继续加热，并用钎料条贴于金刚笔端。焦炭炉钎焊时，可将钎粉片锉成粉末与钎剂混合后放在金刚笔顶端。

（4）待钎料熔化并布满凹槽和十字槽后，即可停止加热。采用上述工艺可保证钎焊质量，而且工艺简单，易于掌握。

参 考 文 献

[1] 赵越. 钎焊技术及应用[M]. 北京：化学工业出版社，2006

[2] 邹喜. 钎焊[M]. 北京：机械工业出版社，1989

[3] 邱言龙，雷振国，聂正武. 钎焊技术快速入门[M]. 上海：上海科学技术出版社，2011

[4] 美国焊接学会钎焊委员会编. 钎焊手册[M]. 北京：国防工业出版社，1982

[5] 兰州化学工业公司化建公司编. 铝及铝合金的焊接[M]. 北京：石油化学工业出版社，1976

[6] 中国机械工程学会焊接学会编. 焊接手册：第一卷[M]. 北京：机械工业出版社，2007

[7] 张启运，庄鸿寿. 钎焊手册[M]. 北京：机械工业出版社，1999

[8] 中国焊接协会编. 焊接标准汇编[M]. 北京：中国标准出版社，1997

[9] 谷勤霞，刘秀忠，刘性红. 镁合金钎焊技术的研究现状与发展[J]. 山东冶金，2011，33(01)：9~11

[10] 邓键. 钎焊[M]. 北京：机械工业出版社，1979

[11] 王昕兵等. 铝溶剂钎接的焊后处理[J]. 铝波导器件钎焊技术文集，1984

[12] 戴安邦，尹敬执编著. 无机化学教程(下册)[M]. 北京：高等教育出版社，1966

[13] Rubin W.. Some Recent Advances in Flux Technology[J]. Weld..J.，1982，No. 10

[14] Cooke W. E. ct alii. Furnace Brazing of Aluminum with a Non-corrosive Flux[J]. Weld. J.，1978，No. 12

[15] AWS. Committee on Brazing and Soldering[J]. Brazing Manual(3Ed). 1975

[16] Schwartz M. M.. Brazing in a Vacuum[J]. WRC Bulletin 244，Dec. 1978